江苏省高等学校立项精品教材
江苏省"青蓝工程"资助项目

RUPIN
JIAGONG JISHU

高职高专"十一五"规划教材

★食品类系列

乳品加工技术

蔡健 常锋 主编

化学工业出版社
·北京·

本书是“高职高专‘十一五’规划教材★食品类系列”的一个分册。本书按照高等职业教育食品类专业规定的职业培养目标要求，介绍乳品加工的基本理论及加工方法，充分突出其实用性。全书涉及多种乳制品，包括液态乳、发酵乳、炼乳、乳粉、冷冻饮品、奶油、干酪等大类多个品种，本书结合现代化乳品生产企业岗位的培养要求，强调职业能力和实践能力的培养，重点讲述了上述乳品的生产工艺、质量标准及控制等内容，并编写了乳品加工，乳品感官、理化和卫生检验相关的实训内容，以强化学生的操作技能。

本书可供高职高专食品类专业师生使用，也可供食品加工企业和行业相关的专业人员参考使用。

图书在版编目（CIP）数据

乳品加工技术/蔡健，常锋主编．—北京：化学工业出版社，2008.2（2020.10重印）

高职高专“十一五”规划教材★食品类系列．江苏省高等学校评优精品教材

ISBN 978-7-122-01604-1

Ⅰ．乳…　Ⅱ．①蔡…②常…　Ⅲ．乳制品-食品加工-高等学校：技术学院-教材　Ⅳ．TS252.4

中国版本图书馆CIP数据核字（2008）第016547号

责任编辑：梁静丽　李植峰　郎红旗　　文字编辑：郭庆睿

责任校对：李　林　　装帧设计：風行書裝

出版发行：化学工业出版社（北京市东城区青年湖南街13号　邮政编码100011）

印　　装：北京虎彩文化传播有限公司

787mm×1092mm　1/16　印张15　字数360千字　　2020年10月北京第1版第9次印刷

购书咨询：010-64518888　　售后服务：010-64518899

网　　址：http://www.cip.com.cn

凡购买本书，如有缺损质量问题，本社销售中心负责调换。

定　　价：**42.00元**

高职高专食品类“十一五”规划教材
建设委员会成员名单

高职高专食品类“十一五”规划教材
编审委员会成员名单

高职高专食品类“十一五”规划教材建设单位

（按照汉语拼音排序）

北京电子科技职业学院
北京农业职业学院
滨州市技术学院
滨州职业学院
长春职业技术学院
常熟理工学院
重庆工贸职业技术学院
重庆三峡职业技术学院
东营职业技术学院
福建华南女子职业学院
福建宁德职业技术学院
广东农工商职业技术学院
广东轻工职业技术学院
广西农业职业技术学院
广西职业技术学院
广州城市职业学院
海南职业技术学院
河北交通职业技术学院
河南工贸职业技术学院
河南农业职业技术学院
河南濮阳职业技术学院
河南商业高等专科学校
河南质量工程职业学院
黑龙江农业职业技术学院
黑龙江畜牧兽医职业学院
呼和浩特职业学院
湖北大学知行学院
湖北轻工职业技术学院
黄河水利职业技术学院
济宁职业技术学院
嘉兴职业技术学院
江苏财经职业技术学院
江苏农林职业技术学院
江苏食品职业技术学院
江苏畜牧兽医职业技术学院
江西工业贸易职业技术学院
焦作大学
荆楚理工学院
景德镇高等专科学校
开封大学
漯河医学高等专科学校
漯河职业技术学院
南阳理工学院
内江职业技术学院
内蒙古大学
内蒙古化工职业学院
内蒙古农业大学职业技术学院
内蒙古商贸职业技术学院
平顶山职业技术学院
日照职业技术学院
陕西宝鸡职业技术学院
商丘职业技术学院
深圳职业技术学院
沈阳师范大学
双汇实业集团有限责任公司
苏州农业职业技术学院
天津职业大学
武汉生物工程学院
襄樊职业技术学院
信阳农业高等专科学校
杨凌职业技术学院
永城职业学院
漳州职业技术学院
浙江经贸职业技术学院
郑州牧业工程高等专科学校
郑州轻工职业学院
中国神马集团
中州大学

《乳品加工技术》编写人员名单

主　　编　蔡　健（苏州农业职业技术学院）

常　锋（中州大学）

副 主 编　刘　静（内蒙古商贸职业技术学院）

李慧东（山东滨州职业学院）

编写人员　（按姓氏汉语拼音排序）

蔡　健（苏州农业职业技术学院）

曹志军（内蒙古农大职业技术学院）

常　锋（中州大学）

崔惠玲（漯河职业技术学院）

李慧东（山东滨州职业学院）

李　磊（河南商业高等专科学校）

刘冠勇（山东滨州职业学院）

刘　静（内蒙古商贸职业技术学院）

刘明江（山东东营职业学院）

阙小峰（苏州农业职业技术学院）

申晓琳（郑州牧业工程高等专科学校）

徐恩峰（日照职业技术学院）

徐　良（苏州农业职业技术学院）

张税丽（平顶山工业职业技术学院）

序

作为高等教育发展中的一个类型，近年来我国的高职高专教育蓬勃发展，“十五”期间是其跨越式发展阶段，高职高专教育的规模空前壮大，专业建设、改革和发展思路进一步明晰，教育研究和教学实践都取得了丰硕成果。各级教育主管部门、高职高专院校以及各类出版社对高职高专教材建设给予了较大的支持和投入，出版了一些特色教材，但由于整个高职高专教育改革尚处于探索阶段，故而“十五”期间出版的一些教材难免存在一定程度的不足。课程改革和教材建设的相对滞后也导致目前的人才培养效果与市场需求之间还存在着一定的偏差。为适应高职高专教学的发展，在总结“十五”期间高职高专教学改革成果的基础上，组织编写一批突出高职高专教育特色，以培养适应行业需要的高级技能型人才为目标的高质量的教材不仅十分必要，而且十分迫切。

教育部《关于全面提高高等职业教育教学质量的若干意见》（教高［2006］16号）中提出将重点建设好3000种左右国家规划教材，号召教师与行业企业共同开发紧密结合生产实际的实训教材。“十一五”期间，教育部将深化教学内容和课程体系改革、全面提高高等职业教育教学质量作为工作重点，从培养目标、专业改革与建设、人才培养模式、实训基地建设、教学团队建设、教学质量保障体系、领导管理规范化等多方面对高等职业教育提出新的要求。这对于教材建设既是机遇，又是挑战，每一个与高职高专教育相关的部门和个人都有责任、有义务为高职高专教材建设做出贡献。

化学工业出版社为中央级综合出版社，是国家规划教材的重要出版基地，为我国高等教育的发展做出了积极贡献，被新闻出版总署领导评价为“导向正确、管理规范、特色鲜明、效益良好的模范出版社”。依照教育部的部署和要求，2006年化学工业出版社在“教育部高等学校高职高专食品类专业教学指导委员会”的指导下，邀请开设食品类专业的60余家高职高专骨干院校和食品相关行业企业作为教材建设单位，共同研讨开发食品类高职高专“十一五”规划教材，成立了“高职高专食品类‘十一五’规划教材建设委员会”和“高职高专食品类‘十一五’规划教材编审委员会”，拟在“十一五”期间组织相关院校的一线教师和相关企业的技术人员，在深入调研、整体规划的基础上，编写出版一套食品类相关专业基础课、专业课及专业相关外延课程教材——“高职高专‘十一五’规划教材★食品类系列”。该批教材将涵盖各类高职高专院校的食品加工、食品营养与检测和食品生物技术等专业开设的课程，从而形成优化配套的高职高专教材体系。目前，该套教材的首批编写计划已顺利实施，首批60余本教材将于2008年陆续出版。

该套教材的建设贯彻了以应用性职业岗位需求为中心，以素质教育、创新教育为基础，以学生能力培养为本位的教育理念；教材编写中突出了理论知识“必需”、“够用”、“管用”的原则；体现了以职业需求为导向的原则；坚持了以职业能力培养为主线的原则；体现了以常规技术为基础、关键技术为重点、先进技术为导向的与时俱进的原则。整套教材具有较好的系统性和规划性。此套教材汇集众多食品类高职高专院校教师的教学经验和教改成果，又得到了相关行业企业专家的指导和积极参与，相信它的出版不仅能较好地满足高职高专食品类专业的教学需求，而且对促进高职高专课程建设与改革、提高教学质量也将起到积极的推动作用。希望每一位与高职高专食品类专业教育相关的教师和行业技术人员，都能关注、参与此套教材的建设，并提出宝贵的意见和建议。毕竟，为高职高专食品类专业教育服务，共同开发、建设出一套优质教材是我们应尽的责任和义务。

贡汉坤

2007 年 12 月 18 日

前　言

近年来，随着人们生活水平的提高，我国人民对乳与乳制品的消费越来越注重，尤其在城市更为突出，这一消费需求有力地推动了乳品行业的发展。同时，乳品行业作为一个同人民生活密切相关的行业，其发展也越来越引起我国政府和社会的重视，乳业已被列入《当前国家重点鼓励发展的行业、产品和技术目录》中。由此可见，我国宏观环境对乳品行业发展越来越有利。加之乳制品企业自身的努力，使乳品行业成为我国新兴而又极具发展潜力的食品行业，被社会公认为"朝阳产业"。在这种形势下，我国对乳品加工生产技术的需求也日益紧迫，为适应21世纪高职人才培养目标的需求，在化学工业出版社组织下，编写了这本高等职业教育特色教材。本教材在参阅了国内外大量最新资料的基础上，结合我国高职高专教学需要，收集了乳品加工的最新资料，同时在编写过程中注重思路上的突破和创新。表现在以下几个方面。

1. 内容新、少及精。本教材包括乳的成分与性质、原料乳的质量控制、液态乳的加工技术、发酵乳的加工技术、乳粉的加工技术及其它乳制品技术等内容。理论知识体现必需和够用，注意优化内容和结构，体现当今国内外乳品加工的最新研究成果。

2. 理论联系实际。本教材力求紧密结合食品企业的实际和食品生产的特点，突出体现乳品加工的系统性和时代发展的特点。编者设计了一些实训项目，以配合理论教学，提高教学效果。

3. 内容编排新颖。针对高职高专学生的特点，本教材每章前都有学习目标，每章后都安排了本章小结和复习思考题，这对于学生认真学习和掌握本书内容起到很好的促进作用。

教材结构完整，内容详略得当，文字精练，图文并茂。由于本教材具有以上鲜明的创新特色，因而获江苏省高等学校精品教材，同时得到江苏省"青蓝工程"资助。

本书编写分工如下：常锋编写第一章（第一、二节），曹志军编写第一章（第三、四节）、实训二，刘静编写第二章、实训一，刘明江编写第三章（第一、二节），李磊编写第三章（第三、四节），崔惠玲编写第四章、实训五、实训六，蔡健编写第五章、实训三、实训四、实训八、实训十，徐良编写第六章（第一、二、三节），张税丽编写第六章（第四、五、六节），李慧东编写第七章、实训七，阙小峰、刘冠勇编写第八章，申晓琳编写第九章、实训九，徐恩峰编写第十章。全书由蔡健统稿。

本书的编写还得到了上海光明乳业股份有限公司、内蒙古伊利实业集团股份有限公司、内蒙古蒙牛乳业集团股份有限公司的支持和帮助，在此一并表示感谢。

由于编者水平有限，书中不足之处恐难避免，敬请各位专家和广大读者批评指正。

编者

2007 年 12 月

目　录

第一章　乳的成分和性质

学习目标

1. 了解乳的基本组成、影响乳成分的因素和乳主要成分的存在状态。

2. 掌握乳的化学性质，重点掌握乳中蛋白质、脂肪、乳糖的特性。

3. 掌握乳物理性质的概念及指标，重点掌握乳的冰点、相对密度、酸度、电导率的特性。

4. 了解异常乳的分类及产生原因，掌握初乳、低酸度酒精阳性乳的特性。

第一节　乳的组成

乳是雌性哺乳动物为哺育幼仔由乳腺分泌的不透明的白色或微黄色的带有甜味的物质，是一种复杂而具有胶体特性的生物学液体，是喂养该种动物幼畜最好的食品。每天饮用400ml牛乳，就能满足人体一天所需的蛋白质、热量、钙，和几乎所有的脂溶性和水溶性维生素。牛乳被誉为“白色血液”、“养分仓库”、“万食之王”，也被称为全价食品、健康营养食品。目前工业化生产利用的乳类主要为牛（乳牛、水牛）、羊（山羊、绵羊）、马等动物的乳，全球来自乳牛的牛乳是工业加工量最大的乳类。本书所提到的乳类除特别说明外，一般指牛乳。

一、乳的基本组成

牛乳的成分十分复杂，迄今为止证明，牛乳中至少含有上百种化学成分，是多种成分的混合物。但主要成分则是由水、蛋白质、脂肪、乳糖、维生素、矿物质以及一些其它的活性物质（酶、激素、微量元素、免疫体等）和气体组成。常见哺乳动物乳的化学组成见表1-1。

表1-1　常见哺乳动物乳的化学组成　　单位：%

物种	人	乳牛	水牛	牦牛	山羊	绵羊	马	驴	骆驼
总固形物	12.2	12.8	16.8	18.4	12.3	19.3	11.2	11.7	13.4
脂肪	3.8	3.7	7.4	7.8	4.5	7.4	1.9	1.4	4.5
蛋白质	1.0	3.5	3.8	5.0	2.9	4.5	2.5	2.0	3.6
乳糖	7.0	4.9	4.8	5.0	4.1	4.8	6.2	7.4	4.5
灰分	0.2	0.7	0.8	0.6	0.8	0.7	0.5	0.5	0.8

二、影响乳成分的因素

正常的牛乳，各种成分的含量大致是稳定的，但当受到各种因素的影响时，其含量在一定范围内有所变动，其中脂肪变动最大，蛋白质次之，乳糖含量通常很少变化。影响牛乳各种成分的因素主要有品种、个体、泌乳期、挤奶方法、饲料、季节、环境、气温及健康状况等。

1. 品种

不同品种个体其乳汁组成也不尽相同，如表1-2所示，其中乳脂率以更赛牛、娟姗牛最高，荷斯坦牛（又称黑白花牛）最低。中国黑白花奶牛与荷斯坦牛相似，干物质含量低，但产乳量高。

表1-2 不同品种牛乳的平均组成 单位：%

品种	干物质	脂肪	蛋白质	乳糖	灰分
荷斯坦牛	12.50	3.55	3.43	4.86	0.68
短角牛	12.57	3.63	3.32	4.89	0.73
瑞士牛	13.13	3.85	3.48	5.08	0.72
更赛牛	14.65	5.05	3.90	4.96	0.74
娟姗牛	14.53	5.05	3.78	5.00	0.70

2. 畜龄

乳畜的泌乳量及乳汁成分含量都随乳畜年龄的增长而异，乳牛从第二胎至第七胎次泌乳期间，泌乳量逐渐增加，第七胎达到最高峰。而含脂率和非脂乳固体在初产期最高，以后胎次逐渐下降。

3. 泌乳期

乳牛在牛犊出生后不久就开始分泌乳汁以满足小牛生长发育的需要，一头乳牛一年持续泌乳的时间大约为300天左右，这段时间称为泌乳期。在乳牛下次分娩前的6～9周一般要停止榨乳，这段时间为干乳期。乳牛再次分娩后又开始了新一轮的泌乳期。乳牛产犊后1.5～2个月之间产乳量最大，其后逐渐减少，到第9个月开始显著降低，到第10个月末、第11个月初即达干乳期。但这是指乳牛要按时进行配种或通过人工授精，使其怀胎和能按时产犊的正常情况而言。

在泌乳期间随着泌乳的进程，由于时期、生理、病理或其它因素的影响，乳的成分发生变化。

（1）初乳　是指乳牛产犊后一周以内所产的乳，色泽呈黄色，具有浓厚感、富黏性。其理化特点是干物质含量高（蛋白质、脂肪含量高，乳糖含量较常乳低），尤以对热不稳定的乳清蛋白含量高，初乳含有丰富的维生素，灰分也比常乳高，可溶性盐类中铁、铜、锰含量比常乳高，此外酸度、相对密度均比常乳高，冰点较正常乳低。

（2）常乳　产犊7天后至干乳期开始之前所产的乳为常乳。常乳的成分及性质基本上趋于稳定，为乳制品的加工原料乳。

（3）末乳　干乳期前一周左右所产的乳，又称老乳。其成分除脂肪外，均较常乳高，有苦而微咸的味道，解脂酶多，常有脂肪氧化味。

4. 挤奶

实际挤奶分析，初挤的乳含脂率较低而最后挤出的乳含脂率较高。每次挤奶间隔时间越长泌乳量越多，脂肪含量低，反之，挤奶间隔越短，泌乳量少，但脂肪含量高。一天中两次等间隔挤奶，其泌乳量、乳脂率均无大差异。

5. 季节

牛乳脂肪含量在晚秋时最高，初夏最低；非脂乳固体在3～4月和7～8月最低。

6. 饲料

饲养状况改变则脂肪含量最易改变，且变化的幅度最大。长期营养不良，不仅产乳量下降，而且无脂干物质和蛋白质含量也减少。甚至就连受饲料影响较小的乳糖和无机盐类，如果长期热量供给不足也会使乳中的乳糖下降并影响盐类平衡，如限制粗饲料，过量给予精饲料会使乳脂率降低，但非脂乳固体并不受影响。

乳牛由舍饲突然转为放牧时，由于牧草中含有雌激素类物质，所以常有乳脂含量下降的现象，这一改变引起非脂乳固体增加，影响组成。乳牛在饥饿状态下，乳量将减少，而且乳中非脂乳固体（尤其是乳糖）减少更为显著。乳牛长期干渴所产乳汁的成分将降至标准以下，这种现象在荷斯坦牛更易出现。

7. 环境温度

在4～21℃条件下，产乳量与乳的成分组成不发生任何变化。当环境温度从21℃升高至27℃时，产乳量与脂肪含量均有下降，而温度超过27℃时，乳量减少更加明显，这时脂肪含量有所增加，但非脂乳固体通常要降低，这种变化主要是乳牛在高温下食欲减退，体温升高，出现种种生理障碍所致。荷斯坦牛在高温条件下比娟姗牛及瑞士黄牛易引起乳量减少。

欧洲品种的乳牛最适的环境温度约为10℃，荷斯坦牛和瑞士牛在环境温度高于26.7℃，娟姗牛在环境温度高于29.4℃时产乳量下降明显。当超过23.9℃时高湿度对产乳量有不利影响。

8. 疾病

患有一般消化器官疾病或者足以影响产乳量的其它疾病时，乳汁组成将发生变化，如乳糖含量减少，氯化物和灰分增加。患有乳腺炎疾病时，除产乳量显著下降外，非脂乳固体也要降低。

三、乳中各种成分存在的状态

乳是多种物质组成的混合物，乳中各物质相互组成分散体系，其中水作为分散剂（分散介质、分散媒），其它物质（乳糖、盐类、蛋白质、脂肪等）则为分散质（分散相），即分散在分散剂中的微粒。乳不是简单的分散体系，而是一种复杂的具有胶体特性的生物学液体。

乳中的乳糖、水溶性盐类以及水溶性维生素等呈溶解状态，以分子或离子状态存在，形成真溶液。乳白蛋白和乳球蛋白呈大分子态，形成高分子溶液。酪蛋白在乳中与磷酸盐形成酪蛋白酸钙—磷酸钙复合体胶粒，处于一种过渡状态，组成胶体悬浮液。乳脂肪是以脂肪球的形式存在的，形成乳浊液。

乳是包括真溶液、胶体悬浮液、乳浊液和高分子溶液的具有胶体特性的多级分散质，而水是分散剂。

第二节 乳成分的化学性质

一、水分

水是牛乳的主要成分之一，占87%～89%，乳中水分可分为游离水、结合水（氢键形式）、结晶水（与乳糖结晶，$C_{12}H_{22}O_{11} \cdot H_2O$）。

1. 游离水

游离水占绝大部分，是乳汁的分散剂，它能溶解各种不同物质（有机物、无机盐和气体等），许多理化过程和生物学过程均与游离水有关。

2. 结合水

这部分水含量较少，约占2%～3%，它与乳中蛋白质、乳糖以及某些盐类结合存在，不具有溶解其它物质的作用。在通常水结冰的温度下不冻结（通常在－40℃以下才结冰），乳粉生产中也不能脱掉该部分水。

由于结合水的存在，在乳粉生产中是无法得到绝干产品的，因此乳粉中经常要保留3%左右的水分。要想去除这些水分，只有加热到150～160℃或长时间保持在100～105℃的恒温下才能实现。但乳粉若受长时间高温处理，则会产生蛋白质变性、溶解度降低、乳糖的焦糖化、脂肪氧化的现象。

3. 结晶水

结晶水存在于结晶性水合物中，水是结构成分。这种结合最为稳定，在乳糖、乳粉及炼乳中，均含有1分子结晶水的乳糖晶粒。

二、乳干物质

将牛乳干燥到恒重时所得到的残余物叫做乳的总固形物，正常乳中除水以外的乳的总固形物（total solids，TS）含量为11%～13%。总固形物也称为干物质或全乳固体，又可分为脂肪（F）和非脂乳固体（SNF），即：TS＝F＋SNF。

乳中干物质的数量随乳成分的百分含量而变，尤其是乳脂肪含量不太稳定，对乳干物质含量影响较大，因此在实际中常用非脂乳固体（无脂干物质）作为指标。

根据弗莱希曼确定的乳的相对密度、含脂率和干物质含量之间存在着一定关系的结论，可用下式近似地计算出干物质的含量。

$$T=0.25L+1.2F\pm K$$

式中 T——干物质含量，%；

L——15℃/15℃相对密度乳稠计的读数；

F——脂肪含量，%；

K——校正系数（通常为0.14）。

三、乳蛋白质

乳蛋白质是乳中最有价值的部分，为全价蛋白质，几乎含有全部的必需氨基酸。从含氮量来分析，牛乳中大约含有2.8%～3.8%的氮化物，其中95%为乳蛋白质，5%为非蛋白态氮。乳中主要的蛋白质是酪蛋白，还有乳清蛋白及少量的脂肪球膜蛋白。乳清蛋白包括对热不稳定的乳白蛋白和乳球蛋白，对热稳定的脲和胨。乳中非蛋白态氮主要有游离氨基酸、氨、尿素、肌酸等。

1. 酪蛋白

酪蛋白是在20℃调节脱脂乳的pH值降至4.6时沉淀的一类蛋白质，大约占乳中蛋白质总量的80%。

（1）酪蛋白的组成　酪蛋白是以含磷蛋白质为主体的几种蛋白质的复合体。酪蛋白有α-酪蛋白、β-酪蛋白、κ-酪蛋白3种，其它的酪蛋白成分主要源于酪蛋白的磷酸化和糖苷化及有限的水解。酪蛋白中α-酪蛋白含量最高，约占酪蛋白总量的50%，β-酪蛋白约占酪蛋白总量的30%。α-酪蛋白可以区分为钙不溶性和钙可溶性两部分，钙不溶性的α-酪蛋白主要的成分为αs_1-酪蛋白有A、B、C、D四种变异体，约占酪蛋白总量的40%，其它还有αs_2-酪蛋白、αs_3-酪蛋白等。钙可溶性的α-酪蛋白有κ-酪蛋白和λ-酪蛋白，κ-酪蛋白约占酪蛋白总量的15%，对酪蛋白的性质起较大作用，具有稳定钙离子、保护胶体体系作用。

（2）酪蛋白的性质　纯酪蛋白白色无味，无臭，不溶于水、醇及有机溶剂而溶于碱液。乳中酪蛋白是个典型的磷蛋白，属于两性电解质，在溶液中既具有酸性也具有碱性。在蛋白酶作用下酪蛋白可分解成脲、胨、氨基酸。相对于乳清蛋白，酪蛋白热稳定性比较高。

牛乳中的酪蛋白以酪蛋白胶束状态存在，一部分钙与酪蛋白结合成酪蛋白酸钙，再与磷酸钙形成“酪蛋白酸钙-磷酸钙复合体”，此外，还结合着柠檬酸、镁等物质，形成胶体颗粒，以胶体悬浮液的状态存在于牛乳中。酪蛋白胶粒基本形成直径为 30～300nm 的球状，其中以 80～120nm 居多，每毫升乳中约有（5～15）$\times 10^{12}$个胶粒。

（3）钙离子对酪蛋白稳定性的影响　牛乳酪蛋白中 αs-酪蛋白和 β-酪蛋白受钙的影响易沉淀，κ-酪蛋白在正常浓度钙离子影响下本身比较稳定，还可抑制钙离子对 αs-酪蛋白和 β-酪蛋白的作用，故 κ-酪蛋白具有稳定钙离子、保护胶体体系的作用。牛乳中钙和磷的含量直接影响酪蛋白胶粒的大小，大的胶粒含有较多的钙和磷。正常的牛乳酪蛋白胶粒呈稳定状态是基于钙和磷处于平衡状态存在的，如果牛乳中钙离子过剩，使钙和磷的平衡受到破坏，在加热时就会发生凝固现象。

（4）酪蛋白的酸凝固　酪蛋白胶粒对 pH 值的变化很敏感，加入酸后，酪蛋白酸钙-磷酸钙复合体中磷酸钙先行分离，继续加酸，酪蛋白酸钙中的钙被酸夺取，渐渐地生成游离酪蛋白，达到等电点时，钙完全被分离，游离的酪蛋白凝固而沉淀。反应式如下：

$$[\text{酪蛋白酸钙-}Ca_3(PO_4)_2] + HCl \rightarrow [\text{酪蛋白}]\downarrow + Ca(H_2PO_4)_2 + CaCl_2$$

工业上制造干酪素常利用酪蛋白的这种性质，用盐酸作凝固剂，但如果加酸不足或酪蛋白胶粒稳定性不好，则得到的干酪素不太纯净，往往包含一部分的钙盐。硫酸也能很好地沉淀乳中的酪蛋白，但由于硫酸钙不能溶解，会使产品杂质增多。

此外，牛乳中的乳糖在乳酸菌的作用下可生成乳酸，乳酸也可以将酪蛋白酸钙中的钙分离而形成可溶的乳酸钙，同时使酪蛋白形成硬的凝块，这一特点在生产酸乳制品上很重要。

（5）酪蛋白的酶凝固　酪蛋白胶粒在皱胃酶或其它凝乳酶作用下会凝固，该性质被应用到干酪的制造。一般认为是由于凝乳酶使酪蛋白变为副酪蛋白，在钙的存在下形成不溶性的凝块。

这个过程是凝乳酶使 κ-酪蛋白分解为副 κ-酪蛋白。解离出可溶性、分子量约为 6000～8000 的糖肽。如下式：

$$\kappa\text{-酪蛋白} \xrightarrow{\text{凝乳酶}} \text{副 }\kappa\text{-酪蛋白} + \text{糖肽}$$

副 κ-酪蛋白本身可受钙离子的影响而凝固。本来对钙离子就不稳定的 αs-酪蛋白与 β-酪蛋白，失去了 κ-酪蛋白对胶体的保护作用，通过“钙桥”而形成凝块。

2. 乳清蛋白

乳清蛋白是指牛乳在 20℃、pH4.6 的条件下沉淀酪蛋白后分离出的乳清中的蛋白质的统称，占乳蛋白质的 18%～20%。乳清蛋白与酪蛋白不同，其水合能力强，能在水中高度分散，在乳中呈典型的高分子溶液状态，甚至在等电点时仍能保持分散状态而不凝固。乳清蛋白可分为对热不稳定和对热稳定两大部分。

（1）对热不稳定的乳清蛋白　当乳清煮沸 20min，pH 值调至 4.6～4.7 时沉淀的蛋白质属于对热不稳定的乳清蛋白，约占乳清蛋白质的 81%，其中包括乳白蛋白和乳球蛋白，可通过盐析方法区别。乳清在中性状态下加入饱和（$(NH_4)_2SO_4$）或 $MgSO_4$ 盐析时，呈溶解状态的为乳白蛋白，能析出而呈不溶解状态的为乳球蛋白。

① 乳白蛋白。乳白蛋白主要由 α-乳白蛋白、β-乳球蛋白和血清白蛋白（SA）组成，分别约占乳清蛋白的 20%、50%和 10%。乳白蛋白不含磷，富含硫，不被酸或凝乳酶凝固，属全价蛋白质，其在初乳中含量高达 10%～12%，具有重要的生物学意义。

α-乳白蛋白在乳糖合成中起重大作用，其参与乳糖的合成，是乳糖合成酶的一部分。它在乳糖合成酶的催化功能中起着“选择子”的作用，而本身并无催化活性。在α-乳白蛋白存在的情况下，半乳糖转移到葡萄糖上去，生成乳糖。哺乳动物乳中乳糖含量与α-乳白蛋白含量成正比。海洋哺乳动物乳中不含α-乳白蛋白，因而也不含乳糖。

β-乳球蛋白过去一直被认为是白蛋白，而实际上是一种球蛋白，因为加热后与α-乳白蛋白一起沉淀，所以过去将它包括在白蛋白中，但它实际上具有球蛋白的特性。β-乳球蛋白富含硫，加热时易暴露出巯基（—SH）、二巯键（—S—S—），甚至产生H_2S，使乳或乳制品出现蒸煮味。此外，β-乳球蛋白可以结合游离脂肪酸进而可促进脂肪酶的活性，还可作为视黄醇的载体，与视黄醇结合防止其氧化等，具有一定的生物学意义。

血清白蛋白来自血液，它在肝脏中合成，通过分泌细胞进入乳中，乳中含量较低。牛乳中的血清白蛋白和牛血液中的血清白蛋白无差别，二者是相同的。乳中血清白蛋白的性质不同于α-乳白蛋白，其性质近似于血液中的血清白蛋白，在乳房炎乳等异常乳中此成分含量增高。

② 乳球蛋白。乳球蛋白约占乳清蛋白的13%，与机体的免疫性有关，也称为免疫球蛋白（Ig）。免疫球蛋白是指具有抗体活性，能与相应的抗原发生特异性结合反应的球蛋白，是机体重要的抗菌、抗病毒和抗毒素抗体，具有一定的抗感染免疫作用，与相应抗原结合后可激活补体，具有杀菌、溶菌和促吞噬作用，具有重要的生物学功能。在动物的乳汁中存在IgA、IgG和IgM三大类，牛乳中IgG含量最高，人乳中以IgA为主。在初乳中的免疫球蛋白含量高达2%～15%，而常乳中仅有0.1%。

（2）对热稳定的乳清蛋白　当乳清煮沸20min，pH值调至4.6～4.7时，仍溶解于乳中的乳清蛋白为对热稳定的乳清蛋白，占整个乳清蛋白的19%，主要为脲、胨。

（3）乳清蛋白的受热变化　乳清蛋白的热稳定性整体上低于酪蛋白，其中各组成成分的热稳定性如下：

脲、胨＞α-乳白蛋白＞β-乳球蛋白＞血清白蛋白＞免疫球蛋白

在乳与乳制品加工过程中H_2S的产生、加热臭（蒸煮气味）的生成及抗氧化性的出现，主要是β-乳球蛋白的双聚体结构在加热过程中产生一系列的变化，使β-乳球蛋白发生变性而释放出了H_2S，H_2S的产生组成了加热臭气味的主体。在生产上要控制减少蒸煮味，但从另一方面来讲，β-乳球蛋白在产生H_2S以前，其结构已打开，可附着在酪蛋白上，从而对酪蛋白的稳定性起保护作用，提高了酪蛋白的抗氧化性和稳定性。生产上在预热阶段通过控制温度来控制β-乳球蛋白的变性程度，可生产耐热型、较耐热型、不耐热型等不同耐热程度的半成品。

3. 脂肪球膜蛋白

脂肪球膜蛋白是吸附于脂肪球表面的蛋白质，与磷脂一起构成脂肪球膜，1分子磷脂约与2分子蛋白质结合在一起。100g乳脂肪约含脂肪球膜蛋白0.4～0.8g，其中还含有脂蛋白、碱性磷酸酶和黄嘌呤氧化酶等，这些物质可以用洗涤和搅拌稀奶油的方法分离出来。脂肪球膜蛋白因含有卵磷脂，因此也称磷脂蛋白。脂肪球膜蛋白的组成见表1-3。

表1-3　脂肪球膜蛋白的组成　　单位：%

样品号	水分	脂肪	灰分	氮	硫	磷
Ⅰ	7.61	4.33	2.17	12.34	1.34	0.64
Ⅱ	8.50	5.22	3.22	12.33	2.04	0.30

脂肪球膜蛋白中含有大量的硫且对热较敏感，牛乳在70～75℃瞬间加热，则巯基

(—SH) 就会游离出来，产生蒸煮味。脂肪球膜蛋白中的卵磷脂易在细菌性酶的作用下形成带有鱼腥味的三甲胺而被破坏，是奶油贮存过程中风味变坏的原因之一。

四、乳脂质

乳脂质是乳中主要的能量物质和重要营养成分，是迄今为止已知的组成和结构最复杂的脂类。乳脂质是乳中脂肪和类脂的总称，其中有97%～99%的成分是乳脂肪，还有约1%的磷脂和少量甾醇、游离脂肪酸、脂溶性维生素等。牛乳中的类脂主要是磷脂，即磷脂酰胆碱(卵磷脂)、磷脂酰乙醇胺(脑磷脂)和神经磷脂，可作为体内一些生理活性物质的前体，具有生理活性。

1. 乳脂肪

乳脂肪属中性脂肪，是牛乳的主要成分之一，具有良好的风味和消化性，在牛乳中含量为3%～5%，是由1分子甘油和3分子相同或不同脂肪酸所组成的多种甘油三酸酯的混合物。

(1) 乳脂肪的脂肪酸　乳脂肪与其它动植物脂肪不同，乳脂肪中的脂肪酸多达100余种，从理论上讲可构成21.5万多种甘油酯，但实际上很多脂肪酸的含量均低于0.1%，主要有20种左右的脂肪酸含量较高，而其它动植物油脂中只含有5～7种脂肪酸。乳中低级脂肪酸占乳脂肪的80%以上，根据其溶解情况和挥发特性可分为水溶性挥发性脂肪酸(丁酸、乙酸、辛酸、癸酸等)、非水溶性挥发性脂肪酸(十二烷酸、月桂酸等)和非水溶性不挥发性脂肪酸(十四烷酸、十六烷酸、十八烷酸、十八烯酸)。乳脂肪中低级(C_{14}以下)挥发性脂肪酸达14%左右，其中水溶性挥发性脂肪酸达9%左右，而其它油脂中不过1%。乳脂肪的不饱和脂肪酸主要是油酸，约占不饱和脂肪酸总量的70%左右，乳脂中含有的不饱和脂肪酸已知的有油酸、十六烯酸、十四烯酸、癸烯酸、廿碳四烯酸、亚麻酸、亚油酸等。

乳脂肪含低级挥发性脂肪酸较多的特性决定了乳脂肪熔点较低，在室温下呈液态，11℃以下呈半固态，5℃以下呈固态，具有柔软的质体，也决定了其易挥发，使乳脂肪具有特殊的香味，但同时乳脂肪也容易受光线、热、氧、金属(尤其是铁、铜)等的作用而氧化，从而产生脂肪氧化味。乳脂肪中由于存在低级脂肪酸，尤其是含有酪酸(丁酸)，所以其稍分解即产生丁酸特有的带刺激性的味道，即所谓脂肪氧化味。

(2) 乳脂肪球及脂肪球膜　乳脂肪不溶于水，以脂肪球的形式存在于乳中，呈一种水包油型乳浊液状态，乳脂肪直径为0.1～20μm，以2～5μm居多，1ml牛乳中含有(2～4)×10^9个脂肪球。脂肪球呈球形或椭球形，球表面有一层膜叫脂肪球膜，其厚度为5～10nm，它的主要作用是防止脂肪球相互聚结，使乳脂肪球处于独立的、相对稳定的分散状态，保护乳浊液的稳定性。脂肪球膜由蛋白质、磷脂、高熔点甘油三酯、胆固醇、维生素A、金属离子(Cu^{2+}，Fe^{2+})、酶类及结合水等复杂的化合物构成，其中起主导作用的是卵磷脂—蛋白质络合物(脂蛋白络合物)，这些物质有层次地定向排列在脂肪球与乳浆的界面上，疏水基团向内，亲水基团向外，使脂肪球稳定地悬浮于乳中同时也阻止存在于乳中的脂肪酶的分解作用(图1-1)。

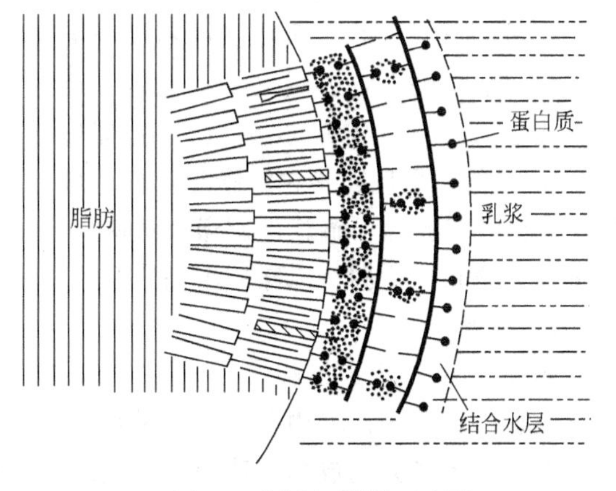

图1-1　乳脂肪球结构示意图
磷脂；高熔点甘油三酯；胆固醇；维生素A

乳脂肪的相对密度为0.93，由于相对密度低于水相，所以牛乳静置后，脂肪球将徐徐上浮到表面一层，从而形成稀奶油层，但由于脂肪球膜的包围，其并不聚合成乳滴。脂肪球的上浮速度（v）可近似地用斯托克斯公式表示。

$$v=\frac{2gr^2(\rho_b-\rho_a)}{9\eta}$$

式中 g——重力加速度；

r——脂肪球的半径；

ρ_a——脂肪球的密度；

ρ_b——脱脂乳的密度；

η——脱脂乳的黏度。

从上式可知，脂肪球的上浮速度与脂肪球半径的平方成正比，所以脂肪球愈大愈容易上浮，若要保持乳脂肪球均匀稳定的分散状态，可通过均质处理使脂肪球的平均直径小于1μm来避免脂肪的上浮；脂肪球的上浮速度与重力加速度成正比，可采用离心的方法分离出稀奶油；脂肪球的上浮速度与黏度成反比，黏度大则不易上浮。

(3) 乳脂肪的性质

① 乳脂肪的理化常数。乳脂肪的理化常数取决于乳脂肪的组成与结构，比较重要的有四项，即溶解性挥发性脂肪酸值（赖克特-迈斯尔值）、非水溶性挥发性脂肪酸值（波伦斯克值）、皂化值、碘值等，见表1-4。

表1-4 乳脂肪的理化常数

项目	范围	项目	范围
相对密度 d_{15}^{15}	0.935～0.943	碘值/(mg/100g)	26～36(30左右)
熔点/℃	28～38	赖克特-迈斯尔值	21～36
凝固点/℃	15～25	波伦斯克值	1.3～3.5
折射率 n_D^{25}	1.4590～1.4620	酸值/(mg/g)	0.4～3.5
皂化值/(mg/g)	21～235	丁酸值/(mg/g)	16～24

总之，乳脂肪的水溶性脂肪酸值高、碘价低、挥发性脂肪酸多、不饱和脂肪酸少、低级脂肪酸多、皂化价比一般脂肪高。

② 乳脂肪的化学性质。

a. 自动氧化。由于乳脂肪中不饱和脂肪酸含量多，与空气接触则易发生自动氧化作用，形成氢过氧化物。氢过氧化物不稳定，经过一定的积累后会慢慢分解，从而产生脂肪氧化味。光、氧、热、金属（Cu，Fe）能催化脂肪自动氧化。

b. 水解。乳脂肪易在解脂酶及微生物作用下发生水解，使酸度升高，产生的低级脂肪酸可导致牛乳产生不愉快的刺激性气味，即所谓的脂肪分解味。不过，通过添加特别的解脂酶和微生物可产生独特风味的干酪产品。

2. 磷脂

磷脂含量占脂类的1%。牛乳中含磷脂0.03%，山羊奶中含0.044%，其中60%的磷脂集中在脂肪球膜中。乳中含有三种磷脂，即卵磷脂、脑磷脂和神经磷脂，比例为48∶37∶15，其中卵磷脂是构成脂肪球膜脂蛋白络合物的主要成分，卵磷脂的胆碱残基具有亲水性，脂肪酸残基具有亲油性，因此卵磷脂能以一定方向排列在两相界面上，致使脂肪球在乳中保持乳浊液的稳定性。

磷脂在动物机体磷代谢方面，特别对婴儿的脑发育有重要作用，一定量的磷脂可形成一定的风味，磷脂还是理想的营养剂和乳化剂。根据卵磷脂既具有亲水性又具有亲油性的特点，可采用在乳粉颗粒表面喷涂卵磷脂的工艺生产速溶奶粉。卵磷脂在细菌性酶的作用下会形成带有鱼腥味的三甲胺而被破坏。

五、乳糖

乳糖是哺乳动物乳腺分泌的一种特有的碳水化合物，在动物的其它器官中几乎不存在，在植物界更是十分罕见。牛乳中 99.8%的碳水化合物为乳糖，还有少量的果糖、葡萄糖、半乳糖。牛乳中含乳糖 4.4%～5.2%，甜度相当于蔗糖的 1/6～1/5。羊乳中的碳水化合物几乎全部是乳糖，含量为 3.8%～5.1%。

乳糖是一种双糖，是由 1 分子葡萄糖和 1 分子半乳糖通过 β-1,4-糖苷键连接而成，又称为 1,4-半乳糖苷葡萄糖。由于乳糖结构中的葡萄糖部分的半缩醛仍保留，因此乳糖是一个还原糖，其本身及分解产物与乳中的蛋白质会发生美拉德反应，是乳制品褐变的主要原因，但可改善焙烤食品的色泽和风味。乳糖也可使斐林试剂还原成砖红色的 Cu_2O 沉淀，这是 Lane Eynon 法测定乳糖的理论依据。

1. 乳糖的存在形式

由于 D-葡萄糖分子中半缩醛羟基位置的不同而形成两种异构体，即 α-乳糖及 β-乳糖。而 α-乳糖只要稍有水分存在就会马上与 1 分子结晶水结合，成为 α-乳糖水合物（又称 α-含水乳糖），即普通乳糖。所以实际上乳糖可分为三种异构体：α-含水乳糖、α-乳糖无水物、β-乳糖。一般常见的是 α-含水乳糖（$C_{12}H_{22}O_{11} \cdot H_2O$）。

乳糖水溶液在 93.5℃以下的温度结晶时即生成 α-含水乳糖，在常温下最稳定。其它两种乳糖如果在 93.5℃以下稍有少量水分存在，则会变为 α-含水乳糖。如果在 93.5℃以上的温度结晶时即可获得 β-乳糖，它在 93.5℃以上最为稳定。α-含水乳糖加热到 125℃或在真空中加热到 65℃以上就会失去结晶水而变为 α-乳糖无水物，它最不稳定，吸湿性很强，稍微有点水分存在的情况下，则变为 α-含水乳糖。

2. 乳糖的溶解度

乳中乳糖以 α-乳糖和 β-乳糖形式呈一定的比例存在并处于动态平衡状态。α-乳糖和 β-乳糖虽然都溶解于水，但溶解性却存在差别，α-乳糖较难溶解，溶解度也较小而 β-乳糖易于溶解，溶解度较大。当用水溶解 α-含水乳糖时，一部分 α-乳糖会逐渐转化成 β-乳糖，使已达饱和的 α-乳糖溶液又变为不饱和，α-乳糖继续溶解，这种状态一直持续到溶液中 α-乳糖和 β-乳糖达到动态平衡。

乳糖的溶解度具体可分为初溶解度、终溶解度和过溶解度三种。

（1）初溶解度　将乳糖加入水中振荡，部分乳糖立即溶解形成饱和溶液，此时的溶解度称为初溶解度，即为 α-含水乳糖的溶解度，是乳糖的特性之一。由于 α-乳糖较难溶于水，所以开始时溶解度较低，其受水温的影响变化较小。

（2）终溶解度　当 α-乳糖溶解于水中以后徐徐转变成 β-乳糖，因 β 型较 α 型易溶于水，所以乳糖的最初溶解度只是暂时的，并不稳定，乳糖继续溶解，直至两者达到动态平衡为止，这时达到饱和点，为终溶解度。是 α-乳糖及 β-乳糖两种型态乳糖的溶解度。

（3）过溶解度　将乳糖的饱和溶液冷却，在没有晶核的情况下，一般不会立即形成结晶，而溶液可在较长时间内保持过饱和状态。此时的溶解度称为过溶解度，此时的溶液也称为过饱和溶液。如果继续冷却直至达到一低的温度时则开始析出 α-含水乳糖结晶，由于结晶的析出，使α-乳糖与β-乳糖之间的平衡被破坏，这时β-乳糖向α-乳糖转化，再析出结晶以达到新的平衡，这种结晶的析出一直持续到相当于这个温度的饱和状态为止。

在制造甜炼乳等乳制品时，乳糖大部分呈结晶状态存在，结晶大小与成品的品质关系密切，其可根据乳糖的溶解度和温度的关系采用强制结晶的方法来控制乳糖产生“多而细”的晶体。

3. 乳糖的营养与乳糖不耐症

乳糖是人和所有哺乳动物从母乳中获得的一种碳水化合物，它不仅能供给人体能量，而且有助于大脑和神经的正常发育；组成乳糖的单糖之一的半乳糖是组成人脑中配糖体的重要成分，孕妇保证乳糖供给对胎儿脑和神经组织形成和发育非常有益；处在生长发育时期的婴幼儿及青少年，乳糖充足则智力发达、精力旺盛、聪明。乳糖在人的肠道内是乳酸菌良好的培养基，它可被细菌分解成乳酸，使肠道内呈弱酸性，抑制某些有害菌类的生长和繁殖，阻碍和减少有害代谢产物的产生。乳糖还可促进婴幼儿对钙的吸收，有助于骨骼和牙齿等的正常发育，减少佝偻病的发病率，提高健康水平。

婴儿出生时体内乳糖酶的活性达到顶点，一年以后多数人的乳糖酶活性均会迅速下降，对食品中的乳糖不能充分消化吸收，从而产生消化不良、腹胀、腹痛、肠鸣、呕吐、急性腹泻等非感染性临床症状，即乳糖不耐症。全世界大多数人均存在不同程度的乳糖酶缺乏现象，以东方人情况最严重，发生率为80%～100%，乳糖不耐症人群的分布与种族、家族遗传和饮食习惯等有密切的关系。

对于乳糖不耐症的人来说，乳糖不能被吸收会导致肠胃系统失调和有价值蛋白质和矿物质的损失，可通过饮用发酵乳制品、在乳及乳制品中直接添加乳糖酶及口服乳糖酶片剂等方法解决乳糖不耐症的问题。

六、乳中的酶

乳中的酶主要分为内源酶（固有酶）和外源酶。乳中的内源酶有60多种，主要来源于乳腺组织、乳浆及白细胞。乳与乳制品中微生物代谢产生的还原酶属乳的外源酶。乳中大部分酶对乳自身并无作用和功能，只有少部分酶对乳起作用，可影响乳的风味和性质，影响乳制品的生产和质量。现将几种代表性酶分述如下。

1. 脂酶

脂酶是将脂肪分解为甘油及脂肪酸的酶（最适pH为9.0～9.2，最适温度为37℃）。脂酶有两种，一种是吸附于脂肪球膜界面间的膜脂酶，一种是存在于脱脂乳中与酪蛋白结合的乳浆脂酶。膜脂酶正常乳中不存在，在异常乳中存在，泌乳末期含量高，乳房炎乳中也存在，控制异常乳即可解决。乳浆脂酶在对牛乳进行均质、搅拌工艺处理时被激活，其活性提高，并吸附于脂肪球，分解脂肪而产生一些游离脂肪酸，使乳制品有一些脂肪分解臭。

乳脂肪对脂酶的热稳定性有保护作用，热处理时，乳的脂肪率增高则脂酶的钝化程度降低。在62～65℃保持30min低温长时间杀菌，脂酶依然存在，故钝化脂酶至少采用80～95℃的高温短时或超高温瞬时处理。同时还要控制原料乳的质量，避免使用异常乳，并防止微生物的再污染。

2. 磷酸酶

磷酸酶能水解复杂的有机磷酸酯。牛乳中的磷酸酶主要是碱性磷酸酶（吸附于脂肪球膜上），还有少量酸性磷酸酶（存在于乳清中）。

碱性磷酸酶经62.8℃、30min或72℃、15s加热后钝化，其钝化所需的温度、时间与生产液态乳的巴氏杀菌法的低温长时杀菌法所要求的温度、时间基本相同，通过测定碱性磷酸酶含量的有无，可证明巴氏杀菌是否完全，是否符合要求以及是否掺入未经消毒的生乳。此实验灵敏度很高，混入0.5%的生乳亦能被检出。

近几年发现牛乳通过高温（80～180℃）短时杀菌后没有磷酸酶，但放置后能重新活化的现象，这是因为牛乳中含有对热不稳定的抑制因子和对热稳定的活化因子两种因子，一般经62.8℃或72℃加热，则两种因子都不受影响，故抑制因子能抑制磷酸酶恢复活力，而80～180℃的高温则使抑制因子遭破坏而作用消失，只有活化因子存在而使酶重新活化。所以对于经高温短时处理的巴氏杀菌乳为了抑制磷酸酶重新活化，应采取4℃下冷藏的措施。

3. 过氧化氢酶

牛乳中过氧化氢酶主要来自白血球的细胞成分，特别是在初乳和乳房炎乳中含量多，所以过氧化氢酶试验可作为检验乳房炎的手段之一。经75～80℃、20min加热可全部钝化过氧化氢酶。

4. 过氧化物酶

过氧化物酶是乳中最耐热的酶类之一，主要来自白血球的细胞成分，是乳中原有的酶，其数量与细菌无关，过氧化物酶在牛乳中加热80℃，15s即被钝化。可利用乳中是否存在过氧化物酶来测定乳的加热程度。当乳中有过氧化物酶存在时，说明是生乳；无过氧化物酶存在，即为合格巴氏杀菌乳。

20ml杀菌乳＋30%过氧化氢溶液10滴＋2%对苯二胺溶液1ml，有酶则出现青色（阳性反应），说明杀菌不合格。但已使过氧化物酶钝化的杀菌合格乳，装瓶后不立即冷藏而在20℃以上温度存放时，会再恢复其活力。此外，酸败乳中过氧化物酶活力会钝化，故对这种乳不能因过氧化物酶呈阴性反应就认为该乳是新鲜合格的牛乳。

5. 还原酶

还原酶是微生物进入乳与乳制品中后，在乳中生长繁殖而分泌的一种具有还原作用的酶。还原酶不是固有的乳酶，可使甲烯蓝还原为无色，它是微生物的代谢产物，随着乳中细菌数的增加还原酶也增加，根据这种原理可判定牛乳的新鲜程度，称为还原酶试验。此实验根据甲烯蓝褪色所需时间来断定细菌的数量，通常在20ml乳中加入1ml甲烯蓝溶液，并置于（37±0.5）℃恒温箱中进行培养。

七、乳中的维生素

牛乳中含有人体营养所必需的各种维生素，种类比较齐全。乳中维生素的含量受多种因素影响，包括营养、遗传、哺乳阶段、季节等，其中营养因素是最主要的，即维生素主要从乳牛的饲料中转移而来。同时，乳中维生素也受乳牛的饲养管理、杀菌以及其它加工处理的影响，乳制品中的维生素在贮存、运输、销售等环节中也会受包装、环境、光照等因素的影响而损失。牛乳中含有的各种维生素的含量和变化见表1-5。

表1-5　牛乳中维生素的含量　　单位：μg/100ml

维生素		平均含量	变化范围	维生素		平均含量	变化范围
脂溶性维生素	维生素A：夏季	—	28～36	水溶性维生素	维生素C	1500	—
	冬季	—	17～41		维生素B_1	40	37～46
	β-胡萝卜素：夏季	—	22～32		维生素B_2	180	161～190
	冬季	—	10～13		烟酸	80	71～93
	视黄醇当量	38	—		维生素B_6	50	40～60
	维生素D	0.05	0.02～0.08		叶酸	5	5～6
	维生素E	100	84～110		维生素B_{12}	0.4	0.30～0.45
	维生素K	3.5	3～4		泛酸	350	313～360
					生物素	3	2～3.6

1. 维生素A

维生素A又称为视黄醇，仅存在于动物性食品中，牛乳是膳食维生素A的重要来源。维生素A容易受氧气、强光、紫外线的破坏，对热的稳定性很高。在110～118℃、15min的条件下，牛乳中的维生素A不会遭到破坏。

2. 维生素D

维生素D通常以维生素D原的状态存在于食物中，经日光或紫外线的照射后产生维生素D。牛乳中维生素D的含量非常少，主要存在于脂肪球中，初乳中维生素D的含量较高。维生素D很稳定，耐高温，不易氧化，通常的加工、贮存不会引起维生素D的损失。

3. 维生素E

维生素E又称生育酚，是一种重要的天然抗氧化剂。乳是膳食维生素E的良好来源之一，尤其是初乳含有的维生素E是正常乳的4～5倍。维生素E较稳定，在煮沸、干燥、贮存等过程中不被破坏，但维生素E易被氧化破坏，对金属、紫外线较敏感。

4. 维生素C

维生素C又称抗坏血酸，是一种活性很强的抗氧化剂，是机体新陈代谢不可缺少的物质。维生素C是最不稳定的维生素，影响其稳定性的因素很多，包括温度、pH、氧、酶、金属离子、紫外线等，一般到达消费者手中的乳与乳制品中几乎不含维生素C。

5. 维生素B_1

维生素B_1又称硫胺素，是糖代谢中辅酶的重要成分。维生素B_1的含量随季节而变化，在秋季含量较高。由于微生物可合成维生素B_1，故酸乳制品中维生素B_1含量会增加。维生素B_1是所有B族维生素中最不稳定的，其稳定性取决于温度、pH、离子强度、缓冲体系及其它反应物等，牛乳的商业热处理可导致维生素B_1活性损失10%左右。

6. 维生素B_2

维生素B_2又称核黄素，在生物氧化及组织呼吸中很重要。牛乳中维生素B_2的含量受营养条件的影响较大，初乳中维生素B_2含量较高。维生素B_2在酸性或中性条件下对热稳定，在通常热处理的情况下不被破坏，但其对光不稳定，特别是易受紫外线的破坏。

7. 维生素B_6

维生素B_6是体内很多酶的辅酶，牛乳中维生素B_6含量较高。维生素B_6对热很稳定，加热到120℃无变化，因此热处理对维生素B_6无影响，但遇光容易发生降解，尤其容易被紫外线分解。

8. 维生素B_{12}

维生素B_{12}又称钴胺素，初乳中维生素B_{12}的含量是正常乳的6～10倍。维生素B_{12}对热的抵抗性较高，遇强光或紫外线不稳定，容易被破坏。

9. 叶酸

叶酸曾被称为维生素M等，为各种细胞生长所必需。叶酸可被酸、碱水解，并且可被日光分解，乳制品中叶酸的破坏主要是由氧化作用所引起。

八、乳中的无机物和盐类

1. 无机物

无机物也称为矿物质，通常以灰分的量来表示牛乳中无机物的量，但严格来讲无机物、矿物质和灰分是不同的。牛乳中灰分的含量相对稳定，为0.7%～0.8%。牛乳中主要的无机物有磷、钙、镁、氯、钠、钾、铁、硫等，此外还含有近20种微量元素，包括铜、锰、碘、锌、铝、氟、硅、溴等。

乳中最重要的无机物是钙，钙含量丰富，生物活性高，牛乳是人体最理想的钙源。牛乳中钙主要以磷酸盐、柠檬酸盐形式存在，大约30%是可溶性的离子形式，不溶性的钙(20%）主要是与酪蛋白结合。充足的膳食蛋白质和乳糖有利于钙的吸收，维生素D也可促进钙的吸收。

2. 乳中的盐类

乳中的无机物大部分以可溶性的盐类存在，主要包括钾、钠、钙、镁的磷酸盐、柠檬酸盐、盐酸盐、硫酸盐、碳酸盐和碳酸氢盐，其中最主要的是以无机磷酸盐及有机柠檬酸盐的状态存在。无机成分中钠、钾大部分是以氯化物、磷酸盐及柠檬酸盐的可溶状态存在，钙、镁则与酪蛋白、磷酸及柠檬酸结合，一部分呈胶体状态，一部分呈溶解状态存在。

乳中无机成分的含量虽然很少，但在牛乳加工上，特别是对于乳的热凝固方面起重要的作用。牛乳中钙、镁与磷酸盐、柠檬酸盐之间保持适当的平衡，对于牛乳的稳定性具有非常重要的意义。当牛乳因季节、饲料、生理或病理等方面原因打破上述平衡关系时，对乳的热稳定性影响很大。很多情况在比较低的温度下牛乳即凝固乃是因为钙、镁过剩，可以通过向牛乳中添加磷酸盐或柠檬酸盐（通常为柠檬酸钠、磷酸氢二钠）以达到稳定作用防止凝固。牛乳中Ca^{2+}增高时酒精容易凝固，造成有时原乳的酸度合格而酒精试验不合格（呈阳性)，即所谓“低酸度酒精阳性乳”。

九、乳中的其它成分

牛乳中含有很少量的有机酸、细胞成分和气体等。

牛乳中的有机酸主要是柠檬酸，乳中含柠檬酸为0.07%～0.40%，平均0.18%。柠檬酸对于牛乳的盐类平衡、稳定性、奶油的芳香风味的形成、干酪的质量等方面都具有重要作用。

乳中所含细胞成分是白细胞、一些红细胞和上皮细胞。牛乳中的细胞数是乳房健康状况的一种标志，也是牛乳卫生品质好坏的指标之一。1ml正常乳中细胞数一般不超过20万个，乳房炎时白细胞和上皮细胞大大增加。

牛乳中含有微量的气体，主要为二氧化碳、氧气及氮气。牛乳在乳房中就已经含有气体，其中二氧化碳最多，氧气最少。牛乳在贮存与处理中二氧化碳减少，氧气及氮气增多，随着牛乳在空气中暴露则乳中氧气和氮气更加增多。气体中要考虑氧气，氧的存在使脂肪自动氧化及维生素损失，故加工乳制品要密闭的原因之一是避免和氧再次接触。

第三节　乳的物理性质

乳品加工技术是通过各种加工工艺和不同的处理条件，研究并利用其变化规律，从而有效生产各种乳制品。所以牛乳的理化性质对于原料乳质量鉴定与乳制品的生产非常重要，了解和熟悉它们，有助于研发新工艺、新产品，以及解决生产中出现的问题。乳的物理特性包括乳的色泽、滋味与气味、冰点与沸点、密度与相对密度、黏度、表面张力、电导率、折射率以及乳的反应等许多内容。现将常用的几项物理特性介绍如下。

一、色泽

正常新鲜的牛乳是一种白色或稍带黄色的不透明液体，颜色由乳的成分决定。例如白色是由脂肪球、酪蛋白酸钙、磷酸钙等成分对光的反射和折射所产生，黄色是由核黄素（乳清中）、叶黄素和胡萝卜素（乳脂肪中）等所引起。

胡萝卜素是一种天然色素，主要来源于青饲料中，它溶于脂肪而不溶于水，是牛乳带有微黄色的原因。牛乳分离出稀奶油或由稀奶油制成奶油时，胡萝卜素即随脂肪进入稀奶油或奶油中，因此使稀奶油略带黄色。冬季饲料中胡萝卜素含量低，所以生产的奶油颜色也较浅。牛乳中胡萝卜素含量的多少与牛的品种也有很大的关系。

二、滋味与气味

乳中的挥发性脂肪酸及其它挥发性物质，是构成牛乳滋气味的主要成分。这种牛乳特有的香味随温度的高低而差异，即乳经加热后香味强烈，冷却后即减弱。牛乳除了原有香味之外，很容易吸收外界的各种气味。因此，牛乳的风味可分正常风味和异常风味。

1. 正常风味

正常乳牛分泌的乳均具有奶香味，且有特殊的风味，这些都属正常味道。正常风味的乳中含有适量的甲硫醚 [$(CH_3)_2S$]、丙酮、醛类、酪酸以及其它的微量游离脂肪酸。根据气相色谱分析结果，新鲜乳中的挥发性脂肪酸以乙酸与甲酸含量较多，而丙酸、酪酸、戊酸、癸酸、辛酸含量较少。此外，羰基化合物，如乙醛、丙酮、甲醛等均与乳风味有关。

新鲜纯净的乳稍带甜味，这是因为乳中含有乳糖的缘故。乳中除甜味之外，因其含有氯离子而稍带咸味。常乳中的咸味因受乳糖、脂肪、蛋白质等影响，故不易觉察，而异常乳如乳房炎乳，因氯的含量较高，故有浓厚的咸味。乳中的苦味来自 Mg^{2+}、Ca^{2+}，而酸味由柠檬酸及磷酸所产生。

2. 异常风味

牛乳的异常风味，受个体、饲料以及各种外界因素所影响。大致有以下几种。

（1）生理异常风味

① 过度乳牛味。由于脂肪没有完全代谢，使牛乳中的酮体类物质过分增加而引起。

② 饲料味。主要因冬、春季节牧草减少而进行人工饲养时产生。产生饲料味的饲料，主要为各种青贮料、芜菁、卷心菜和甜菜等。

③ 杂草味。主要由大蒜、韭菜、苦艾、猪杂草、毛茛、甘菊等产生。

（2）脂肪分解味　主要由于乳脂肪被脂酶水解，脂肪中含有较多的低级挥发性脂肪酸而产生。其中主要成分为丁酸。此外，癸酸、月桂酸等碳数为偶数的脂肪酸也与脂肪分解味有关。

（3）氧化味　由乳脂肪氧化而产生的不良风味。产生氧化味的主要因素有：重金属、抗坏血酸、光线、氧、贮藏温度以及饲料、牛乳处理方法和季节等，其中尤以铜的影响最大。为防止氧化味，可加入乙二胺四乙酸（EDTA）的钠盐使其与铜螯合。此外，抗坏血酸对氧化味的影响很复杂，也与铜有关。如把抗坏血酸增加 3 倍或全部破坏，均可防止发生氧化味。另外，光线所诱发的氧化味与核黄素有关。

（4）日光味　牛乳在阳光下照射 10min 后，可检出日光味，这是由于乳清蛋白受阳光照射而产生。日光味类似焦臭味和羽毛烧焦味。日光味的强度与维生素 B_2 和色氨酸的破坏有关，日光味的成分为乳蛋白质和维生素 B_2 的复合体。

（5）蒸煮味　蒸煮味的产生主要是乳清蛋白中的β-乳球蛋白因加热而产生巯基所致。例如牛乳在 76～78℃瞬间加热，或在 74～76℃、3min 加热，或在 70～72℃、30min 加热，均可使牛乳产生蒸煮味。

（6）苦味　牛乳长时间冷藏时，往往产生苦味。其原因为：低温菌或某种酵母使牛乳产生肽化合物，或者是解脂酶使牛乳产生游离脂肪酸所形成。

（7）酸败味　主要由于乳发酵过度或受非纯正的产酸菌污染所致。这会造成牛乳、稀奶油、奶油、冰淇淋以及发酵乳等产生较浓烈的酸败味。

牛乳的异常风味，除上述这些之外，由于杂菌的污染，有时会产生麦芽味、不洁味和水果味等；或由于对机械设备清洗不严格，往往产生石蜡味、肥皂味和消毒剂味等；或因与水产品放在一起而带有鱼腥味；或消毒温度过高会使乳糖焦化而呈焦糖味等。

三、冰点与沸点

牛乳的冰点，普通为－0.565～－0.525℃，平均－0.540℃。

溶质存在于溶液中时，能使冰点下降。牛乳中由于存有乳糖及可溶性盐类，故使冰点降至0℃以下。脂肪和冰点无关，蛋白质也无太大影响。牛乳变酸时，则冰点将下降；酸度达0.15%以上后，每上升0.01%，冰点下降0.003℃。

正常乳中由于乳糖及盐类的含量变化较小，因此冰点也很稳定。牛乳中如加入水时，冰点即发生变化，因此可以根据冰点的变动来检查大致的加水量。牛乳中加入1%的水时，冰点约上升0.0054℃。将测得的冰点代入下式即可算出加水量。

$$W=\frac{T-T'}{T}\times 100\%$$

式中　W——加水量，%；

T——正常乳的冰点；

T'——被检乳的冰点。

牛乳的沸点理论上比水高0.15℃，而实际上在1.01×10^5Pa下为100.17℃左右，其变化范围为100～101℃。沸点受固体物质含量的影响，总固形物含量高，沸点也会稍上升。因此牛乳愈浓缩沸点愈上升。牛乳及各种浓缩乳的沸点见表1-6。

表1-6　牛乳及各种浓缩乳的沸点和相对密度

种类	相对密度(15.5℃)	沸点(1.01×10^5Pa,℃)	种类	相对密度(15.5℃)	沸点(1.01×10^5Pa,℃)
纯水	1.00	100.00	无糖炼乳	1.0660	100.44
全乳	1.032	100.17	加糖炼乳	1.3085	103.2
稀奶油	—	100.24			

四、密度与相对密度

密度是指一定温度下单位体积物质的质量。而乳的密度指乳在20℃时的质量与同容积水在4℃时的质量比。我国很多乳品工厂也都采用这一标准。按此标准所测的数值，习惯上称为乳的密度，通常表示为d_4^{20}，正常乳的密度平均为1.030g/ml。

相对密度是指某物质的质量与同温度、同容积水的质量之比。实际上牛乳的相对密度测定以15℃为标准。即在15℃时，一定体积牛乳的质量与同体积、同温度水的质量之比，通常表示为d_{15}^{15}，正常牛乳的相对密度平均为1.032。

在同温度下密度和相对密度的绝对值差异很小，因为测定的温度不同，两者之间约相差0.0019（简化为0.002）。也就是说乳的相对密度较密度大0.002。在乳品工业中可用此差数来进行乳相对密度和密度的换算。

乳及其浓缩乳的相对密度是不同的，如表1-6所示。乳的密度是其中所含各种成分的总和，乳中各种成分的密度如表1-7所示。

表 1-7 乳中各种成分的密度　　单位：g/ml

乳中的成分	密度		乳中的成分	密度	
	范围	平均		范围	平均
乳脂肪	0.918～0.927	0.925	无脂干物质	1.5980～1.6330	1.6150
乳糖	1.5925～1.6628	1.6103	柠檬酸	1.5530～1.6680	1.6105
乳蛋白质	1.335～1.4480	1.3908	干物质	1.2960～1.4500	1.3730
盐类	2.6170～3.0980	2.8570			

乳中的无脂干物质比水重，因此乳无脂干物质愈多则密度愈高。初乳的无脂干物质多，所以密度为1.038～1.040g/ml。乳中脂肪比水轻，因此脂肪增加时，密度也就降低（表1-8）。乳中加水时密度也降低。每增加10%的水，密度约降低0.003。

表 1-8 乳中脂肪和密度的关系

脂肪/%	密度/(g/ml)	脂肪/%	密度/(g/ml)
1	1.034	6	1.029
2	1.033	10	1.023
3	1.032	20	1.011
4	1.031	30	1.002
5	1.030	40	0.993

刚挤出来的乳，其密度比放置2～3h后的乳低0.0008～0.0015（平均0.001），其原因是由于乳中一部分的气体排出和一部分的液体脂肪变为凝固状态，使体积发生了变化。

可用乳稠计（乳密度计）测定乳的密度或相对密度。乳稠计有两种规格，即20℃/4℃的密度乳稠计和15℃/15℃的相对密度乳稠计，20℃/4℃乳稠计的测定刻度数较前者低2°，生产中常以0.002为差数进行换算。即：

$$d_{15}^{15}=d_{4}^{20}+0.002$$

测定时乳样的温度并非必须是标准温度值，在10～25℃范围内均可测定。另外，温度对密度测定值影响较大，温度每升高1℃，则乳稠计的刻度值降低0.2刻度，每下降1℃则乳稠计的刻度值升高0.2刻度，其原因是热胀冷缩之故。因此可按如下公式来校正因温度差异造成的测定误差：

$$\text{乳的相对密度(或密度)}=1+\frac{\text{乳稠计刻度计数}+(\text{乳样温度}-\text{标准温度})\times 0.2}{1000}$$

五、酸度

酸度是反映牛乳新鲜度和热稳定性的重要指标，酸度高的牛乳，新鲜度低，热稳定性差；反之，酸度低（在正常范围内）表明新鲜度高，热稳定性也高。

牛乳中含有蛋白质、钙及镁的柠檬酸盐、磷酸盐及重碳酸盐等，因此牛乳是一种反应很复杂的溶液。牛乳的酸度与加热及其它处理有关，不仅影响其稳定性，同时也对皱胃酶有作用，对干酪成熟中细菌的繁殖、奶油制造中稀奶油的发酵以及炼乳、奶粉的性质等都有很大的影响。通常牛乳的酸度以氢离子浓度、指示剂反应及滴定酸度等来表示。

1. 氢离子浓度

牛乳的氢离子浓度随其所含的二氧化碳、新鲜度、细菌的繁殖状况、乳房的健康程度而异。根据氢离子浓度的高低，可检定乳品质的优劣或乳房有无疾病等。为了方便起见，通常氢离子浓度都用pH（氢离子浓度的负对数）来表示。一般新鲜牛乳的pH值为6.5～6.7，酸败乳和初乳的 pH 值在 6.4 以下，乳房炎乳和低酸度乳 pH 值在 6.8 以上。氢离子浓度通常称为真实酸度，也就是表示酸的强度，而滴定酸度表示酸的量。

人乳的 pH 较牛乳为高，通常草食动物乳的 pH 值约为 6.6 左右，各种动物乳的 pH 值如表 1-9 所示。

表 1-9　各种动物乳汁的氢离子浓度（[H^+]）及 pH 值

名　称	[H^+]	pH 值
人乳	$(0.62\sim2.63)10^{-7}$	7.21～6.58
人乳	—	7.0～7.6
牛乳	$(2.29\sim3.02)10^{-7}$	6.64～6.52
山羊乳	—	6.4～6.7

2. 指示剂反应

几种常见指示剂的变色范围如表 1-10 所示。

表 1-10　几种常见指示剂的变色范围

指示剂	变色范围(pH 值)	变色情况
酚酞	8.2～10.0	无色⟷红色
甲基橙	3.1～4.4	红色⟷橙色
石蕊	5.0～8.0	红色⟷蓝色

牛乳的正常 pH 值位于酚酞指示剂变色范围的酸性侧，位于甲基橙指示剂变色范围的碱性侧，位于石蕊指示剂变色范围之中。

3. 乳的酸度

正常乳的酸度通常为 16～18°T，这种酸度与贮存过程中因微生物繁殖所产生的乳酸无关，称这种酸度为自然酸度。这种酸度主要由乳中的蛋白质、柠檬酸盐、磷酸盐及二氧化碳等酸性物质所构成，例如新鲜乳的自然酸度 16～18°T，其中来源于蛋白质的为 3～4°T，来源于二氧化碳的为 2°T，来源于磷酸盐和柠檬酸盐的为 10～12°T。

但牛乳挤出后在存放过程中，由于微生物的活动，分解乳糖产生乳酸，而使牛乳酸度升高，这种因发酵而升高的酸度称为发酵酸度。自然酸度与发酵酸度之和称为总酸度。通常所说的酸度是指总酸度而言。乳的总酸度越高，对热的稳定性越低。这种现象在乳品加工方面很重要。乳的酸度与凝固温度的关系如表 1-11 所示。

表 1-11　乳的酸度与乳的凝固温度

乳的酸度/°T	凝 固 条 件	乳的酸度/°T	凝 固 条 件
18	煮沸时不凝固	40	加热至 63℃时凝固
20	煮沸时不凝固	50	加热至 40℃时凝固
26	煮沸时能凝固	60	22℃时自行凝固
28	煮沸时凝固	65	16℃时自行凝固
30	加热至 77℃凝固		

鲜乳在保藏中如酸度升高，除了显著降低乳对热的稳定性以外，也会降低乳的溶解度和保存性。生产其它乳品时，质量也会降低。所以在贮存鲜乳时，为了防止酸度升高，必须迅速冷却，并在低温下保存，以保证鲜乳和成品的质量。

此外，乳经过浓缩后酸性物质的浓度增大可使 pH 值降低，酸度上升；稀释牛乳则呈相反的倾向。在加热过程中，由于二氧化碳的散失使酸度降低。但激烈加热时由于乳糖的分解而使酸度提高。

为了衡量牛乳的酸度，通常用滴定酸度来表示。所谓滴定酸度，即取一定量的牛乳，以酚酞作指示剂，再用一定浓度的碱液（通常 0.1mol/L 的氢氧化钠）来滴定，以消耗碱液来表示。

乳的滴定酸度有下列几种表示方式。

(1) 吉尔涅尔度（°T） 吉尔涅尔（Thorner）度是通常用的方式，即取 100ml 牛乳（生产单位为了节省原料乳，取 10ml 来滴定，这时需将碱液的消耗乘以 10），用酚酞作指示剂，以 0.1mol/L 的 NaOH 来滴定，按所消耗的体积（ml）来表示，消耗 1ml 为 1°T。正常牛乳的酸度通常为 16～18°T。

(2) 乳酸度（%） 取 10ml 牛乳，用蒸馏水按 2：1 稀释，用酚酞作指示剂，0.1mol/L 的 NaOH 来滴定，滴定后用下列公式计算即可。

$$乳酸度(\%)=\frac{\text{NaOH 体积(ml)}\times 0.009}{\text{供试牛乳质量[体积(ml)}\times\text{密度(g/ml)]}}\times 100\%$$

正常牛乳的乳酸度为 0.15%～0.18%。

(3) SH 度（°SH） SH(Soxhlet-Henke) 度的滴定方法与吉尔涅尔度相同，只是所用 NaOH 的浓度不一样。SH 度所用的 NaOH 溶液为 0.25mol/L。即上述方法用 0.25mol/L NaOH 滴定时，每消耗 1ml 为 1°SH。新鲜牛乳的 SH 度通常为 5～8°SH。SH 度与乳酸度的关系为：

$$乳酸度=\text{SH 度}\times 0.0225$$

滴定酸度受牛乳的稀释程度影响。例如将同一个试样牛乳分成三组：不稀释者、加 1 倍水稀释者和加 9 倍水稀释者，然后分别测定其酸度，结果分别为 0.172%、0.149% 和 0.110%。这种现象是由于在滴定过程中生成磷酸钙沉淀而减弱酸度的缘故。

新鲜牛乳的 pH 和滴定酸度的相应关系如表 1-12 所示。酸度已升高的牛乳，因其 pH 值易受乳中缓冲成分的影响，故与滴定酸度不能表示相应的规律关系。

表 1-12 新鲜牛乳的 pH 与滴定酸度的关系

pH	滴定浓度/%	pH	滴定浓度/%
6.0	0.50	6.7	0.145
6.1	0.40	6.8	0.125
6.2	0.36	6.9	0.115
6.3	0.30	7.0	0.105
6.4	0.25	7.1	0.095
6.5	0.205	7.2	0.090
6.6	0.165	7.3	0.085

六、黏度

在普通的流体中，分子间的内部摩擦由于切变应力的作用所产生的变形速率（切变速率）与切变应力之间具有比例关系，这种比例常数叫做黏度（k，Pa·s）。其关系式如下。

$$k=\frac{F}{v}$$

式中 F——切变应力；

v——切变速率。

乳中蛋白质和脂肪含量是影响牛乳黏度的主要因素，此外也因脱脂、杀菌、均质等处理而变动。牛乳的非脂乳固体含量一定时，随着含脂率的增高黏度也增高，但随脂肪球的大小和聚集程度而变。当含脂率一定时，随着非脂乳固体含量的增加牛乳的黏度也增高。初乳、末乳、病牛乳的黏度均增高。同时黏度也受温度影响，温度愈高，牛乳的黏度愈低。据研究表明，其关系如表 1-13 所示。

表 1-13 温度对牛乳黏度的影响

温度/℃	黏度/(Pa·s)		温度/℃	黏度/(Pa·s)	
	全脂乳	脱脂乳		全脂乳	脱脂乳
0	0.00344		20	0.00199	0.00179
5	0.00305	0.00396	25	0.00170	0.00154
10	0.00264	0.00247	30	0.00149	0.00133
15	0.00231	0.00210	40	0.00120	0.00104

黏度在乳品加工方面有重要的意义。例如在浓缩乳制品方面黏度过高或过低都是不正常的情况。以甜炼乳而论，黏度低时可能发生糖沉淀或脂肪分离，黏度过高时可能产生浓厚化；贮藏中的淡炼乳，如黏度过高时可能产生矿物质的沉淀或形成冰胶体（即形成网状结构）。此外，在生产乳粉时，牛乳的黏度对喷雾干燥有很大的影响，如黏度过高，可能妨碍喷雾，产生雾化不完全及水分蒸发不良等现象。

七、表面张力

液体的表面张力就是使表面分子维持聚集的力量。当液体表面不受作用时，则呈球状。这种现象起因于液体分子间的引力，故能以沿着液体表面的一种张力来表示，这种张力就称做表面张力。牛乳的表面张力在20℃时为0.046～0.0475N/m，比水（0.0728）低。表面张力随溶液中所含的物质而改变；表面惰性（即极性）物质可以增加表面张力，而蛋白质及卵磷脂等则会降低表面张力。牛乳的表面张力之所以比水低，就是因为乳中含有脂肪和酪蛋白等固体物质的缘故。如将乳中的脂肪分离出去，再将酪蛋白沉淀，则表面张力显著增高。初乳因含乳固体多，故表面张力较常乳为小。另外，表面张力也随温度的升高而降低，随着含脂率的降低而增大。牛乳和副产品的表面张力如表 1-14 所示。

表 1-14 牛乳及其副产品的表面张力

品 名	表面张力/(N/m)	品 名	表面张力/(N/m)
干酪乳清	0.051～0.052	25%稀奶油	0.042～0.045
脱脂乳	0.052～0.0525	酪乳(未发酵)	0.039～0.040
全乳	0.046～0.0475		

温度和脂肪含量对表面张力的影响，列入表 1-15 中。

表 1-15 温度和脂肪含量对表面张力的影响 单位：N/m

温度/℃ \ 脂肪含量/%	0.04	2～4	10	20	45
20	0.0510	0.0467	0.0462	0.0451	0.0446
10	0.0514	0.0490	0.0475	0.0475	0.0485
5	0.0516	0.0504	0.0490	0.0487	0.0498
1	0.0530				

当牛乳进行均质处理时，脂肪球表面积增大，因此增加了表面张力。但这时必须将牛乳

先行加热处理，使脂酶钝化，不然均质后会使脂酶活性增强，生成游离脂肪酸，反而使表面张力降低。

研究表面张力的目的是为了检验混杂物、探究泡沫或乳浊液的形成性能、微生物的繁殖、牛的品种和表面张力的关系以及热处理、均质对表面张力的影响。但由于牛乳表面张力的重现性比较困难，因此在生产上未能普遍应用。

八、电导率

牛乳并不是电的良导体。因牛乳中溶有盐类，因此具有导电性。通常电导率依乳中离子数量而定，但离子的数量决定于乳的盐类及离子形成物质。因此乳中盐类受到任何破坏，都会影响电导率。乳中与电导率关系最密切的离子为 Na^+、K^+、Cl^- 等。正常牛乳的电导率25℃为 0.004～0.005S/cm。

脱脂乳中由于妨碍离子运动的脂肪已被除去，因此电导率比全乳增加。将牛乳煮沸时，由于 CO_2 消失，而且磷酸钙沉淀，因此电导率减低。当牛乳酸败产生乳酸，或患乳房疾病而使乳中食盐含量增加时，电导率增加。一般电导率超过 0.006S/cm，即可认为是病牛乳，故可利用电导率来检验乳房炎乳。

泌乳期间由于乳成分的改变，乳的电导率也发生变化。泌乳前半期乳的电导率 [$(39\sim42)\times10^{-4}$S/cm] 低于泌乳末期 [$(42\sim55)\times10^{-4}$S/cm]，初乳的电导率特低。

牛乳、山羊乳、绵羊乳的平均电导率如表 1-16 所示。

表 1-16　牛乳、山羊乳及绵羊乳的电导率　　单位：S/cm

名　　称	电导率(平均数)	名　　称	电导率(平均数)
牛乳	43.8×10^{-4}	绵羊乳	50.4×10^{-4}
山羊乳	49.0×10^{-4}		

乳在蒸发过程中，干物质浓度增加到一定限度以内时，电导率增高。即干物质浓度在36%～40%以内时电导率增高，此后又逐渐下降。因此，在生产上可以利用电导率来检查乳的蒸发程度及调节真空蒸发器的运行。

九、折射率

乳汁的折射率比水大，这是因为乳中含有多种固体物质，其中主要受无脂干物质的影响。通常乳的折射率为 1.3470～1.3515。初乳的折射率较常乳高（约 1.3720），此后则随泌乳期的延续逐渐降低。乳清的折射率为 1.3430～1.3442。

乳清的折射率决定于乳糖含量，即乳糖含量愈高，折射率愈大。整个泌乳期间乳清折射率的差异不大。因此可以根据折射率来确定乳的正常状态及乳中乳糖的含量，但此时所用的乳清需用氯化钙将蛋白质除去。

乳的折射率也受乳牛品种、泌乳期、饲料及疾病等的影响。

第四节　异　常　乳

一、异常乳的种类

原料乳的质量是乳制品生产的关键因素之一，乳品生产中很多质量问题的根源就在于原料乳的品质。因此控制与改善原料乳的品质，对于保证乳制品的质量，具有极其重要的意义。

成分与性质正常的乳称为常乳。乳牛产犊7d以后挤出的乳，其性质与成分基本稳定，从这时开始一直持续到乳牛下一次产犊的泌乳期前所产的乳，就是正常乳。在泌乳期中，由于生理、病理或其它因素的影响，乳的成分与性质发生变化，这种成分与性质发生了变化的乳，称为异常乳。一般情况下，异常乳是不宜于加工使用的。异常乳可分为生理异常乳、化学异常乳、微生物污染乳和病理异常乳等几大类。

1. 生理异常乳

生理异常乳主要是指初乳和末乳以及营养不良乳。由于牛体病理原因造成乳成分与性质异常的乳为病理异常乳，如乳房炎乳等。

（1）营养不良乳　饲料不足、营养不良的乳牛所产生的乳皱胃酶作用几乎不凝固，所以这种乳不能制造干酪。当喂以充足的饲料、加强营养之后，牛乳即可恢复对皱胃酶的凝固特性。

（2）初乳　初乳是产犊一周之内所分泌的乳。色黄、浓厚并有特殊气味，黏度大。脂肪、蛋白质，特别是乳清蛋白（球蛋白和白蛋白）含量高，乳糖含量低，灰分高，特别是钠和氯含量高。维生素A、维生素D、维生素E含量较常乳多，水溶性维生素含量一般也较常乳中含量高。初乳中含铁量约为常乳的3～5倍，铜含量约为常乳的6倍。初乳中还含有大量的免疫球蛋白，为幼儿生长所必需。由于初乳的成分与常乳显著不同，因而其物理性质也与常乳差别很大，故不适于作为一般乳制品生产用的原料乳。但其营养丰富、含有大量免疫体和活性物质，可作为特殊乳制品的原料。

（3）末乳　末乳是指乳牛干乳期前一周左右所分泌的乳。末乳中各种成分的含量除脂肪外，其它均较常乳高。末乳具有苦而微咸的味道，因乳中脂肪酶活性较高，常带有油脂氧化味，且末乳中微生物数量比常乳高，因此不宜作为加工原料乳。

2. 化学异常乳

化学异常乳可包括酒精阳性乳、低成分乳、异物异常乳及风味异常乳，它们的成分或理化性质都有了异常的变化。

（1）酒精阳性乳　乳品厂检验原料乳时，一般用68%或72%的酒精（羊乳最好采用加热试验，不宜用酒精试验）与等量乳混合，凡产生絮状凝块的乳称为酒精阳性乳。酒精阳性乳主要包括高酸度酒精阳性乳、低酸度酒精阳性乳和冻结乳。

① 高酸度酒精阳性乳。挤乳后鲜乳的贮存温度太高时，或鲜乳未经冷却而远距离运送时，途中会造成乳中的乳酸菌大量生长繁殖，产生乳酸和其它有机酸，导致牛乳酸度升高而呈酒精试验阳性。一般酸度在24°T以上的乳酒精试验均为阳性。挤乳时的卫生条件不合格也会造成酸度升高。因此，要预防高酸度酒精阳性乳，必须注意挤乳时的卫生条件并将挤出的鲜乳保存在适当的温度条件下，以免造成微生物污染和繁殖。

② 低酸度酒精阳性乳。低酸度酒精阳性乳是指牛乳滴定酸度低于16°T，加70%等量酒精可产生细小凝块的乳。这种乳加热后不出现凝固现象，其特征是刚刚从乳房内挤出后即表现为酒精阳性。

低酸度酒精阳性乳与正常牛乳相比，其钙、氯、镁以及乳酸含量高，尤其以钙含量增高明显，钠较少；蛋白质、脂肪以及乳糖等含量与正常乳几乎没有差别，但蛋白质成分变异大，尤其是αs-酪蛋白含量增高，蛋白质不稳定，从而导致乳的稳定性降低；在温度超过120℃时易发生凝固，不利于加工，降低了其利用价值。

③ 冻结乳。冬季因气候和运输的影响，鲜乳产生冻结现象，这时乳中一部分酪蛋白变

性。同时，在处理时因温度和时间的影响，酸度相应升高，以致表现为酒精阳性。但这种酒精阳性乳的耐热性要比由其它原因引起的酒精阳性乳高。

（2）低成分乳　由于乳牛品种、饲养管理、营养素配比、高温多湿及病理等因素的影响而产生的乳固体含量过低的牛乳，称为低成分乳。除了遗传因素外，产生低成分乳还有以下原因。

① 季节和气温对产乳量和成分的影响。季节对乳量和乳质的变化有相当大的影响，从日照时间到温度、湿度都是重要的因素。以乳量而论，东北地区以青草丰富的6～7月份为最高，南方则以4～5月份为最高。而含脂率则与乳量相反，冬季高，夏季低。无脂干物质以舍饲后期最低。春季由舍饲转变到放牧采食青草时，无脂干物质迅速升高。其原因除了青草的营养价值较高以外，也受青草中发情激素的影响。

② 饲养管理的影响。饲养管理对乳的成分具有重要的影响。限制精饲料或过量给予精饲料会使含脂率降低。长期营养不良，不仅产乳量下降，而且无脂干物质和蛋白质含量也减少。甚至连受饲料影响较小的乳糖和无机盐类，如果长期热量供给不足，也会使乳中的乳糖下降，并影响盐类平衡。最近试验证明，由于镁含量的不足，可能会出现原料乳对酒精试验不稳定的情况。此外，饲料与乳中微量元素和维生素（脂溶性）的含量也有很大的关系。

（3）混入异物乳　异物混杂乳中含有随摄取饲料而经机体转移到乳中的污染物质或有意识地掺杂到原料乳中的物质。关于经机体转移到乳中的污染物质问题，其潜在的影响是应予以注意的，需要依靠卫生管理与“三废”控制进行综合防治；至于其它异物混杂问题，只要加强乳品与卫生管理工作，是容易解决的。

① 偶然混入的异物。由于牛舍不清洁、牛体管理不良、挤乳用具洗涤不彻底、工作人员不卫生而引起的异物混入。来源于牛舍环境的异物有昆虫、杂草、饲料、土壤、污水等；来源于牛体的异物有乳牛皮肤、粪便等；来源于挤乳操作过程中的异物有头发、衣服片、金属、纸、洗涤剂、杀菌剂等。

② 人为混入的异物。人为混入的异物包括为了增加质量而掺的水、为了中和高酸度乳而添加的中和剂、为了保持新鲜度而添加的防腐剂、非法增加含脂率和无脂干物质含量而添加的异种成分（异种脂肪、异种蛋白）等。

③ 经牛体污染的异物。出现该种情况是由于为促进牛体生长和治疗疾病，对乳牛使用激素和抗生素；乳牛采食被农药或放射性物质污染的饲料和水。这些激素、抗生素、放射性物质和农药会通过牛机体进入牛乳中，对牛乳造成污染。这些异物对人体健康的危害更大。实验证明，即使乳中含有微量的抗生素，也可成为人对抗生素产生过敏或增加抗药性的原因，因此有害于大众健康，同时影响发酵乳制品的生产。

（4）风味异常乳　影响牛乳风味的因素很多。风味异常主要有通过机体转移或挤乳后从外界污染或吸收而来的异味、由酶作用而产生的脂肪分解臭等。克兰茨（1967年）曾以美国19000个试样进行风味试验，结果发现饲料臭的出现率最高（88.4%），其次是涩味（12.7%）及牛体臭（11.0%）。为解决风味异常问题，主要应改善牛舍与牛体卫生，保持空气新鲜畅通，注意防止微生物等的污染。风味异常主要包括生理异常风味乳、脂肪分解味、氧化味、日光味、蒸煮味、苦味、杂菌污染产生麦芽味以及不洁味、机械设备清洗不严格产生的石蜡味及肥皂味和消毒味等。

3. 微生物污染乳

由于挤乳前后的污染、不及时冷却和器具的洗涤杀菌不完全等原因，使鲜乳被微生物污染，鲜乳中的细菌数大幅度增加，以致不能用作加工乳制品的原料，这种乳称为微生物污染乳。

(1) 原料乳的微生物污染状况　原料乳从挤乳开始到运到工厂，每个过程都容易受到微生物的侵袭而造成污染。刚挤下来的鲜乳，如果挤乳时的卫生条件比较好，则乳中的细菌数为300～1000个/ml。最初挤出的乳细菌数高，随着挤乳的延续，细菌数逐渐减少。因此，最初挤出的一、二把乳应该分别处理，这样对提高鲜乳的质量有良好的效果。挤出后的鲜乳，因受挤乳用具、容器和牛舍空气等的污染，在运到收乳站或工厂的过程中，微生物性状变化很大。为了防止微生物的繁殖，挤出后的鲜乳至少要维持在10℃以下，并尽可能降至4℃左右。

挤出后的鲜乳保存期间，在一定时间内细菌数反而减少，这是由于牛乳本身有杀菌作用。鲜乳继自身杀菌阶段以后，接着乳酸菌、蛋白质分解菌或大肠杆菌开始繁殖，以致产生酸败、碱化、胨化、产气等现象。其过程是首先乳酸菌繁殖，分解乳糖产生乳酸使乳产生凝固；接着乳酸菌因酸度升高受到抑制，而耐酸的丙酸杆菌、孢子形成菌、酵母、霉菌等大量生长而消耗乳酸；最后由于孢子形成菌和腐败菌的作用，出现腐败现象。

(2) 微生物污染乳种类　原料乳被微生物严重污染产生异常变化而成为微生物污染乳。其中酸败乳是由乳酸菌、丙酸菌、大肠杆菌、微球菌等造成，常导致牛乳酸度增加，稳定性降低；黏质乳是由嗜冷菌、明串珠菌等造成，常导致牛乳黏质化，蛋白质分解；着色乳是由嗜冷菌、球菌、红色酵母引起，使乳色泽变黄、变红、变蓝；异常凝固分解乳是由蛋白质分解菌、脂肪分解菌、嗜冷菌、芽孢杆菌引起，导致乳胨化、碱化和脂肪分解臭及苦味的产生；细菌性异常风味乳是由蛋白质分解菌、脂肪分解菌、产酸菌、嗜冷菌、大肠杆菌引起，导致乳产生异臭异味。

4. 病理异常乳

(1) 乳房炎乳　乳房炎是乳房组织内产生炎症而引起的疾病，主要由细菌引起。引起乳房炎的主要病原菌大约60%为葡萄球菌，20%为链球菌，混合型的占10%，其余10%为其它细菌。

乳房炎乳中血清白蛋白、免疫球蛋白、体细胞、钠、氯、pH、电导率等均有增加的趋势；而脂肪、无脂乳固体、酪蛋白、β-乳球蛋白、α-乳白蛋白、乳糖、酸度、相对密度、磷、钙、钾、柠檬酸等均有减少的倾向。因此，凡是氯糖数［(氯/乳糖)×100］在3.5以上、酪蛋白氮与总氮之比在78以下、pH在6.8以上、细胞数在50万个/ml以上、氯含量在0.14%以上的乳，都很可能是乳房炎乳。

临床性乳房炎使乳产量剧减且牛乳性状有显著变化，因此不能作为加工用。非临床性或潜在性乳房炎在外观上无法区别，只在理化或细菌学上有差别。

(2) 其它病牛乳　其它病牛乳主要是指由患口蹄疫、布氏杆菌病等的乳牛所产的乳，乳的质量变化大致与乳房炎乳相类似。另外，患酮体过剩、肝机能障碍、繁殖障碍等的乳牛易分泌酒精阳性乳。

二、乳房炎乳

乳房炎是由致病菌通过乳导管进入乳腺，在乳头或乳腺上皮组织中反应引起的。作为乳牛免疫反应的一部分，这些感染的细菌通常会在乳腺内引发复杂的炎症反应。该炎症反应的关键特征之一是部分白细胞被分泌到乳汁中，随乳汁运送到被感染部位，用以抵御侵染化包括乳化学组成的改变。由于乳的不同组分具有特定的功能，乳组分的变化将导致其功能的改变。亚临床型乳房炎（无临床症状的乳房炎）和临床型乳房炎都会引起这些改变。

乳房的健康对牛乳的质量和加工性质有很显著的影响。广泛使用的乳房健康指标是体细胞数（SCC）。世界上许多牛乳加工厂都将体细胞数作为衡量生乳质量的关键指标。较高的SCC值往往预示着乳房炎的存在。

1. 乳房炎与SCC

牛乳中体细胞主要是血液中的白细胞，它们有很多种类，其中主要是多型核嗜中性粒细胞（PMN）、巨噬细胞、淋巴细胞以及乳腺上皮细胞。在乳导管感染期间，大多数的体细胞是PMN，因为这些细胞进入感染区，完成它们吞噬和消化入侵微生物的任务。

很难判定体细胞达到多少时才开始影响乳制品。一些研究认为，当体细胞数达到100000个/ml时开始产生影响，而另一些学者认为这个限度大约在500000个/ml。大量牛乳中的高SCC是由少量牛产生的特别高的SCC牛乳和绝大多数健康的牛乳混合所造成的，这是由一群处于亚临床感染的牛群所产生。PMN对牛乳组分的影响比其它种类的细胞大得多，这可能是报道的对乳制品产生影响的SCC数量限度各不相同的主要原因，也说明在评估牛乳的质量时，同时测定体细胞的种类和数量比单独测定数量更为准确。据研究表明，牛乳中的PMN百分数随季节、牛种及牛群而变，PMN的数量与SCC相关。

其它因素，如营养状况和哺乳阶段等都会影响乳房炎对牛乳组分和乳制品影响的程度，这些因素可能影响了牛的免疫系统。

2. 乳房炎对乳成分及加工性能的影响

（1）乳房炎对牛乳产量的影响　乳房炎可以使单头牛牛乳的产量降低10%～25%。这主要是由于乳腺的上皮细胞受到了物理损坏而限制了其合成和分泌能力。考虑到乳糖作为牛乳的渗透调节剂，乳腺上皮细胞合成和分泌乳糖的能力下降是非常重要的。牛乳产量的下降也是由于乳导管的堵塞或血中产生乳前体物质的功能受到了损坏。

（2）乳房炎对乳成分的影响

① 对乳脂肪的影响。乳房炎对乳脂肪浓度的影响还不确定。根据一些研究报道，乳房发炎期间乳脂肪浓度的下降是由于乳腺细胞合成的分泌能力下降的结果。但也有一些报道称牛乳体积下降导致的浓缩效应弥补了乳脂肪合成和分泌的降低，因此导致这个乳脂肪含量的变化可以忽略，甚至总脂肪含量上升。

乳导管感染的情况还增加了乳中的甘油三酯对脂肪酶的敏感性，导致游离脂肪酸的释放。游离脂肪酸量的增多可以导致乳和乳制品的酸败味。乳房炎期间，牛乳中游离的脂肪酸含量增高是因为甘油三酯合成不彻底以及后期脂肪酶分泌的增多对牛乳脂肪的影响。

② 对乳蛋白质的影响。乳房炎会导致酪蛋白含量下降，乳清蛋白含量增加，产生的总蛋白质浓度变化可忽略不计。变化的方向受各种因素的影响，如炎症的种类和严重程度。

在SCC含量较高的牛乳中，酪蛋白含量降低的部分原因是乳腺上皮细胞的物理损坏导致酪蛋白的合成和分泌减少。此外，还与不同种类的酪蛋白后期分泌降解有关，特别是β-酪蛋白被来源于、白细胞、血细胞等的一系列微生物所降解。

乳房炎期间乳清蛋白浓度的增加部分是由于乳房炎破坏了乳腺上皮细胞间的紧密连接而使来源于血液的血清蛋白流入。这些蛋白质包括免疫球蛋白、牛血清白蛋白、乳铁蛋白和α_2-巨球蛋白。在乳导管中合成的乳铁蛋白含量在乳房炎期间也增加了，这可能与细菌抑制作用相关。

③ 对乳糖的影响。乳房炎导致乳中乳糖含量降低。乳糖浓度的变化不可能是由于细胞的合成和分泌造成的，因为乳糖是泌乳的渗透调节剂。正常情况下适量的水渗透到细胞中以保持合适的渗透平衡，在乳房炎期间，分泌的乳糖较少，渗透到细胞中的水也较少，因此泌乳量也较少。这很可能是由于上皮细胞载体的破坏而使乳糖渗出牛乳，于是在患乳房炎牛的血液和尿中乳糖浓度增高。

④ 对矿物质平衡和牛乳 pH 的影响。牛患乳房炎期间乳中很多矿物质的浓度都发生改变。这些离子的变化导致了牛乳电导率的变化。血液中含量较高的钠和氯渗透到牛乳中，结果它们的浓度增加。相反，钾是健康乳牛分泌的牛乳中含量最丰富的矿物质元素，在乳房炎期间通过被破坏的乳腺上皮渗透到乳腺空隙间的体液中，钾的浓度就降低了。

乳中的大部分钙是与酪蛋白胶粒相结合，因此随着酪蛋白合成减少，乳房炎期间牛乳的钙浓度下降。但乳房炎对可溶性和不溶性钙的影响还没有定论。

乳房炎期间牛乳的 pH 通常上升。牛乳的矿物质平衡和 pH 的变化对乳的特性有很大影响，特别是对于干酪生产更为关键。

（3）乳房炎对乳加工性能和乳制品的影响

① 对干酪的影响。由于乳房炎导致的乳成分的变化对干酪加工有很大的影响。采用高 SCC 的牛乳生产干酪会导致凝结时间延长、干酪的水分含量升高、干酪的强度降低以及干酪中乳固体收率降低，从而降低了干酪的产率和收率。

② 对其它乳制品的影响。乳房炎对其它乳制品的影响见表 1-17。

表 1-17　体细胞数（SCC）升高对乳制品的影响

产　品	效　果	产　品	效　果
干酪	产率和效率降低，水分含量升高，凝乳时间延长，干酪变软，质构缺陷，乳清中固体损失较大，感官品质差	发酵产品	增加凝固时间，感官品质不良
		黄油	搅乳时间延长，保质期缩短，感官品质不良
		乳粉	改变热稳定性，缩短保质期
UHT 牛乳	加速凝胶化	乳油	改变搅打品质
巴氏杀菌液体乳	缩短保质期，感官品质不良		

三、低酸度酒精阳性乳

1. 低酸度酒精阳性乳产生的原因

低酸度酒精阳性乳是一个极其复杂的临床表现，一些研究表明环境因素、饲养管理、生理机能、气象因素等都会对低酸度酒精阳性乳的产生造成影响。

（1）环境因素的影响　产乳期和季节的不适等都会造成低酸度酒精阳性乳。一般来说，春季发生较多，到采食青草时自然恢复。初冬开始舍饲，气温发生剧烈变化，或者在夏季盛暑期，都易发生。畜龄在 6 岁以上的发生率居多。卫生管理越差，发生的情况越多。因此采用日光浴、放牧、改进换气设施等使环境改善具有一定的效果。

（2）饲养管理的影响　喂以腐败饲料或者喂量不足、长期饲喂单一饲料、过量喂给食盐、饲料骤变、维生素不足等都会造成低酸度酒精阳性乳的发生。挤乳过度而热量供给不足时，容易产生耐热性能低的酒精试验阳性乳。产乳旺盛时，单靠供给饲料不足以维持乳牛的营养，所以分娩前必须给予充分的营养。因饲料骤变或维生素不足而引起时，可喂根菜类饲料加以改善。

（3）生理机能的影响　乳腺的发育、乳汁的生成是受各种内分泌机能所支配。内分泌中特别是发情激素、甲状腺素、副肾上腺皮质素等与酒精阳性乳的产生都有关系。而这些情况一般与肝脏机能障碍、乳房炎、软骨症、酮体过剩等并发。

感冒、发烧、乳房炎、肺炎、产后疾病等也是酒精阳性乳的促发因素。由于牛体健康状况下降、抵抗力下降、内分泌失调、机体代谢紊乱会引起乳的成分及其化学性质发生变化，进而出现盐类不平衡、蛋白质稳定性降低最终导致酒精阳性乳的产生。

2. 低酸度酒精阳性乳的特性

低酸度酒精阳性乳的营养成分、杂菌数和对冷热的稳定性均与正常乳相同，仅是对酒精的稳定性差于正常乳，其原因主要是钙、镁过剩所造成，并非酸度增高所致。添加磷酸盐和柠檬盐可显著提高其对酒精的稳定性。低酸度酒精阳性乳的酒精稳定性与对冷热稳定性未表现出明显的相关性，故不宜采用酒精试验来评判其冷热稳定性。研究结果表明低酸度酒精阳性乳具有正常乳的营养价值，其细菌卫生指标符合食用要求，可进行常规的冷藏和100℃以内的各种杀菌温度的热处理。

乳中钙和镁与磷酸和柠檬酸盐之间适当的平衡是保持牛乳稳定性的必要条件。乳中钙和镁过剩时，过多的钙和镁不能被磷酸或柠檬酸所结合而游离，游离的Ca^{2+}、Mg^{2+}中和了酪蛋白的负电荷，使酪蛋白的稳定性下降。失去电荷的酪蛋白在酒精的脱水作用下失去水化膜，从而发生凝聚。这可能是低酸度酒精阳性乳出现酒精试验呈阳性的主要原因之一。

正常乳和低酸度酒精阳性乳之间在成分方面的差别表现在：酸度、蛋白质（酪蛋白）、乳糖、无机磷酸盐、透析性磷酸盐等的数量较正常乳低；乳清蛋白、钠离子、钙离子、胶体磷酸钙等较正常乳高。分泌酒精阳性乳的乳牛外观并无异样，但在血液中钙、无机磷和钾的含量降低，有机磷和钠增加；血液和乳汁中镁的含量都低。总的看来，盐类含量不正常及其与蛋白质之间的平衡失调时，容易产生低酸度酒精阳性乳。

3. 低酸度酒精阳性乳的利用价值

从营养价值、细菌卫生指标、稳定性及产生酒精阳性的原因来看，低酸度酒精阳性乳均符合食用和加工的要求。低酸度酒精阳性乳是完全可以加工的牛乳，应采取综合评定加以利用，减少奶农的经济损失。

一些研究表明，利用低酸度酒精阳性乳加工消毒乳、酸奶、乳粉等乳制品，其微生物和理化指标都符合乳制品标准的要求，主要是感官指标中的组织状态和风味欠佳。添加500～750mg/kg磷酸盐或柠檬酸盐加工制成的酸奶，各项指标均与正常乳加工的酸奶相同。

在100℃左右加热时，低酸度酒精阳性乳与正常乳无太大区别，但在130℃加热时，则比正常乳易凝固，所以用片式杀菌器杀菌时，在金属片上易产生乳石，乳粉喷雾干燥时可能影响溶解度。

【本章小结】

乳中含有丰富的蛋白质和钙，被称为全价食品。牛乳的成分十分复杂，主要成分是由水、蛋白质、脂肪、乳糖、维生素、酶和盐类等组成，乳中各种成分的存在状态不同，乳是包括真溶液、胶体悬浮液、乳浊液和高分子溶液的具有胶体特性的多级分散质，而水则作为分散剂。正常牛乳各种成分的含量大致是稳定的，当受到各种因素的影响时，其含量在一定范围内有所变动，其中脂肪变动最大。

正常乳中干物质的含量为11%～13%。乳中主要的蛋白质——酪蛋白是个典型的磷蛋白，酪蛋白在酸、凝乳酶等的作用下不稳定，易发生凝固现象。乳清蛋白中α-乳白蛋白在乳糖合成中起重要作用，而β-乳球蛋白遇热发生的变化则会使乳与乳制品出现蒸煮气味等现象。组成乳脂肪的脂肪酸中低级可溶性挥发性脂肪酸含量较高。乳糖通常指的是α-含水乳糖，乳中乳糖以α-乳糖和β-乳糖形式呈一定的比例存在并处于平衡状态，乳糖的溶解度具体可分为初溶解度、终溶解度和过溶解度三种。乳糖有助于大脑和神经的正常发育，如果对食品中的乳糖不能充分消化吸收，则会产生乳糖不耐症，可利用化学工程、生物工程、酶技术等方法解决乳糖不耐症的问题。乳中有多种酶，生产中需要钝化，否则在加工、贮存过程中会产生缺陷，乳中固有的酶类的多少、存在与否可间接判断杀菌是否完全；微生物所产生的还原酶的多少，可判断乳受微生物污染的程度。乳中各种维生素的种类比较齐全，其含量受营养、饲养管理、杀菌以及其它加工处理的影响，在贮存、运输、销售等环节中也会受包装、环境、光照等因素的影响而损失。乳中最重要的无机物是钙，钙含量丰富，生物活性高，是人体最理想的钙源。乳中无机成分的含量虽然很少，但在牛乳加工，特别是对于乳的热凝固方面起重要的作用，牛乳中钙、镁与磷酸盐、柠檬酸盐之间保持适当的平衡，对于牛乳的稳定性具有非常重要的意义。

乳的物理性质主要有：色泽、滋味与气味、冰点、沸点、相对密度、黏度、表面张力、电导率、折射率等。这些物理特性是原料乳检测的重要指标，也是设计乳制品加工工艺及研发新产品的基础。色泽、滋味与气味常用来对原料乳和产品乳作感官评定；酸度、相对密度、冰点常用作乳新鲜度和掺水的判断；黏度、表面张力、电导率用于加工工艺的设计。经常进行实践操作的是酸度和相对密度，所以要熟练掌握它们的操作和准确测出它们的结果的技能。

异常乳是由奶牛生理、病理和人为掺假造成的。不同种类的异常乳与常乳的特性不同，所以利用常乳的生产工艺加工异常乳时，很难生产出目的乳制品，对异常乳的利用必须要设计出符合异常乳加工特性的工艺，从而加工出特殊的乳制品，以减少经济损失。

【复习思考题】

1. 影响牛乳成分的因素有哪些？
2. 乳中各成分存在状态如何？
3. 简述酪蛋白的酶凝固。
4. 牛乳的物理性质主要有哪些？如何利用乳的物理性质对乳的新鲜度进行判断？
5. 乳物理性质对乳制品加工的影响有哪些？
6. 简述异常乳的种类及特性。如何对异常乳进行合理利用？

第二章　原料乳的质量控制

学习目标

1. 熟悉乳及乳制品中微生物的来源、种类，了解各种微生物的特性。
2. 掌握原料乳的质量标准及验收方法。
3. 掌握原料乳预处理方法。

第一节　乳中的微生物

牛乳是乳制品加工的主要原料，富含多种营养素，是营养价值很高的食品，同时也是微生物生长的良好培养基。常见乳中的微生物有细菌、酵母菌、霉菌和病毒等。其中，细菌是最常见并在数量和种类上占优势的一类微生物。

一、微生物的来源

从健康的乳牛乳房刚挤下的牛乳微生物含量极少。但微生物可以从原料乳、加工过程、成品贮藏、消费等各个环节对乳及乳制品造成污染。在适当的条件下，微生物迅速增殖，使牛乳酸败、变质，失去营养价值，从而降低乳及乳制品的品质。因此，需要了解微生物的来源，控制微生物的污染，提高乳及乳制品的质量。

1. 内源性污染

内源性污染是指污染微生物来自于牛体内部，即牛体乳腺患病或污染有菌体、泌乳牛体患有某种全身性传染病或局部感染而使病原体通过泌乳排出到乳中造成的污染。如布氏杆菌、结核杆菌、口蹄疫病毒等病原体。

乳牛的乳房内不是处于无菌状态。即使是健康的乳牛，在其乳房内的乳汁中含有的细菌数为500～1000个/ml以上。许多细菌可通过乳头管栖生于乳池下部，这些细菌从乳头端部侵入乳房，由于细菌本身的繁殖和乳房的物理蠕动而进入乳房内部。乳房中正常菌群主要是小球菌属和链球菌属，这些细菌能适应乳房的环境而生存，成为乳房细菌。正常情况下，随着挤乳的进行，乳中细菌含量逐渐减少，所以在挤乳时最初挤出的乳应单独存放，另行处理。

2. 外源性污染

外源性污染主要指奶牛体表、空气、挤乳器具及挤奶员工等环节造成的污染。

（1）牛体的污染　挤乳时鲜乳受乳房周围和牛体其它部分污染的机会很多。因为牛舍空气、垫草、尘土以及牛本身的排泄物中的细菌大量附着在乳房的周围，当挤乳时侵入到牛乳中。这些污染菌中，多数属于带芽孢的杆菌和大肠杆菌等。所以在挤乳时，应用温水严格清洗乳房和腹部，并用清洁的毛巾擦干。

（2）空气的污染　挤乳及收乳过程中，鲜乳若暴露于空气中，受空气中微生物污染的机会就会增加。牛舍内的空气含有很多的细菌，尤其是在含灰尘较大的空气中，以带芽孢的杆菌和球菌属居多，霉菌的孢子也很多。现代化的挤乳站采用机械化挤乳，管道封闭运输，可减少来自于空气的污染。

（3）挤乳器具的污染　挤乳时所用的桶、挤乳机、过滤布、洗乳房用布等，如果不事先进行清洗杀菌，通过这些器具也会使鲜乳受到污染。各种器具中所存在的细菌多数为耐热的球菌属，所以这类器具的杀菌，对防止微生物的污染有重要意义。

乳品的加工应尽可能采用自动化封闭系统，使鲜乳进入加工系统后，不与外界接触，从而减少微生物的污染机会。

（4）工作人员的污染　工作人员本身的卫生状况和健康状况也会影响鲜乳中微生物的数量。操作工人的手、工作服不清洁，都会将微生物带入乳液中；如果工作人员是病原菌的携带者，会将病原菌传播到乳液中，造成更大的危害。所以，要定期对工作人员进行卫生及健康检查。

二、微生物的种类及性质

牛乳在健康的乳房中就已有某些细菌存在，加上在挤乳和处理过程中外界微生物不断侵入，所以乳中微生物的种类很多。

1. 乳中的病原菌

（1）葡萄球菌　葡萄球菌菌体呈葡萄状排列，多为乳房炎、食物中毒和皮肤炎的病原菌。主要的菌种有金黄色葡萄球菌和表皮葡萄球菌。金黄色葡萄球菌广泛分布于自然环境中，存在于土壤、水、饲草以及乳牛体表、上呼吸道、乳房管腔等处。其产生的耐热肠毒素，能引起人类食物中毒。金黄色葡萄球菌在挤乳操作时易落入牛乳中引起污染。通过适当的方法清洁乳牛体表和挤乳设备，及时冷却刚挤的牛乳，控制其生长和产生毒素。

（2）大肠杆菌　大肠菌群能使糖发酵产生酸和气体，来源于粪便、饲料、土壤和水等。典型的是大肠杆菌和产气杆菌。大肠杆菌是人和温血动物肠道内正常菌群成员，随粪便排泄物散播到周围环境中。常被作为粪便污染的指标菌。大多数大肠杆菌在正常情况下不致病，只有在特定条件下或一些少数的病原性大肠杆菌导致大肠杆菌病。该菌在原料乳和鲜乳制品中，是值得重视的一种病原菌。

（3）沙门氏菌属　绝大多数沙门氏菌对人和多种动物有致病性，也是人类食物中毒的主要病原之一。牛乳及乳制品中沙门氏菌通常来自患有沙门氏菌病的乳牛粪便排泄物、乳头或被污染的乳房用水以及人为操作过程。

（4）李斯特菌　本属由有致病性和无致病性的李斯特菌菌株组成。其中致病性单核细胞增多症李斯特菌能侵害任何家畜中枢神经，引起脑膜炎，也能导致怀孕母畜乳房炎和流产，均以血液中单核细胞增多为主要特征。本菌广泛分布于河水、污泥、劣质青贮饲料、牛乳及乳制品中。可在冷藏的牛乳中生长，但生长缓慢。牛乳中的污染主要来自于被带菌乳牛粪便污染的挤乳设备或劣质青贮饲料以及不清洁用水等。

（5）布氏杆菌　布氏杆菌又称布鲁氏菌，是多种动物和人的布氏杆菌病的病原菌。布氏杆菌能够存活于鲜乳及乳制品中并引起人和动物布氏杆菌病。在鲜乳中存在并导致布氏杆菌病的主要有流产布氏杆菌和马耳他布氏杆菌。

（6）芽孢杆菌属　该菌能形成耐热性芽孢，故杀菌处理后，仍残存在乳中。其中蜡样芽孢杆菌在特定条件下对人有致病性，引起人的胃肠道感染以及新生儿上呼吸道感染和脐带炎等。在自然状态下也可引起乳牛的乳腺炎。蜡样芽孢杆菌分布较广泛，存在于土壤、水、饲料和各类食品以及生鲜牛乳中。有时在超高温消毒乳中可以检测到其耐热性芽孢。蜡样芽孢杆菌引起的食物中毒，其症状表现为恶心、呕吐和肠胃痉挛；或肠胃痉挛和痢疾，又称为“痢疾综合征”。

炭疽芽孢杆菌为食草动物炭疽病的病原体，通常通过发病的动物和动物产品传染。

2. 乳中常见的乳酸菌

乳酸菌不是细菌分类学上的名称，是对能够分解乳糖产生乳酸的细菌的惯用叫法，也是对乳与乳制品最为重要而且也是检出率最高的菌群。

(1) 链球菌属　链球菌在乳品工业中多为重要的菌种，能使碳水化合物发酵生成乳酸，除乳酸外几乎不产生其它副产物，系同型发酵的菌属。

① 嗜热链球菌。广泛存在于乳与乳制品中，是瑞士干酪等发酵剂中采用的菌种，另外也可利用该菌种作为酸奶的发酵剂菌株。该菌最适生长环境是在牛乳中，是典型的牛乳细菌。其中有些菌株在乳中能够生成荚膜和黏性物质，能增加酸牛乳的黏度，常用于高黏度搅拌型酸乳或凝固型酸乳的生产。

② 牛链球菌。牛链球菌能在45℃生长，可耐60℃、30min加热，能分解淀粉，一般存在于乳牛的消化器官以及粪便中，会污染牛乳。因其是耐热性菌，因此在用杀菌乳制造的干酪的成熟过程中常常存在。

③ 乳酸链球菌。是在乳制品制造中最为重要的有用菌之一，乳链球菌和乳脂链球菌是其代表性的菌种。乳链球菌在乳与乳制品中广泛存在，从生乳的检出率可达33%，是牛乳细菌中检出率最高的菌。在各种干酪、发酵奶油的发酵剂中经常使用。

乳脂链球菌是一种较乳链球菌还小的菌，与乳链球菌同样作为干酪及奶油非常重要的发酵剂。该菌还有能生成抗菌性物质双球菌素的变异菌株。

④ 酿脓链球菌。酿脓链球菌为溶血性链球菌中的代表。为动物体的化脓部位以及患乳房炎的乳房污染菌。可污染牛乳，成为败血症、猩红热、化脓症等疾病的原因，是高危险的致病菌。但其在低温杀菌条件下即可被杀死，故只要彻底实行消毒杀菌则是无危险的。

⑤ 其它一些链球菌。乳房链球菌存在于乳牛口腔、皮肤、乳头等部位，可以引起乳房炎，在乳房炎乳中发现，溶血性不显著。停乳链球菌和无乳链球菌，也都是乳房炎致病菌，但对人体不构成病原性。

(2) 肠球菌属　肠球菌被认为是食品的污染指标之一，与大肠菌受同等重视。其代表为粪肠球菌，属肠球菌中的一种。

粪肠球菌以前的分类名称为粪链球菌，能发酵许多糖类，能够分解柠檬酸的菌株也常常发现。在乳与乳制品中常常出现，对原料乳有害，但在干酪的生产中可被用作发酵剂，在成熟过程中有用。从契达干酪中分离出该菌的报告很多。

(3) 明串珠菌属　通常不会酸化和凝固牛乳，部分菌种可分解蛋白质。肠膜明串珠菌的葡聚糖生成力强，可发酵戊糖，在牛乳中产酸能力较弱，产香性能不好，可用于干酪和发酵奶油的生产。葡聚糖明串珠菌的葡聚糖生成力稍弱，不发酵戊糖，对石蕊乳稍凝固，还原力较弱。牛乳中也常常出现，具有生成芳香风味的能力。乳脂明串珠菌在牛乳中常常出现，常用于干酪以及发酵奶油的发酵剂中产生芳香风味物质，是与肠膜明串珠菌相似的菌种，石蕊牛乳中无作用，与乳脂链球菌之共生力很强，常常用这两种菌制备混合发酵剂。

(4) 乳酸杆菌　乳酸杆菌为生成乳酸的杆状菌总称，根据发酵形式、生成乳酸的种类、生长温度等性质分类。乳杆菌属为狭义的乳酸杆菌，普通称为乳酸杆菌时多是指乳杆菌，分为同型发酵乳酸杆菌和异型发酵乳酸杆菌两大类，和乳与乳制品有关者以前者为主。一般其乳酸生成能力大于乳酸球菌。

① 嗜酸乳杆菌。嗜酸乳杆菌可从婴幼儿或成人的粪便中分离，是肠道微生物的主要组

成菌株。为嗜酸性菌，耐酸性强。但在牛乳中产酸能力弱，对牛乳凝固缓慢，生成消旋乳酸，多用于制备发酵乳制品的发酵剂。嗜酸菌乳就是用此菌制成的一种发酵乳，具有整肠作用，对一些有害菌有明显的抑制作用。

② 保加利亚乳杆菌。该菌是重要的、应用最广泛的乳酸菌之一，典型的长杆状菌形，有时呈长丝状。在牛乳中有很强的产酸能力，对牛乳形成强的酸凝固，能分解酪蛋白，形成氨基酸，并可使牛乳及稀奶油变稠。通常可与嗜热链球菌一同制成复合菌种，也可单独使用。除常用于酸奶发酵剂外，瑞士干酪发酵剂以及乳酸制造中也常利用。

③ 干酪乳杆菌。干酪乳杆菌广泛存在于生乳中，检出率高，有的菌株使牛乳凝固时呈黏质化。多用于各种干酪制造，是干酪成熟过程中必要的菌种。

(5) 双歧杆菌　其典型的特征是有分叉的杆菌。可用于婴儿营养配方奶粉、酸奶制造等。是人体肠道内典型的有益细菌，它的生长繁殖贯穿在人的整个生命历程中。双歧杆菌在厌氧环境下生长繁殖产生大量乳酸，降低系统 pH 值而迅速使肠道菌群发生变化，抑制和杀死肠道病原菌，如对病原性大肠杆菌、金黄色葡萄球菌、痢疾志贺氏菌、伤寒沙门氏菌、变形杆菌等都具有抑制作用，可使肠道内菌群保持正常平衡。

3. 乳中常见的嗜冷菌

嗜冷菌是指在低于 7℃时可以生长繁殖的细菌，虽然其理想的生长温度为 20～30℃，但在冷藏温度下仍可生长。原料乳在贮藏过程中，其质量的保证是通过检测控制嗜冷菌的数量来实现的。当原料乳中细菌总数超过 5.0×10^{5} cfu/ml 时，嗜冷菌就会产生热稳定性蛋白酶及脂肪酶等，影响最终产品的质量。尤其不同批次原料乳相混合时，尽量避免已冷却原料乳与含嗜冷菌较少的新鲜原料乳混合，因为其结果会导致新鲜原料乳中嗜冷菌数量急剧上升，造成的危害较大。

原料乳在奶牛场冷却贮藏初期，细菌总数的变化不大。当收购到加工厂后的第 4 天或第 5 天后，细菌总数开始增加。从嗜冷菌的生长延迟直到数量增加至最大，与贮藏温度有一定的关系。即使起初污染极少量的细菌，当温度适宜时也会在短时间内快速繁殖。

乳中最常见的嗜冷菌主要是假单胞菌，还有微球菌和色杆菌等。

4. 乳中常见的酵母菌

在牛乳及其制品中，酵母菌通常不能很好地生长繁殖。如在酸牛乳等发酵乳中，由于其具有较低的 pH，导致许多微生物不能增殖，生长受到抑制，如芽孢杆菌属、肠杆菌科和假单胞菌属等部分菌种。然而，当在发酵变酸的牛乳制品中添加果汁、果肉和蜂蜜、巧克力等物质时，会很容易导致食品的腐败变质。原因是这类食品有大量的葡萄糖、果糖以及较低的 pH，最适合酵母菌的繁殖。酵母菌多数是在产品包装贮藏过程形成二次污染时进入乳制品的，其结果是使乳制品发生变质，引起胀包、絮状沉淀及异常气味等。

酵母菌也被用于生产一些乳制品，如在表面成熟的软质和半硬质干酪以及传统的发酵乳制品，如开菲尔乳和马乳酒等。酵母菌在这些制品中主要是通过发酵糖类形成乙醇和二氧化碳，对产品芳香气味的形成有一定的作用。

假丝酵母属的氧化分解能力很强，能使乳酸分解形成二氧化碳和水；具有很强的酒精发酵能力，所以用于开菲尔乳的制造和酒精发酵。

圆酵母属是无孢子酵母的代表，能发酵乳糖。污染这种酵母的乳和乳制品可产生酵母味道，并能使干酪和炼乳罐头膨胀。

毕赤氏酵母属中和乳与乳制品有关的菌种主要有从酸牛乳和发酵酪乳中分离的膜醭毕赤

氏酵母，还有从乳房炎乳中分离的粉状毕赤氏酵母。毕赤氏酵母能使低浓度的酒精饮料表面形成干燥皮膜，故有产膜酵母之称。膜醭毕赤氏酵母主要存在于酸凝乳及发酵奶油中。

胞壁酵母能分解乳糖产生酒精和二氧化碳，是制造奶酒的重要菌种；也用于乳清发酵制造酒精。

德巴利氏酵母和汉逊氏酵母多存在于干酪及乳房炎乳中。

5. 乳中的霉菌

牛乳及乳制品中存在的霉菌主要有根霉、毛霉、曲霉、青霉、串珠霉等，大多数（如污染于奶油、干酪表面的霉菌）属于有害菌。但与乳制品生产有关的白地霉、毛霉及根霉属等，在卡门培尔干酪、罗奎福特干酪和青纹干酪生产时是需要的。

6. 放线菌

与乳品有关的有分枝杆菌属、放线菌属、链霉菌属。分枝杆菌属是抗酸性的杆菌，无运动性，多数具有病原性。例如结核分枝杆菌形成的毒素，有耐热性，对人体有害。放线菌属中与乳品有关的主要有牛型放线菌，此菌生长在牛的口腔和乳房，随后转入牛乳中。链霉菌属中与乳品有关的主要是干酪链霉菌，属胨化菌，能使蛋白质分解导致腐败变质。

7. 乳中的噬菌体

噬菌体是侵入微生物中病毒的总称，故也称细菌病毒。它只能生长于宿主菌内，并在宿主菌内裂殖，导致宿主的破裂。当乳制品发酵剂受噬菌体污染后，就会导致发酵的失败，是干酪、酸乳生产中必须注意的问题。

在乳品工业上重要的噬菌体主要是乳酸菌噬菌体。具有代表性的有乳酸链球菌噬菌体、乳脂链球菌噬菌体和嗜热链球菌噬菌体。

三、鲜乳在存放期间微生物的变化

刚挤出的鲜乳中含细菌量较多，特别是前几把乳中细菌数很高，但随着牛乳的不断被挤出，乳中细菌含量逐渐减少。然而，挤出的牛乳在进入乳槽车或贮乳罐时经过了多次的转运，期间又会因接触相关设备、人员手及暴露在空气而多次污染。同时在此过程中没有及时冷却还会导致细菌大量污染。鲜乳中细菌数量为10000～100000个/ml，运到工厂时可升到100000～1000000个/ml。在不同条件下牛乳中微生物的变化规律是不同的，主要取决于其中含有的微生物种类和牛乳固有的性质。

1. 牛乳在室温贮存时微生物的变化

新鲜牛乳在杀菌前期都有一定数量的不同种类的微生物存在，如果放置在室温（10～21℃）下，乳液会因微生物的活动而逐渐变质。室温下微生物的生长过程可分为以下几个阶段。

（1）抑制期　新鲜乳液中均含有多种机制不同的天然抗菌或抑菌物质，其杀菌或抑菌作用在含菌少的鲜乳中可持续36h（在13～14℃）；若在污染严重的乳液中，其作用可持续18h左右。在此期间，乳液含菌数不会增高，若温度升高，则抗菌物质的作用增强，但持续时间会缩短。另外，维持抑菌的时间长短也与乳中微生物含量有直接关系，细菌数越多则持续时间越短。因此，鲜乳放置在室温环境中，一定时间内不会发生变质现象。

（2）乳酸链球菌期　鲜乳中的抗菌物质减少或消失后，存在乳中的微生物即迅速繁殖，占优势的细菌是乳酸链球菌、乳酸杆菌、大肠杆菌和一些蛋白分解菌等。这些细菌能分解乳糖产酸，有时产气，并伴有轻度的蛋白质水解，这一反应又促使乳球菌大量繁殖，酸度不断升高。其中以乳酸链球菌生长繁殖特别旺盛。由于乳的酸度不断地上升，就抑制了其它腐败菌的生长。当酸度升高至一定酸度时（pH 值 4.5），乳酸链球菌本身生长也受到抑制，并逐渐减少，这时有乳凝块出现。

（3）乳酸杆菌期　当牛乳 pH 值下降至 6.0 左右时，嗜酸性的乳酸杆菌的活动力逐渐增强。当 pH 值继续下降至 4.5 以下时，由于乳酸杆菌耐酸力较强，尚能继续繁殖并产酸。在此阶段乳液中可出现大量乳凝块并有大量乳清析出。同时，一些耐酸性强的丙酸菌、酵母和霉菌也开始生长，但乳酸杆菌仍占优势。

（4）真菌期　当酸度继续升高，pH 值降至 3.5～3 时，绝大多数微生物被抑制甚至死亡，仅酵母和霉菌尚能适应高酸性的环境，并能利用乳酸及其它一些有机酸。由于酸被利用，乳液的酸度会逐渐降低，使乳液的 pH 值不断上升并接近中性。此时优势菌种为酵母和霉菌。

（5）胨化菌期　乳液中的乳糖大量被消耗后，残留量已很少。此时 pH 值已接近中性，蛋白质和脂肪是主要的营养成分，适宜分解蛋白质和脂肪的细菌的生长繁殖。同时乳凝块被消化，乳液的 pH 值不断提高，逐渐向碱性方向转化，并有腐败的臭味产生。这时的腐败菌大部分属于芽孢杆菌属、假单胞菌属以及变形杆菌属。

上述各阶段的间隔不是十分明显，是没有严格界限的持续发展过程。具体变化见图 2-1。

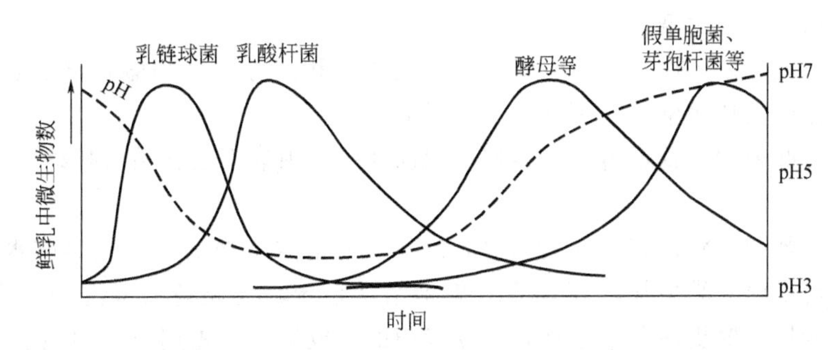

图 2-1　牛乳在室温下贮存期间微生物的变化情况

2. 牛乳在冷藏中微生物的变化

牛乳挤出后应在 30min 内快速冷却到 0～4℃，并转入具有冷却和良好保温性能的保温缸内贮存。在冷藏条件下，鲜乳中适合于室温下繁殖的微生物的生长被抑制；而嗜冷菌却能生长，但生长速度非常缓慢。这些嗜冷菌包括：假单胞杆菌属、产碱杆菌属、无色杆菌属、黄杆菌属、克雷伯氏杆菌属和小球菌属。

冷藏乳的变质主要在于乳液中的蛋白质和脂肪的分解。多数假单胞杆菌属中的细菌均具有产生脂肪酶的特性，这些脂肪酶在低温下活性非常强并具有耐热性，即使在加热消毒后的乳液中，还残留脂酶活性。而低温条件下促使蛋白分解胨化的细菌主要为产碱杆菌属和假单胞杆菌属。

四、乳中微生物的污染及控制措施

1. 乳中微生物的污染

刚挤出的牛乳微生物因乳牛的健康状况、泌乳期、停乳期、乳房生理状况和挤乳前卫生处理以及挤乳环境等诸多因素而不同。最先挤出的牛乳因乳头管中集聚污染一定数量的微生物而含菌量较多，随着牛乳挤出量的增加含菌量会逐渐下降。但外界环境中污染的微生物会通过挤乳器具、集乳用具、冷却设备和乳槽车等一系列过程污染牛乳。所以，挤乳环境要求很高的卫生洁净度。

鲜牛乳被挤出与收集容器接触后，不同的容器、用具、牛体状况、牛舍空气状况和冷却措施条件，均对乳中微生物的数量有直接影响。

2. 乳中微生物的控制

提高生鲜乳的质量，首先要杜绝或控制微生物对牛乳的污染。对生鲜乳中微生物的控制，应采取以下措施。

（1）贯彻实施乳牛兽医保健工作和检疫制度　奶牛场或个体养牛户，做到定期检疫、兽医保健和卫生检查，并建立起健全的疾病预防制度及检验制度，加强卫生管理，建立起一群无病原的乳牛群，切断生鲜乳中病原微生物的来源。

（2）建立牛舍环境及牛体卫生管理制度　牛体不洁、牛舍环境卫生不良是导致生鲜牛乳中微生物数量增加的重要原因。经常清扫牛舍周边环境，每日应清理乳牛的排泄物和勤换褥草、清洗牛舍牛床，定期采用3%～5%的来苏尔或30%的热草木灰水消毒，保持牛舍通风采光良好，清洁干净，防止灰尘飞扬。勤清理饮水槽和饲料槽，给乳牛饲喂洁净的饮水和饲料，不得饲喂霉烂变质及被粪便或病原菌污染的饲料。

每日挤乳前对牛体进行刷拭，注意牛体清洁卫生。牛舍门口设立消毒池，定期更换消毒液。牛舍内严禁宰杀病死畜禽。在每次挤乳前半小时，用水冲洗牛床，以减少空气中灰尘量，防止微生物对乳的污染。

（3）加强挤乳及贮乳设备的卫生管理　彻底清洗和消毒挤乳和盛乳设备以及各种用具，是减少生鲜乳被微生物污染、控制微生物数量的关键措施。

盛乳用具最好采用不锈钢容器或容器内表面镀锡，内表面要光滑，接缝严密，以便于洗刷和消毒。

挤乳机、贮乳罐、管道容器和其它盛乳设备采用清水洗净后，再用热碱水冲洗或消毒。较大型的有一定规模的乳牛场，配有 CIP 就地清洗系统，对设备的清洗和消毒方便且效果好。手工挤乳的用具要更加严格管理，设立专门的存放场所，先用清洁的温水冲洗干净，再用碱水刷净后用温水冲洗沥干，蒸汽或消毒液消毒后处理备用。

（4）加强挤乳操作的卫生管理　饲养员和挤奶员每年健康体检一次，应无皮肤病和传染病，必要时应注射疫苗。还应穿戴工作服、帽和鞋，认真做好个人卫生，常修指甲，勤换衣物，保持工作服的清洁，养成良好的卫生习惯。

挤乳前，对挤乳环境和牛体进行卫生清理。乳牛乳房及其周围的毛应定期修剪，以提高乳房的清洗消毒效果，同时也能防止手工挤乳时拉下的毛落入乳中。挤乳时，先用 50℃温水洗净乳房和乳头部位。要求一桶水清洗一头牛的乳房，不允许一桶水洗多头牛的乳房。再用 0.1%新洁尔灭或高锰酸钾或 0.5%的漂白粉水消毒乳房。注意新配制的消毒液每消毒3～4 头乳牛的乳房后，应更换新液。

应将微生物数量多的头两把乳汁弃掉或另行处理，减少乳房内部的污染。挤下的乳应经过多层纱布或滤网净化后，迅速冷却到 4℃以下保存或尽快送往加工厂。注意新鲜未冷却的牛乳不与已冷却保存的牛乳混合存放，冷却后的牛乳应尽可能保存在低温环境中，以防升温变质。

第二节　原料乳的质量保证

原料乳送到工厂后，必须根据指标规定，及时进行质量检验，按质论价分别处理。

一、原料乳的质量标准

我国生鲜牛乳收购标准（GB 6914—86）中对感官指标、理化指标及微生物指标有明确的规定，该标准适合于收购生鲜牛乳时的检验和评级。

1. 感官指标

正常牛乳呈白色或微带黄色，不得含有肉眼可见的异物，不得有红色、绿色或其它异色。不能有苦味、咸味、涩味和饲料味、青贮味、霉味等异常味。

2. 理化指标

理化指标只有合格指标，不再分级。我国农业部颁布的标准规定原料乳验收时的理化指标见表2-1。

表 2-1 生鲜牛乳的理化指标

项 目	指 标	项 目	指 标
脂肪含量/%	≥3.2	杂质度/(mg/kg)	≤4
蛋白质含量/%	≥3.0	汞/(mg/kg)	≤0.01
相对密度(d_4^{20})	1.028～1.032	六六六、滴滴涕/(mg/kg)	≤0.1
酸度/°T	≤18.0	抗生素/(IU/L)	<0.03

3. 细菌指标

细菌指标有两种，均可采用。两者只允许用一个，不能重复。采用平皿培养法计算细菌总数时，按每毫升菌落总数指标进行评级，分为4个级别，按表2-2中细菌总数分级指标进行评级；采用美蓝还原褪色法，按表2-2中美蓝褪色时间分级指标进行评级。

表 2-2 生鲜牛乳的细菌指标

分级	平板菌落总数分级指标(10^4cfu/ml)	美蓝褪色时间分级指标
Ⅰ	≤50	≥4h
Ⅱ	≤100	≥2.5h
Ⅲ	≤200	≥1.5h
Ⅳ	≤400	≥40min

此外，许多乳品收购单位还规定有下述情况之一者不得收购：①产犊前15d内的末乳和产犊后7d内的初乳；②牛乳颜色有变化，呈红色、绿色或显著黄色者；③牛乳中有肉眼可见杂质者；④牛乳中有凝块或絮状沉淀者；⑤牛乳中有畜舍味、苦味、霉味、臭味、涩味、煮沸味及其它异味者；⑥用抗生素或其它对牛乳有影响的药物治疗期间，母牛所产的乳和停药后3d内的乳；⑦添加有防腐剂、抗生素和其它任何有碍食品卫生的乳；⑧酸度超过20°T的乳。

二、原料乳的验收

1. 原料乳的收集与运输

牛乳是从奶牛场或奶站用奶桶或奶槽车送到乳品厂进行加工的。目前，我国奶源分散的地方多采用奶桶运输；奶源集中的地方或运输距离较远的地方，多采用奶槽车运输。

奶桶一般采用不锈钢或铝合金制造，容量40～50L。要求桶身有足够的强度，耐酸碱；内壁光滑，便于清洗；桶盖与桶身结合紧密，保证运输途中无泄漏。

奶槽车是由汽车、奶槽、奶泵室、人孔、盖、自动气阀等构成，奶槽是不锈钢制成的，其容量为5～10t。内外壁之间有保温材料，以避免运输途中乳温上升。奶泵室内有离心泵、流量计、输乳管等。在收乳时，奶槽车可开到贮乳间。将输乳管与牛乳冷却罐的出口阀相连。流量计和奶泵自动记录收乳的数量（也可根据奶槽的液位来计算收乳量）。冷却罐一经抽空，应立即停止奶泵，以避免空气混入牛乳。奶槽车的奶槽可分成若干个间隔，每个间隔需依次充满，以防止牛乳在运输时晃动。当奶槽车按收奶路线收完乳后，应立即送往乳品厂。

乳的运输是乳品生产上重要的一环，运输不妥，往往造成很大的损失。无论采用哪种运输方式，都应注意以下几点。

① 病牛的乳不能和健康牛的乳混合；含抗生素的牛乳必须与其它乳分开。

② 防止乳在途中升温，特别是在夏季，运输最好在夜间或早晨，或用隔热材料盖好奶桶。

③ 所采用的容器须保持清洁卫生，并加以严格杀菌。

④ 牛乳应保持良好的冷却状态，不能混入空气。夏季必须装满盖严，以防震荡；冬季不得装得太满，避免因冻结而使容器破裂。

⑤ 运输途中应尽量缩短停留时间，避免牛乳变质。长距离运送乳时，最好采用乳槽车。

2. 原料乳的检验

在牛场或奶站对原料乳的质量作一般性评价，到达乳品厂后通过若干试验对乳的成分和卫生质量进行测定。

（1）取样　原料乳的取样一般由乳品厂检验中心的指定人员进行，奶车押运人员监督。取样前应在奶槽内连续打靶 20 次上下，均匀后取样，并记录奶槽车押运员、罐号、时间，同时检查奶槽车的卫生。

检验卫生指标取样时，工具和容器必须是清洁、干燥、无菌的。可采用以下其中一种方法灭菌：在 170℃干热灭菌 2h；120℃高压蒸汽灭菌 20min；沸水浸泡 1min，用 75%酒精擦拭，再在火焰上加热去酒精。

（2）感官检验　鲜乳的感官检验主要是进行嗅觉、味觉、外观、尘埃等的鉴定。

具体方法是打开贮乳器或奶槽车的盖后，立即嗅鲜乳的气味，然后观察色泽，有无杂质、发黏或凝块，是否有脂肪分离。最后，试样含入口中，遍及整个口腔的各个部位，鉴定是否存在异味。

（3）理化检验

① 相对密度。相对密度是常作为评定鲜乳成分是否正常的一个指标，正常鲜乳的相对密度在 1.028～1.032 范围内。但不能只依据这一项来判断，必须再结合脂肪、风味的检验来判断鲜乳是否经过脱脂或是否加水。相对密度的测定方法可参见第一章相关内容。

② 酒精试验。酒精试验是为观察鲜乳的抗热性而广泛使用的一种方法。乳中的酪蛋白以胶粒形式存在，胶粒具有亲水性而在其周围形成结合水层。酒精具有脱水作用，浓度越大，脱水作用越强。新鲜牛乳对酒精的作用表现出相对稳定；而不新鲜的牛乳，其蛋白质胶粒已呈不稳定状态，当受到酒精的脱水作用时，结合水层极易被破坏，则加速其聚沉。酒精试验法可验验出鲜乳的酸度，以及盐类平衡不良乳、初乳、末乳及因细菌作用而产生凝乳酶的乳和乳房炎乳等。

酒精试验与酒精浓度有关（表 2-3），一般以一定浓度（按体积分数计）的中性酒精与原料乳等量混合摇匀，无絮片的牛乳为酒精试验阴性，表示其酸度较低；而出现絮片的牛乳为酒精试验阳性乳，表示其酸度较高。操作时可用吸管吸取 2ml 乳样于干燥、干净平皿内，吸取等量酒精，加入皿内，边加边转动平皿，使酒精与乳样充分混合。注意勿使局部酒精浓度过高而发生凝聚。

表 2-3 酒精浓度与酸度关系

酒精浓度/%	不出现絮片的酸度
68	20°T 以下
70	19°T 以下
72	18°T 以下

正常牛乳的滴定酸度不高于 18°T，一般不会出现凝块。但是影响乳中蛋白质稳定性的因素较多，如乳中钙盐增高时，在酒精试验中也会由于酪蛋白胶粒脱去水合层，使钙盐容易和酪蛋白结合，形成酪蛋白酸钙沉淀。

新鲜牛乳的滴定酸度为 16～18°T。为了合理利用原料乳和保证乳制品质量，用于制造淡炼乳和超高温灭菌乳的原料乳可用 75%酒精试验，用于制造乳粉的原料乳可用 68%酒精试验（酸度不得超过 20°T）。酸度不超过 22°T 的原料乳尚可用于制造奶油，但其风味较差，只能供制造工业用的干酪素、乳糖等。

③ 滴定酸度。正常牛乳的酸度随乳牛的品种、饲料、挤乳和泌乳期的不同而略有差异，但一般在 16～18°T。如果牛乳挤出后放置时间过长，由于微生物的作用，会使乳的酸度升高。如果乳牛患乳房炎，可使牛乳酸度降低。因此，测定乳的酸度可判定乳的新鲜程度。

滴定酸度就是用相应的碱中和鲜乳中的酸性物质，根据碱的用量确定鲜乳的酸度和热稳定性。一般取 10ml 样品于三角瓶中，加入 20ml 新煮沸冷却后的蒸馏水及 1～2 滴（0.5ml）0.5%中性酚酞指示剂，用已标定的 0.1mol/L NaOH 标准溶液滴定至初见粉红色，并在 30s 内不褪色为止。记录消耗 NaOH 的体积（ml），将其乘以 10，即为该牛乳的滴定酸度。该法测定酸度虽然准确，但在现场收购时受实验条件限制。

④ 煮沸试验。牛乳的酸度越高，其稳定性越差。在加热的条件下高酸度易产生乳蛋白质的凝固。因此，可用煮沸试验来验证原料乳中蛋白质的稳定性，判断其酸度高低，测定原料乳在超高温杀菌中的稳定性。

操作方法是用移液管吸取 5ml 待测乳样，置于干净试管中，将试管放置于沸水中，或在酒精灯上煮沸。从牛乳沸腾开始计时 5min，取出后迅速冷却，倒入培养皿中检测是否有颗粒，同时看试管是否有挂壁现象。

⑤ 乳成分的测定。近年来随着分析仪器的发展，乳品检测方法出现了很多高效率的检验仪器。如采用光学法来测定乳脂肪、乳蛋白、乳糖及总干物质，并已开发使用各种微波仪器。

例如用微波干燥法测定总干物质（TMS 检验），即通过 2450MHz 的微波干燥牛奶，并自动称量、记录乳总干物质的质量。其特点是速度快，测定准确，便于指导生产。也有用红外线进行牛乳全成分测定，通过红外线分光光度计，自动测出牛乳中的脂肪、蛋白质、乳糖 3 种成分。红外线通过牛奶后，牛奶中的脂肪、蛋白质、乳糖减弱了红外线的波长，通过红外线波长的减弱率反映出 3 种成分的含量。该法测定速度快，但设备造价高。

（4）卫生检验　我国原料乳生产现场的检验以感官检验为主，辅助以部分理化检验，一般不做微生物检验。但在加工以前，或原料乳量大而对其质量有疑问者，可定量采样后，在实验室中进一步检验其它理化指标及细菌总数和体细胞数，以确定原料乳的质量和等级。如果是加工发酵制品的原料乳，必须做抗生素检查。

① 细菌检查。细菌检查方法很多，有美蓝还原试验、细菌总数测定、直接镜检等方法。

a. 美蓝还原试验。美蓝还原试验是用来判断原料乳新鲜程度的一种色素还原试验。新鲜乳加入亚甲基蓝后染为蓝色，如乳中污染有大量微生物，则产生还原酶使颜色逐渐变淡，直至无色。通过测定颜色变化速度，可以间接地推断出鲜奶中的细菌数。

具体操作：无菌操作吸取乳样 5ml，注入灭菌试管中，加入 0.25％美蓝溶液 0.25ml，塞紧棉塞，混匀，置 37℃水浴，每隔 10～15min 观察试管内容物褪色情况。褪色时间越快说明污染越严重。

该法除可迅速地间接查明细菌数外，对白细胞及其它细胞的还原作用也敏感。因此，还可检验异常乳（乳房炎乳及初乳或末乳）。

b. 稀释倾注平板法。平板培养计数是取样稀释后，接种于琼脂培养基上，培养 24h 后计数，测定样品的细菌总数。该法可测定样品中的活菌数，但需要时间较长。

c. 直接镜检法。利用显微镜直接观察确定鲜乳中微生物数量的一种方法。取一定量的乳样，在载玻片上涂抹一定的面积，经过干燥、染色，镜检观察细菌数，根据显微镜视野面积，推断出鲜乳中的细菌总数，而非活菌数。

直接镜检比平板培养法更能迅速判断结果，通过观察细菌的形态，还能推断细菌数增多的原因。

② 细胞数检验。正常乳中的体细胞，多数来源于上皮组织的单核细胞，如有明显的多核细胞出现，可判断为异常乳，常用的方法有直接镜检法（同细菌检验）或加利福尼亚细胞数测定法（CMT 法）。

直接镜检法是利用亚甲基蓝染液将体细胞染色后，在显微镜下计数。具体操作：用一微量加样器和标准模板把 0.01ml 牛乳均匀涂布在 $1cm^2$ 面积的载玻片上，再在室温条件下平放、干燥，浸入染液中 3min，取出；将载玻片再次干燥，用水冲去多余的染液，最后干燥；用显微镜对玻片上的细胞进行计数。将镜下细胞数乘以 100 即为每 1ml 牛乳的体细胞数。

CMT 法原理是依据细胞表面活性剂的表面张力，细胞在遇到表面活性剂时，会收缩凝固。细胞越多，凝集程度越大，出现的凝集片越多。

具体操作步骤是先将大约 2ml 的牛乳注入平盘中，再加入等量的 CMT 试剂混匀，在 10s 内读取结果，混动时间不要超过 20s，可按纪录点值（表 2-4）来表示体细胞数的大概范围。CMT 试验对个体奶牛和总乳样的检验都适用。CMT 法快速、敏感，而且价格便宜，实验方法简单，所需设备少，反映结果较为准确，与直接镜检细胞数、过氧化氢酶活性等也有较好的关联性，受环境温度影响小，外源物质如毛发不会影响结果。

表 2-4 CMT 点值与体细胞数

点值	试验现象	体细胞数/(个/ml)
N	混合物保持液体状态	$(0\sim20)\times10^4$
T	在晃动混合物时有轻微黏稠现象	$(20\sim40)\times10^4$
1	有十分明显黏稠现象，但在持续晃动混合物 20s 后无胶体形成	$(40\sim120)\times10^4$
2	混合物立即变得黏稠，有胶体形成。晃动混合物时有向聚集的趋势，停止晃动后混合物覆盖在杯底	$(120\sim500)\times10^4$
3	形成显著胶体，混合物聚集在中心	50×10^5 以上

但 CMT 法只是一个体细胞的相对数量，而不是精确数量，而且人为因素较大，应有专门培训人员做此项检查。

③ 抗生素残留量检验。牧场用抗生素治疗乳牛的各种疾病，特别是乳房炎，有时用抗生素直接注射乳房部位进行治疗。经抗生素治疗过的乳牛，其乳中在一定时期内仍残存抗生素。对抗生素有过敏体质的人饮用该乳后，会发生过敏反应，也会使某些菌株对抗生素产生抗药性。我国规定乳牛最后一次使用抗生素后 3d 内的乳不得收购。

a. TTC 试验。如果鲜乳中有抗生素的残留，在被检乳样中，接种细菌进行培养，细菌不能增殖，此时加入的指示剂 TTC 保持原有的无色状态（未经过还原）。反之，如果无抗生素残留，试验菌就会增殖，使 TTC 还原，被检样变成红色。即被检样保持鲜乳的颜色为阳性；被检乳变成红色为阴性。

TTC 试剂是将 1g 氯化三苯四氮唑溶于 25ml 灭菌蒸馏水中制成的。操作时先吸取 9ml 乳样注入试管甲中，另两个试管乙、丙注入不含抗生素的灭菌脱脂乳 9ml 作为对照。将试管甲置于 90℃恒温水浴 5min，灭菌后冷却至 37℃。向试管甲和试管乙中各加入试验菌（嗜热链球菌）1ml，充分混合，然后将试管甲、乙、丙三管置于 37℃恒温水浴 2h。取出试管并向 3 个试管各加入 0.3ml 的 TTC 试剂，混合后置于恒温箱中 37℃培养约 30min，观察试管中颜色变化。若甲管与乙管同时出现红色，表明无抗生素存在；若甲管颜色无变化，表明有抗生素存在。

b. 滤纸圆片法。将指示菌（芽孢杆菌）接种到琼脂平板培养基上，然后用灭菌镊子将浸过被检乳样的滤纸片放在平板培养基上，将平皿倒置于 55℃温箱中进行培养 2.5～5.0h。如果被检乳样中有抗生素残留，会向纸片的四周扩散，阻止指示菌的生长，在纸片的周围形成透明的阻止带（抑菌环），根据阻止带（抑菌环）的直径，可判断抗生素的残留量。

c. SNAP 抗生素残留检测系统。国际上采用 SNAP 抗生素残留检测系统，10min 内用肉眼观察或用 SNAP 读数仪判断结果。SNAP 快速检测法是利用当前应用最广、发展最快的酶联免疫测定（ELISA）技术。它是将特异性抗体和固定化酶结合在一起，将待测抗原的溶液和一定量的酶标记抗原共同孵育，洗涤后加入酶的底物。由于被结合的酶标记抗原的量，可由酶催化底物反应所产生的有色产物量进行推算，待测溶液中的抗原越多，被结合的酶标记抗原就越少，与底物反应的有色生成物就越少，从而根据有色产物量的变化，通过对有色底物吸光度值的比较，可以求出未知抗原的量。

检测时加乳样于样品管中，摇匀，加热样品管和检测板 5min 后，将样品加于检测板上的样品孔中，当激活的圆环开始退却时，按 SNAP 键，反应 4min 后由读数仪读取并打印结果。检测读数小于 1.05 时判为阴性，大于 1.05 时判为阳性。

SNAP 快速检测法是应用酶联免疫特异性强、敏感度高的方法，将酶化学反应的高敏感性和抗原抗体免疫反应的特异性结合起来，为检测牛乳中抗生素的残留提供了一个精确稳定、快速简便的检测方法。但完全检测一个样品需要许多不同试剂，成本高。

三、原料乳的净化、冷却与贮藏

原料乳的质量好坏是影响乳制品质量的关键，只有优质原料乳才能保证优质的产品。为了保证原料乳的质量，挤出的牛乳必须立即进行过滤、冷却等初步处理后才能进入贮乳罐收集（图 2-2）。

1. 过滤与净化

原料乳过滤与净化的目的是除去乳中的机械杂质并减少微生物的数量。

（1）过滤　在收购乳时，为了防止粪屑、牧草、牛毛以及蚊蝇等昆虫带来的污染，挤下的牛乳必须用清洁的纱布进行过滤。凡是将乳从一个地方送到另一个地方，从一个工序到另

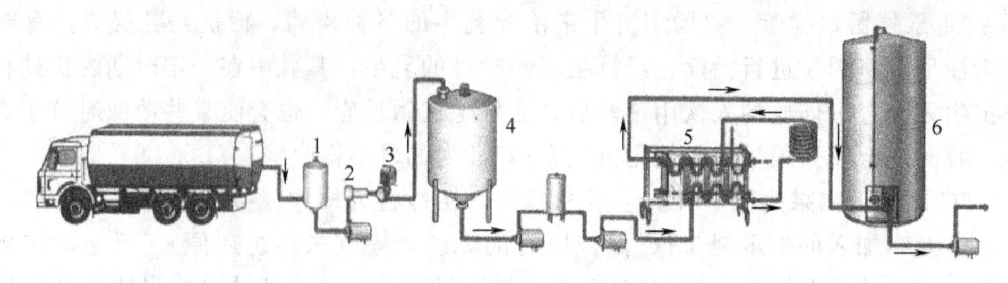

图 2-2 原料乳的收集

1—脱气装置；2—过滤器；3—牛乳流量计；4—中间贮存；5—冷却；6—贮乳罐

一个工序，或者由一个容器转移到另一个容器时，都应该进行过滤。

过滤的方法很多，可在收乳槽上安装一个不锈钢金属丝制的过滤网并在网上加多层纱布进行粗滤；也可采用管道过滤器或在管道的出口装一个过滤布袋。进一步过滤还可使用双联过滤器。要求过滤器具、介质必须清洁卫生，及时清洗灭菌。否则，滤网（或滤布）将成为污染源。滤布或滤筒通常在连续过滤 5000～10000L 牛乳后，就应进行更换、清洗和灭菌。一般连续生产都设有两个过滤器交替使用。

过滤净化使用过滤器应尽量扩大过滤面。如果牛乳乳脂率在 4%以上，为加快其流速，牛乳温度应保持在 40℃，不超过 70℃；如乳脂率在 4%以下，牛乳应在 4～15℃温度下过滤，否则将会降低其流速。过滤时，压力过大，将会使滤布上附着的杂质由于压力而通过，以致起不到过滤作用。

（2）净化　原料乳经过数次过滤后，虽然除去了大部分的杂质，但是，由于乳中污染了很多极为微小的机械杂质和细菌细胞，难以用一般的过滤方法除去。为了达到最高的纯净度，一般采用离心净乳机净化。离心净乳就是利用乳在分离钵内受强大离心力的作用，将大量的机械杂质留在分离钵内壁上，而乳被净化。

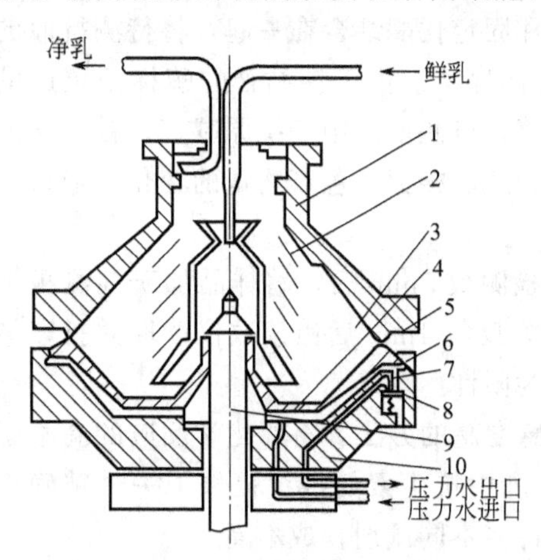

图 2-3 离心净乳机的结构原理

1—转鼓；2—碟片；3—环形间隙；4—活动底；5—密封圈；6—压力水室；7—压力水管道；8—阀门；9—转轴；10—转鼓底

离心净乳机由一组装在转鼓内的圆锥形碟片组成，其结构原理如图 2-3 所示。依靠电机驱动，碟片高速旋转，牛乳在离心力作用下达到圆盘的边缘。牛乳中的杂质、尘土及一些体细胞等不溶性物质因密度较大，被甩到污泥室，从而达到净乳的目的。所以生产优质牛乳必须经过净化机净化。在一般情况下，如果净乳机连续运转净化低温牛乳，可连续运转 8h；净化高温牛乳（57℃），则仅可连续运转 4h。故目前现代乳品厂多用自动排渣净乳机或三用分离机，以使乳净化、奶油分离和标准化，从而减少拆卸清洗和重新组装等手续。

净乳机构造和分离机相似，但内部分离碟片和牛乳排出口有所不同。专用净乳机设有牛乳出口和排渣口，分离碟片的直径较小，同时每个分离碟片的间距较大，杯盘上没有孔，而且物料为上进上出，不需要加热。而分离机的物料是下进上出，预热后分离。

2. 冷却

净化后的乳最好直接加工，如果短期贮藏时，必须及时进行冷却，以保持乳的新鲜度。

(1) 冷却的作用　刚挤下的乳温度在36℃左右，是微生物发育、繁殖的最适温度。如果不及时冷却，乳中微生物会大量繁殖，使酸度迅速增高，导致乳的质量降低。所以为了保证乳挤出后的新鲜度，应迅速将乳冷却，抑制乳中微生物的繁殖，同时还具有防止脂肪上浮、水分蒸发及风味物质的挥发、避免吸收异味等作用。我国国家标准规定，验收合格乳应迅速冷却至4～6℃，贮存期间不得超过10℃。

乳中含有自身抗菌物质——乳烃素（拉克特宁），能够抑制细菌的发育和繁殖。新挤出的乳迅速冷却到低温可以使该抗菌特性保持较长的时间，如表2-5所示。另外，原料乳污染越严重，抗菌作用时间越短。例如乳温10℃时，挤乳时严格执行卫生制度的乳样，其抗菌期是未严格执行卫生制度乳样的2倍。因此，刚挤出的乳迅速冷却，是保证鲜乳较长时间保持新鲜度的必要条件。通常可以根据贮存时间的长短选择适宜的温度，见表2-6。

表2-5　牛乳的贮存温度与抗菌期的关系

牛乳的贮存温度/℃	−10	0	5	10	25	30	37
抗菌期/h	240	48	36	24	6	3	2

表2-6　乳的贮存时间与冷却温度的关系

乳的贮存时间/h	6～12	12～18	18～24	24～36
应冷却的温度/℃	10～8	8～6	6～5	5～4

(2) 冷却的方法

① 水池冷却。将装乳桶放在水池中，用冷水或冰水进行冷却，可使乳温度冷却到比冷却水温度高3～4℃。水池冷却的缺点是冷却缓慢，消耗水量较多，劳动强度大，不易管理。

② 浸没式冷却器冷却。这种冷却器可以插入贮乳槽或奶桶中以冷却牛乳。浸没式冷却器中带有离心式搅拌器，可以调节搅拌速度，并带有自动控制开关，可以定时自动进行搅拌，故可使牛乳均匀冷却，并防止稀奶油上浮，适合于奶站和较大规模的奶牛场。

③ 板式热交换器冷却。目前许多乳品厂及奶站都用板式热交换器对乳进行冷却。用冷盐水作冷媒时，可使乳温迅速降到4℃左右。

3. 贮存

为了保证工厂连续生产的需要，必须有一定的原料乳贮存量。一般工厂总的贮乳量应不少于1d的处理量。

生产中冷却后的乳贮存在贮乳罐（缸）内。贮乳罐一般采用不锈钢材料制成。贮乳罐有立式、卧式两种，其容量规格有1t、2～10t不等。小型罐通常安装在室内（图2-4），大型罐通常安装在室外。冷却后的乳应尽可能保持低温，以防止温度升高，保存期降低。因此，贮乳罐要有良好的绝热保温措施，并配有适当的搅拌器、视孔、人孔、温度计、液位仪和工作扶梯等。在大型罐内还配置有就地清洗系统。

搅拌的目的是使牛乳能自上而下循环流动（图2-5），防止脂肪上浮，达到搅拌均匀的要求。搅拌过程应温和、平稳，以防止牛乳中混入空气以及脂肪球破碎。一般使用叶轮搅拌器，在较高的贮乳罐中，需要在不同的高度安装2或3个搅拌器。罐内的液位指示通常采用气动液位指示器，通过测量静压来检测罐内牛乳的高度，并将读数传送至仪表盘。贮乳罐外边有绝缘层（保温层）或冷却夹层，以防止罐内温度上升。贮罐要求保温性能良好，一般乳经过24h贮存后，乳温上升不得超过2～3℃。

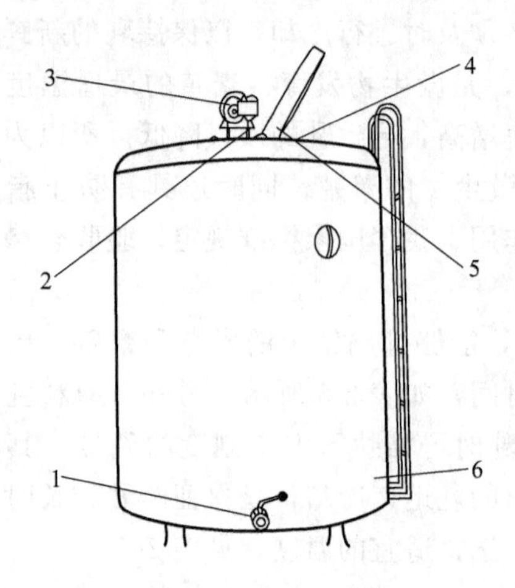

图 2-4　室内贮乳罐

1—旋阀；2—搅拌器；3—减速箱；
4—内胆；5—盖子；6—罐体

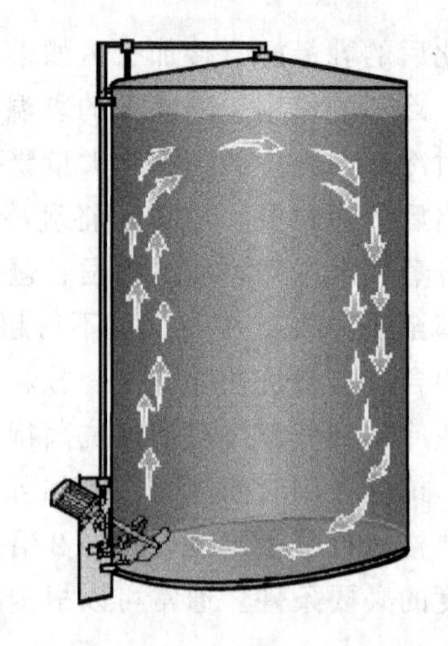

图 2-5　乳罐中牛乳流动示意图

贮乳罐的容量应根据各厂每天牛乳总收纳量、收乳时间、运输时间及能力等因素决定。一般贮乳槽的总容量应为总收纳总量的 2/3～1。而且每只贮乳槽的容量应与生产品种的班生产能力相适应，每班的处理量一般相当于 2 只贮乳槽的牛乳容量。贮乳槽在使用前应彻底清洗、杀菌，待冷却后贮入牛乳。每罐须放满，并加盖密封。如果装半罐，会加快乳温上升，不利于原料乳的贮存。贮存期间要定时开动搅拌机，24h 内搅拌 20min，乳脂率的变化在 0.1%以下。但要注意搅拌时不要混入空气。

第三节　原料乳的预处理

一、牛乳的脱气

牛乳刚刚挤出后约含 5.5%～7.0%的气体。经过贮存、运输和收购后，一般气体含量在 10%以上，而且绝大多数为非结合和分散气体。这些气体对牛乳加工后的破坏作用主要有：

① 影响牛乳计量的准确度；

② 使巴氏杀菌机中结垢增加；

③ 影响分离和分离效率；

④ 影响牛乳标准化的准确度；

⑤ 影响奶油的产量；

⑥ 促使脂肪球聚合；

⑦ 促使脂肪吸附于奶油包装的内层；

⑧ 促使发酵乳中的乳清析出。

因此，在牛乳处理的不同阶段进行脱气是十分必要的。

首先，在奶槽车上安装脱气设备，以避免泵送牛乳时影响流量计的准确度。其次，在乳品厂收奶间的流量计之前安装脱气设备。但上述两种方法对乳中细小分散气泡不起作用。在进一步处理牛乳的过程中，应使用真空脱气罐（图 2-6），以除去细小的分散气泡和溶解氧。

工作时，将牛乳预热到68℃，泵入真空脱气罐，牛乳温度立刻降到60℃。这时牛乳中空气和部分牛乳蒸发到罐顶部，遇到冷凝器后，蒸发的牛乳冷凝回到罐底部。空气及一些非凝结气体（异味）由真空泵抽吸除去。一般脱气的牛乳在60℃条件下进行分离、标准化和均质，然后进入杀菌机杀菌。

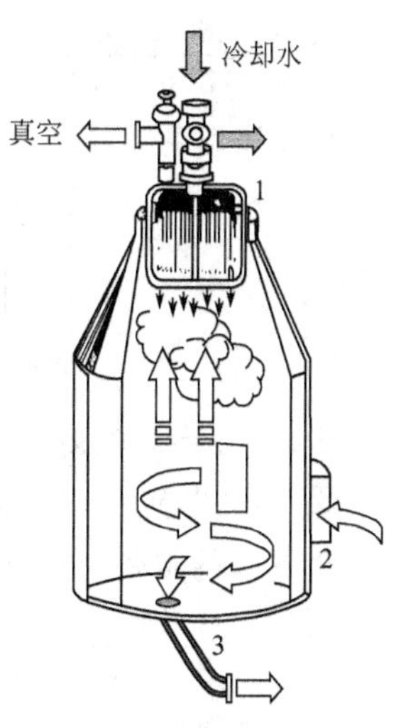

图 2-6　真空脱气罐
1—安装在罐顶部的冷凝器；
2—切线方向的牛乳进口；
3—带水平控制系统的牛乳出口

二、牛乳的标准化

为使产品符合规格要求，乳制品中脂肪与非脂乳固体含量要求保持一定的比例。但原料乳中的脂肪和蛋白质等含量随乳牛的品种、地区、季节和饲养管理等因素会发生变化。因此对不同产品要求，原料乳必须进行成分的调整。即调整原料乳中脂肪与非脂乳固体的比例关系，使其比值符合制品的要求。该调整过程称为原料乳的标准化。

1. 标准化的计算方法

如果原料乳中脂肪含量不足时，应添加稀奶油或除去部分脱脂乳；当原料乳中脂肪含量过高时，可添加脱脂乳或提取部分稀奶油。

标准化时，应该先了解即将标准化的原料乳的脂肪和非脂乳固体的含量，以及用于标准化的稀奶油或脱脂乳的脂肪和非脂乳固体的含量，作为标准化的依据。标准化工作是在贮乳罐的原料乳中进行或在标准化机中连续进行的。乳品厂生产中一般采用方块图解法进行标准化计算。

设：原料乳的含脂量为 p（%）；

　　脱脂乳或稀奶油的含脂率为 q（%）；

　　标准化乳的含脂率为 r（%）；

　　原料乳数量为 x（kg）；

　　脱脂乳或稀奶油的数量为 y（kg，$y>0$ 为添加，$y<0$ 为提取）

对脂肪进行物料换算，则形成下列关系式　$px+qy=r(x+y)$

$$\frac{x}{y}=\frac{r-q}{p-r}$$

式中　若 $p>r$、$q<r$（或 $q>r$），表示需要添加脱脂乳（或提取部分稀奶油）；

　　若 $p<r$、$q>r$（或 $q<r$），表示需要添加稀奶油（或除去部分脱脂乳）。

用方块图表示它们之间的比例关系：

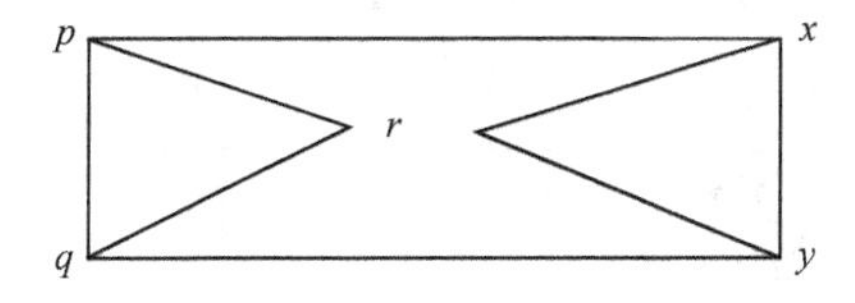

【例 1】　试处理1000kg含脂率3.6%的原料乳，要求标准化乳中脂肪含量为3.1%。①若稀奶油脂肪含量为40%，问应提取稀奶油多少千克？②若脱脂乳脂肪含量为0.2%，问应添加脱脂乳多少千克？

解：按关系式　$\frac{x}{y}=\frac{r-q}{p-r}$　得

① $\frac{x}{y}=\frac{3.1-40}{3.6-3.1}=\frac{-36.9}{0.5}$（$p>r$、$q>r$，需提取部分稀奶油）

用方块图解为：

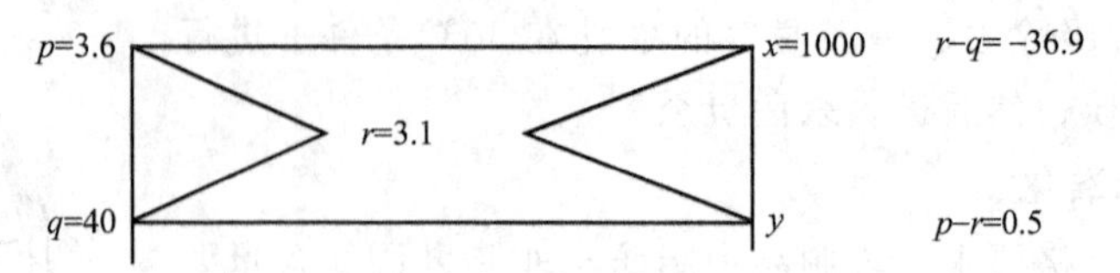

已知　$x=1000$kg

故　$1000/y=-36.9/0.5$，则 $y=-13.6$kg（负号表示提取）

即需提取脂肪含量为40%的稀奶油13.6kg。

② $\frac{x}{y}=\frac{3.1-0.2}{3.6-3.1}=\frac{2.9}{0.5}$　（$p>r$、$q<r$，需添加部分脱脂乳）

用方块图解为：

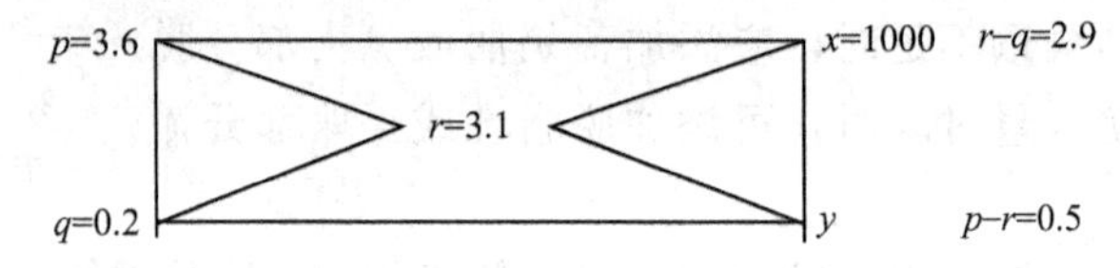

故 $1000/y=2.9/0.5$，则 $y=172.4$kg

即需添加脂肪含量为0.2%的脱脂乳172.4kg。

注：一般在计算中省去百分号。

2. 标准化的方法

（1）预标准化　预标准化是在杀菌之前把全脂乳分离成稀奶油和脱脂乳。如果标准化乳含脂率高于原料乳的含脂率，需将稀奶油按计算比例与原料乳混合以达到要求的含脂率；如果标准化乳含脂率低于原料乳的含脂率，需将脱脂乳按计算比例与原料乳混合以达到稀释的目的。

（2）后标准化　后标准化是在杀菌之后进行的标准化，方法同上。它与预标准化的区别是二次污染的可能性大。

以上两种方法都需要大型的、等量混合罐，分析和调整工作很费事。

（3）直接标准化　该方法是与现代化的乳制品大生产相组合的方法。其主要特点是：快速、稳定、精确，与分离机联合运作，单位时间内处理量大。标准化原理如图2-7所示。将

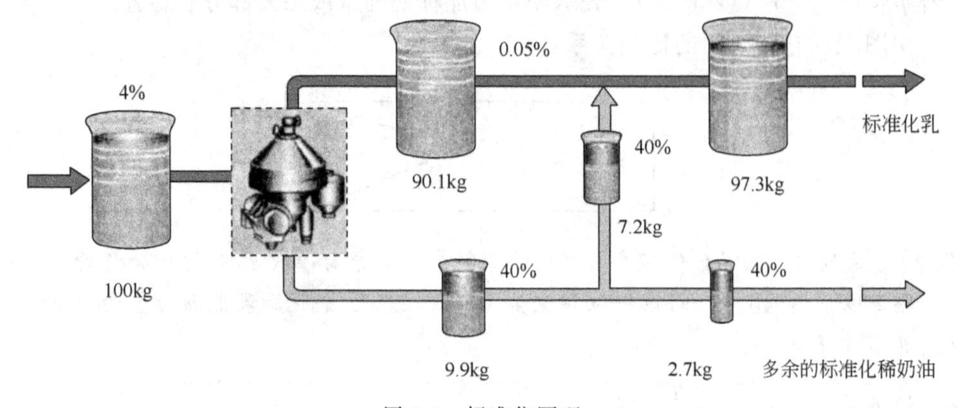

图2-7　标准化原理

牛乳加热至55～65℃，按预设的脂肪含量分离出脱脂乳和稀奶油，并根据最终产品的脂肪含量，由设备自动控制回流到脱脂乳中的稀奶油的流量，多余的稀奶油流向稀奶油巴氏杀菌机。

为达到工艺中要求的精确度，必须控制进乳含脂率的波动、流量的波动和预热温度的波动。图2-8是直接标准化的完整流程，它由三个调节线路控制。①第一条线路调节分离机脱脂乳出口的外压，在流量改变或下游设备压力降低的情况下，外压保持不变；②第二条线路调节分离机稀奶油出口的流量，不论原料乳流量或含脂率发生任何变化，稀奶油的含脂率都保持恒定值；③第三条线路调节稀奶油数量，使稀奶油和脱脂乳重新混合，合成含脂率符合标准的乳。

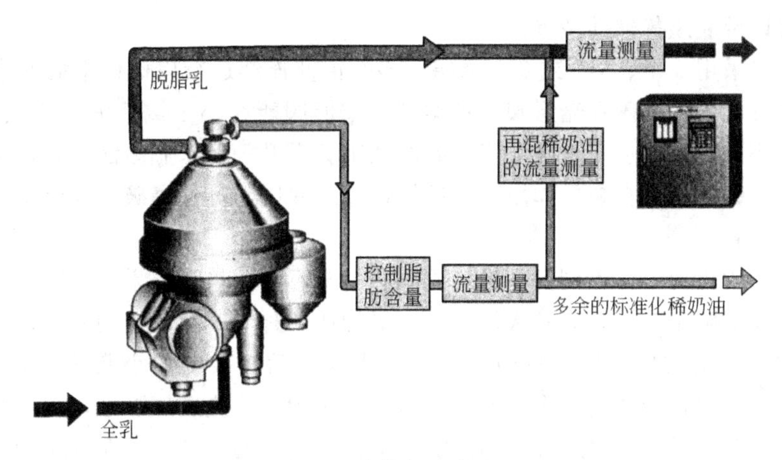

图2-8　直接标准化流程

三、牛乳的均质

乳中的脂肪球具有运动性和不均一性，所以很不稳定，容易出现聚集和脂肪上浮等现象，严重影响乳制品的质量。因此，一般乳品加工中多采用均质操作。

均质是在机械处理条件下将乳中大的脂肪球破碎成小的脂肪球，并均匀一致的分散在乳中的过程。经过均质，脂肪球可控制在1μm左右，脂肪球的表面积增大，浮力下降。乳可长时间保持不分层，不易形成稀奶油层。同时，均质后乳脂肪球直径减小，利于消化吸收。

1. 均质的原理

均质是在高速剪切作用下使乳脂肪球破碎并分散在乳中。乳浆中的表面活性物质（如蛋白质、磷脂等）在破碎的脂肪球外层会形成新的脂肪球膜。乳通过均质阀的情况如图2-9所示。

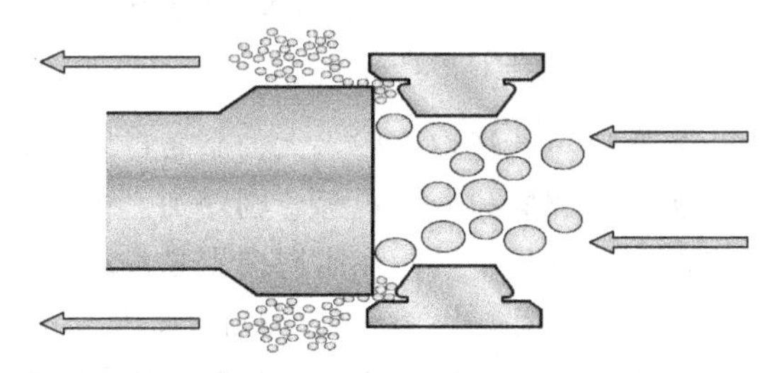

图2-9　乳通过均质阀的情况

均质作用是由以下三个因素产生的。

① 牛乳以高速率通过均质头的窄缝对脂肪球产生巨大的剪切力，此力使脂肪球变形、伸长和破碎。

② 牛乳在间隙中加速的同时，静压能下降，可能降至脂肪的蒸气压以下，产生空穴现象，使脂肪球受到极强的爆破力。

③ 当脂肪球以高速冲击均质环时会产生进一步的剪切力。

这些因素对均质过程的影响与所选设备有关，而且均质效果还受到乳的温度和均质压力的影响。在高于乳脂肪熔点温度均质时，能形成稳定的新的脂肪球，同时高温下易形成空穴，有利于均质。

2. 均质设备

目前，乳品生产中多数采用高压均质机。主要部件有：产生高压推动力的活塞泵、一个或多个均质阀以及底座等辅助装置。

均质泵一般采用 3 个、5 个或 7 个活塞，多个活塞连续运行以确保平稳的推动压。常用的均质阀有球形阀、提升阀和菇形阀三种类型。球形阀能在小区域范围内产生很大的压力，生产出颗粒更小的产品，适用于高黏度产品的加工。提升阀要求底座面积大，确保操作中的密闭与稳定性。菇形阀是在泵的作用下，液体通过二级阀，产生爆破力并能迅速终止，然后进入高压配置阀管。

在相同的均质压力下，不同类型的均质阀会带来不同的均质效果。均质压力越大，脂肪球直径越小。在实际生产中，有一级均质和二级均质两种方式。二级均质效果好。经过一级均质和二级均质后脂肪球的情况见图 2-10。一级均质后被破碎的小脂肪球有聚集的倾向。而二级均质是让物料连续通过两个均质头，将粘在一起的小脂肪球打开，分散均匀。二级均质对一级均质后的乳提供了有效的反压力，增强了均质的效果。均质的压力一级为 17～20MPa，二级为 3.5～5MPa。均质温度为 55～80℃。

通常，一级均质用于低脂产品和高黏度产品的生产，而二级均质用于高脂、高干物质产品和低黏度产品的生产。

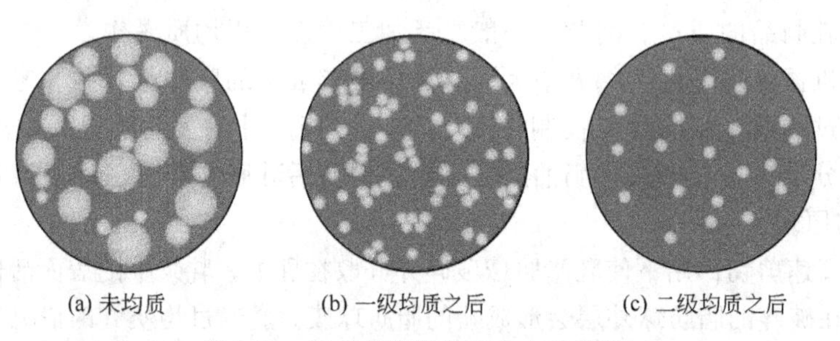

图 2-10 均质前后脂肪球大小的变化

3. 均质对乳的影响

（1）脂肪球数量和大小的变化　乳经均质后，大的脂肪球颗粒破碎成均匀一致的小脂肪球并稳定地分散于乳中。脂肪球的数量和表面积都急剧增加。由于脂肪球表面积的增大，原来成膜物质不足以包裹现有的脂肪球，所以存在脂肪球聚集的现象。因此，在生产上通常加入一定量的乳化剂来弥补膜蛋白的不足，以确保乳产品的稳定。

由于脂肪球数量增加、尺寸变小，所以均质后的牛乳不能被有效分离。

（2）脂肪球膜的变化　在均质过程中，脂肪球膜受到破坏。乳中的酪蛋白可被吸附到脂肪球表面，以脂肪球膜的形式包裹在脂肪球的周围，使脂肪球像大的酪蛋白颗粒。所以任何引起酪蛋白胶粒凝固的反应，也能引起均质化乳脂肪球的凝固。当均质乳中蛋白质含量较低时，包盖脂肪球新界面所需的时间更长，为均质后脂肪球的聚集提供了机会，从而降低了均质效率。所以，当其它条件不变时，乳的含脂率越高，均质效果越差。

(3) 乳稳定性的变化　均质后乳脂肪球能均匀分布于乳中，提高了产品的贮存稳定性，延长产品的货架期。但均质后乳蛋白质的热稳定性降低。而且均质化乳由于脂肪存在状态的变化及一些酶类物质的变化使之对光更加敏感，容易产生日晒味、氧化味等缺陷。此外，均质化乳易受脂酶的水解。因此在均质前后及时进行热处理能够破坏解脂酶，避免酶对脂肪的水解。

(4) 乳黏度的变化　均质后乳脂肪球数目增加，酪蛋白吸附在脂肪球表面，使乳中颗粒物质的总体积增加，所以均质化乳的黏度比均质前有所增加，可改善牛乳的稀薄口感。均质后还会混入空气，在脱脂乳中生成很多泡沫。

(5) 乳颜色的变化　牛乳的均质化使脂肪球数目增加，增强了光线在牛乳中折射和反射的机会，使得均质化乳的颜色比均质前更白。

(6) 乳风味的变化　均质后由于脂肪球内的脂肪成分充分地释放出来，利于某些具有芳香气味的脂类成分的逸出。所以均质化乳的风味有所改善，具有新鲜牛乳的芳香气味。

(7) 乳营养性质的变化　均质后脂肪球变小，更利于人体消化。而且乳中脂溶性维生素A、维生素D也分布均匀，可提高其在人体的吸收和利用。

4. 均质化乳的测定

(1) 显微镜下镜检　即在显微镜下直接用油镜镜检脂肪球的大小。此法简便、直接和快速。但只能定性不能定量，且需要较丰富的实践经验。

(2) 均质指数　用分液漏斗或量筒取250ml均质乳在冰箱内贮存48h（4～6℃），将上层1/10的乳吸取出，并将下层9/10的乳摇匀，分别测定上层及下层的脂肪含量，最后根据公式计算出均质指数。

$$均质指数=\frac{100\times(w_t-w_b)}{\omega_t}$$

式中　w_t——上层脂肪含量，%；

w_b——下层脂肪含量，%。

一般均质指数在1～10表明均质效果可接受。

该法可定量测出均质效果，但需较长时间且精确度并非很高。

(3) 尼罗法　取25ml乳样在半径250mm、转速为1000r/min的离心机内，于40℃条件下离心30min，取下层20ml样品和离心前样品分别测乳脂率，二者相除，乘以100即得尼罗值。一般巴氏杀菌乳的尼罗值在50%～80%范围内。此法较迅速，但精确度不高。

【本章小结】

为提高乳及乳制品的质量，需要了解微生物的来源、控制微生物的污染。本章介绍了乳中微生物的种类及性质。有病原菌、常见的乳酸菌、嗜冷菌及乳中常见的酵母菌。鲜乳在室温条件下存放时，微生物的变化一般经过抑制期、乳酸链球菌期、乳酸杆菌期、真菌期、胨化菌期几个阶段。提高生鲜乳的质量，首先要杜绝或控制微生物对牛乳的污染。应采取一定措施，对生鲜乳中微生物进行控制。

原料乳送到工厂后，必须根据指标规定，及时取样，从感官、理化、卫生几方面进行质量检验。理化检验包括相对密度、滴定酸度、煮沸试验和乳成分的测定；卫生检验包括细菌检查、细胞数检验和抗生素残留量检验等。检验合格的原料乳需进行净化、冷却与贮存。

对于不同产品的要求，原料乳须进行成分的调整。即调整原料乳中脂肪与非脂乳固体的比例关系，使其比值符合制品的要求。该调整过程称为原料乳的标准化。标准化的方法有预标准化、后标准化和直接标准化。

牛乳刚刚挤出后含一定量的气体。在牛乳处理的不同阶段进行脱气十分必要。使用真空脱气罐可除去细小的分散气泡和溶解氧。

乳中脂肪占3%～5%，并以脂肪球的状态分散在乳中。乳脂肪球的直径为0.1～20μm，一般为2～5μm。因此，一般乳品加工中多采用均质操作。均质后脂肪球的表面积增大，浮力下降，乳可长时间保持不分层，同时，利于消化吸收。目前，乳品生产中多数采用高压均质机对乳进行均质，以改善牛乳质量，利于消化吸收。

【复习思考题】

1. 简述乳中微生物的种类及其来源。
2. 结合乳中微生物生长的特点，谈谈如何控制原料乳的卫生质量。
3. 原料乳如何验收和贮存？
4. 名词解释：酒精试验　煮沸试验　标准化
5. 简述牛乳均质的目的、原理及其对乳成分的影响。
6. 乳的标准化计算：有1000kg含脂率为3.5%的原料乳，因含脂率过高，拟用含脂率为0.2%的脱脂乳调整，使标准化后的混合乳脂肪含量为3.2%，需加脱脂乳多少千克？又有1000kg含脂率为2.9%的原料乳，欲使其含量为3.2%，应加多少千克含脂率为35%的稀奶油？

第三章　液态乳加工技术

学习目标

1. 掌握液态乳的加工技术原理。
2. 掌握巴氏杀菌乳、灭菌乳、再制乳和含乳饮料的生产工艺流程。

第一节　巴氏杀菌乳的加工

一、简述

巴氏杀菌乳主要是指用新鲜的优质原料乳，经过离心净化、标准化、均质、杀菌和冷却，以液体状态灌装，直接供给消费者饮用的商品乳，又称市售乳。

根据不同的市场需求，生产中采用的杀菌强度有所区别，采用的方法亦有所不同。

1. 低温长时杀菌法

低温长时（LTLT）杀菌法又称为保温杀菌法、保持杀菌法、低温杀菌法。其杀菌方法为使牛乳的温度升至62～65℃，并保持30min。这种方法基本上不会影响牛乳的原有营养价值和风味，但是对病原菌消灭率只达到85%～99%。

2. 高温短时杀菌法

高温短时（HTST）杀菌是用管式或板状热交换器使乳在流动的状态下进行连续加热处理的方法。其最大的优点就是能连续处理大量牛乳。加热条件是72～75℃、15s。但由于原料乳的含菌情况不同，也有采用72～75℃、16～40s或80～85℃、10～15s的方法进行加热。此法由于受热时间短，热变性现象很少，风味浓厚，无蒸煮味。

3. 超巴氏杀菌法

超巴氏杀菌是一种延长货架期技术。换句话说，超巴氏杀菌的目的是延长产品的保质期。它采用的主要措施是尽最大可能避免产品在加工和包装过程中的再污染。这需要极高的生产卫生条件和优良的冷链分销系统。一般冷链温度越低，产品保质期越长，最高不得超过7℃。典型的超巴氏杀菌条件是125～130℃、2～4s。

4. 超高温杀菌法

超高温（UHT）杀菌法一般采用120～150℃、0.5～4s杀菌。由于耐热性细菌都被杀死，故保存性明显提高。但如原料乳不良（如酸度高、盐类不平衡），则易形成软凝块和杀菌器内挂乳石等，初始菌数尤其芽孢数过高则残留菌的可能性增加，故原料乳的质量必须充分注意。由于杀菌时间很短，故风味、性状和营养价值等与普通杀菌乳相比无差异。

二、巴氏杀菌乳的加工工艺

巴氏杀菌乳的工艺流程如下。

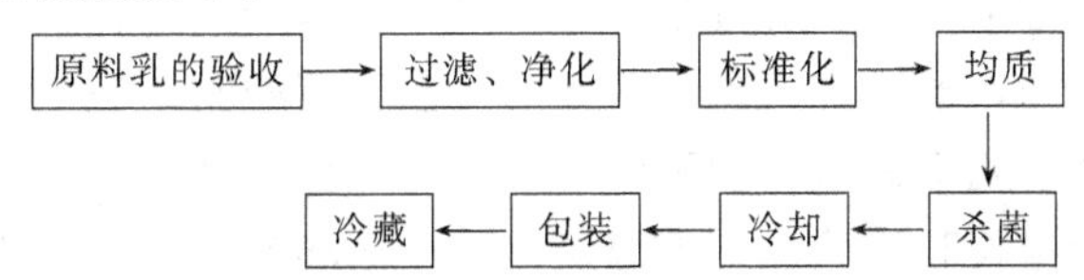

1. 原料乳的验收、分级和预处理

原料乳的优劣直接决定杀菌乳的质量。因此，对原料乳的质量必须严格管理，认真检验，只有符合标准的原料乳（GB 6914—86 和 NY 5045—2001）才能生产消毒乳。

2. 过滤或净化

目的是除去乳中的尘埃、杂质。

3. 牛乳的脱气

牛乳中含有5.5%～7.7%非结合分散性气体，经贮存运输后其含量还会增加。这些气体对乳的加工有破坏作用。主要是影响乳汁量的准确性；增加杀菌机中的结垢，影响乳的分离效率，不利于标准化；促使脂肪球聚合，影响奶油的产量；促使发酵乳中的乳清析出等。一般除在奶槽车上和收奶间进行脱气外，还应使用真空脱气罐除去细小分散气泡和溶解氧。方法为将牛乳预热至68℃，泵入真空罐，部分牛乳和空气蒸发，空气及一些非冷凝异味气体由真空泵抽吸除去。

4. 标准化

标准化的目的是保证牛乳中含有规定的最低限度的脂肪，各国受饮食习惯、饮食构成等因素的影响对牛乳标准化的要求有所不同。一般低脂乳脂肪含量为0.5%～1.5%，常规市售乳脂肪含量为3%。生产中，牛乳的标准化要求非常精确，若产品中含脂率过高，会造成脂肪的浪费、成本增高，而含脂率过低又不能满足消费者的需求。因此，乳制品含脂率的分析及牛乳的标准化是乳品生产的重要环节。

乳脂肪的标准化可通过添加稀奶油或脱脂乳进行调整，方法有预标准化、后标准化，直接标准化 3 种。相关内容可参考第二章。

5. 均质

在消毒乳生产中均质是将乳中脂肪球在强力的机械作用下破碎成小的脂肪球。目的是为了脂肪的上浮分离，并改善乳的消化、吸收程度。

均质可以是全部的，也可以是部分均质。许多乳品厂仅使用部分均质，主要原因是因为部分均质只需一台小型均质机，这从经济和操作方面来看都有利；牛奶全部均质后，通常不发生脂肪球絮凝现象，脂肪球相互之间完全分离。相反地，将稀奶油部分均质时，如果含脂率过高；就有可能发生脂肪球絮凝现象（黏滞化）。因此，在部分均质时稀奶油的含脂率不应超过 12%。具体方法参考第二章相关内容。

6. 杀菌

生产保鲜乳时，杀菌是非常重要的工序。此工序的优劣不仅影响保鲜乳的质量，而且影响其风味和色泽。杀菌的目的有两个，一个是杀死乳中全部的病原微生物，使之不含致病菌；另一个就是尽可能地破坏能影响产品质量和保存效果的微生物成分（如酶类和微生物），以保证产品的质量。具体方法可参考本节开始述及的相关杀菌方法。

（1）杀菌的意义　原料乳的生产过程中，受到大量微生物的污染。其中既有危害消费者健康的致病微生物，又有引起乳品酸败的微生物。为了维护公共卫生和消费者的健康，乳制品的生产必须进行灭菌或杀菌。生产中利用比较多、效果比较理想的灭菌方法就是加热处理。

（2）牛乳加热杀菌的方法　利用理化方法杀灭物体的所有微生物（包括病原微生物、非病原微生物及其芽孢、霉菌孢子）的过程称为灭菌。大部分微生物被破坏时，称为杀菌。

由于各国的法规不同，各国之间巴氏杀菌的工艺也不相同，但是，所有国家的一个共同要求是热处理必须保证杀死不良微生物和致病菌，并保证产品营养成分不被破坏。生产中常用的牛乳杀菌方法有低温长时杀菌法、高温短时杀菌法和超巴氏杀菌法。

高温短时杀菌法与低温长时杀菌比较，有许多优点：占地面积小，节省空间，因利用热交换能连续短时间杀菌，所以效率高、节省热源，加热时间短，牛乳的营养成分破坏小，无蒸煮臭，自动连续流动，操作方便、卫生，不必经常拆卸。另外，设备可直接用酸、碱液进行自动就地清洗。

（3）加热杀菌对微生物的致死效果

① 热致死率的计算。热致死率＝(杀菌前的细菌数－杀菌后的细菌数)/杀菌前的细菌数×100％

② 乳中各种微生物的热致死条件。乳中微生物的热致死条件，受微生物的种类、生存状态、加热的温度和加热时间等因素所影响。牛乳中常见微生物菌群的热致死条件如表 3-1 所示。

表 3-1　牛乳中常见微生物菌群的热致死条件

菌　　群	热致死温度、时间	菌　　群	热致死温度、时间
大肠菌群	60℃、22～75min；78.6℃、0.5s	立克次氏体	63～65℃、30min；71.4℃、15s
耐热性乳酸菌	62.8℃、5～30min	非耐热性乳酸菌	57.8℃、30min；60～61℃、1min
结核菌	60℃、10min；71.1℃、0.5s	葡萄球菌	62.8℃、6.8min；65.6℃、1.9min
耐热性小球菌	88.1℃、0.5s；88.8℃、0.25s	肉毒梭状芽孢杆菌	121℃、0.45～0.5s
伤寒菌	59～60℃、2min；72℃、0.5s	布氏杆菌	61.5℃、23min；71.1℃、21min
痢疾菌	71.1℃、16s；72.2℃、0.5s	溶血性链球菌	60℃、30min；70.5℃、0.25s

（4）杀菌温度及时间对牛乳质量的影响

① 杀菌温度及时间对牛乳理化性质的影响。在乳品加工中，各种杀菌方式都会引起牛乳成分理化性质的变化，从而影响牛乳的色泽、质感、风味及营养价值。不同的加热方法及不同的处理时间对其理化性质的影响是不相同的，见表 3-2。因此，在生产中必须根据不同的生产要求选择相应的杀菌方法。

表 3-2　几种常见杀菌方法对牛乳理化性质的影响

杀菌温度	处理时间	酸度	蛋 白 质	酶及维生素	磷酸钙	稀奶油层	乳　糖
63℃	30min	降低	稍有凝固，5％左右	淀粉酶破坏，维生素C减少 7.9％	—	影响极少	—
70～72℃	5～10min	降低	部分沉淀，50％左右	部分酶被破坏	沉淀 3％～4％	—	—
85～87℃	10s	增高	大量沉淀，60％以上	全部酶被破坏，维生素C减少 12.5％	沉淀 4％左右	—	—
煮沸	10s	增高	全部沉淀	全部酶被破坏，维生素C破坏严重	沉淀 6％左右	上浮有油珠	焦糖化分解产酸
116～120℃	10～30s	增高	全部沉淀	全部酶被破坏，维生素C破坏严重	沉淀 6％以上	上浮较慢	焦糖化分解产酸

② 杀菌温度及时间对病原菌的影响。实践证明，杀菌的效果与处理的温度及时间呈正相关。在一定范围内，随温度的提高、时间的增长，杀菌效果明显提高，但同时会影响牛乳的营养价值及其风味和口感。因此，加热杀菌对温度和时间的要求是非常严格的，必须严格执行。

③ 消毒奶的褐变。褐变主要是由于乳中乳糖和某些氨基酸发生了焦糖化反应。巴氏杀菌发生褐变的主要原因是生产中使用板式换热器加热，当生产时间较长或奶质量不好时，则容易使局部过度受热，导致乳蛋白变性程度增大并产生糊管现象。这样不仅使乳容易发生褐变而且影响杀菌效果。因此，消毒奶褐变的预防主要是做好杀菌设备的清洗、消毒和原料乳的严格验收。

（5）杀菌的操作要点　由于采用的杀菌工艺不同，对牛乳成分的影响程度及杀菌效果亦不相同。生产中应根据本地区的市场需求采用最为适合的杀菌工艺。不同的杀菌工艺采用的设备不同，不同的设备采用的杀菌规范制度也不尽同。但无论哪一种杀菌工艺都要遵循以下操作要点。

① 设备的清洗、消毒必须严格执行。设备的清洗和消毒是两个单独而相承接的程序，不得合并进行，都要符合生产标准。各种设备及管路使用以后，要立即用温水洗涤，避免残留的牛乳附着在设备表面，蛋白质变性与盐类形成坚固的附着物，造成不易清洗的情况。洗涤剂清洗时温度需保持在60～72℃。如果用洗涤剂处理后仍有乳垢，则必须用弱酸或弱酸盐等处理。洗涤后的设备、器具等应保持干燥状态。

② 常用的消毒方法。沸水法、蒸汽法及次氯酸盐消毒法。

7. 冷却

乳品经杀菌后，虽然绝大部分细菌都已失去活性，但仍有部分细菌存活，加之在以后的各项操作中还有被污染的可能，因此牛乳经杀菌后应立即冷却至5℃以下，以抑制乳中残留细菌的繁殖，增加产品的保存性。同时也可以防止因温度高而使黏度降低导致脂肪球膨胀、聚合上浮。凡连续性杀菌设备处理的乳一般都直接通过热回收部分和冷却部分冷却到2～4℃。非连续式杀菌时需采用其它方法加速冷却。冷却后的牛乳应直接分装、及时销售。如不能及时发送，应贮存在5℃以下的冷库内。

8. 灌装、冷藏

（1）灌装的目的　主要是便于分送销售、便于消费者饮用。此外还能防止污染；降低食品腐败和浪费；保持杀菌乳的原有风味和防止吸收外界气味而产生异味；减少维生素等营养成分的损失以及传播产品信息。

（2）灌装容器　我国乳品厂最早使用的容器是玻璃瓶，随着行业的发展、科技的进步，容器品种开始多样化，有玻璃瓶、塑料瓶、塑料袋、塑料夹层纸盒和涂覆塑料铝箔纸等。现将市场上消毒奶的几种主要包装介绍一下。

① 玻璃瓶包装。成本低、可反复循环使用。与乳品接触不发生化学反应、无毒、易于清洗回收。缺点是瓶重、易碎、运输成本高；易受阳光照射影响原有的营养价值和风味；回收的空瓶污染严重，清洗消毒成本较高。

② 塑料瓶包装。塑料瓶多用聚乙烯或聚丙烯塑料制成。其优点是瓶轻，可降低运输成本；可反复循环使用，与玻璃瓶比较其破损率更低；便于碱性消毒液及高温清洗消毒处理。缺点是高温、日射情况下易产生异味影响质量；回收瓶表面易磨损、变形影响美观；污染程度较大，清洗消毒成本较大。

③ 塑料袋包装。塑料袋多用聚乙烯或聚丙烯塑料制成。其优点为质量轻、强度大，不易造成破损漏奶；便于携带、饮用。缺点是现阶段还不能很好的解决其回收再利用问题，易造成“白色污染”。

④ 塑料夹层纸盒和涂覆塑料铝箔纸包装。这种包装除具有塑料袋包装的优点外，还具有不透光性，减少了营养物质的损失和风味的影响，同时减少了“白色污染”的影响。缺点是强度不高，易漏奶，成本高。

（3）无菌灌装　现在市场上流通的保质期较长的市售乳主要是用塑料瓶、利乐包包装和小房形包装。

塑料瓶包装要在灌装后进行二次灭菌。其保质期长，可达6个月至1年。而利乐包和小房形包装若是在无菌条件下灌装，一般不采用二次灭菌，相比之下降低了成本，提高了效率。

利乐包是以专用包装纸为材料，过氧化氢为杀菌剂，灌装时纸先通过一个过氧化氢层，使纸壁上涂上一层过氧化氢膜，然后卷成纵纸筒，热合，再用红外线辐射，将过氧化氢分解，并蒸发掉，然后通过生产线罐装，并热合、封口。

小房形包装不同于利乐包，它是将一个个已制好的但没有封底的纸筒放在灌装机上，将纸筒打开，热合封底，然后进入无菌小室。在此向纸盒内喷入过氧化氢进行杀菌、加热，使过氧化氢蒸发掉。随后注入杀菌乳，热封口，同时送出无菌小室。

(4) 冷藏　罐装后的消毒奶装入包装箱后，便可送入冷库进行销售前的暂存。冷库温度一般为2～5℃。

三、巴氏杀菌乳的质量控制

质量控制是生产高品质产品的极为重要的一个环节。巴氏消毒奶的质量控制通常包括以下的内容。

1. 原料的控制

原料乳品质的优劣直接影响产品的质量。若原料乳品质不高，会造成产品营养成分的损失及不良风味和口感的生成。因此，原料乳的严格验收是质量控制的首要环节。原料乳的要求应符合GB 6914—86“生鲜牛乳收购标准”中一级品规定。原料乳应严格验收，主要项目是72%（体积分数）中性酒精实验，对原料乳要进行逐桶检验。主要指标包括理化指标、感官指标和细菌指标等，具体内容可参见第二章。生产实践中可根据需要进行部分项目的抽检。合格鲜乳经称量、净乳、冷却、贮乳、标准化等预处理，然后进行预热均质和杀菌等的进一步加工。

2. 生产环节的控制

(1) 齐全的生产设备　合格的生产车间应具有贮乳罐、净乳设备、均质设备、巴氏杀菌设备、灌装设备、制冷设备、清洗设备、保温运输工具等必备的生产设备。

(2) 规范的操作程序　生产过程中，应严格执行操作规程。对温度、时间和量的控制上应合理、规范。

(3) 生产过程中杀菌剂或清洗剂残留导致产品异味　生产中对杀菌剂和清洗剂的使用要规范、准确。生产设备的清洗、消毒应符合生产标准。

3. 在生产、贮藏、运输过程中的质量控制

由于乳成分的特性所致，牛乳产品容易被化学物质污染，以及在光线下暴露受到影响，特别是经均质以后。因此，一个合格的乳品生产厂应具备良好的清洗设施，以及高质量的清洗剂、消毒剂和用水。在贮藏和运输过程中必须防止较强光线的直接照射，以避免光线对营养物质的损害和对乳产品口味的影响（表3-3）。

表3-3　光线对牛乳风味及维生素的影响①

纸装			时间/h	瓶装		
风味损失	维生素C损失	维生素B_2损失		风味损失	维生素C损失	维生素B_2损失
无	1%	无	2	无	10%	10%
无	1.5%	无	3	很小	15%	15%
无	2%	无	4	显著	20%	18%
无	2.5%	无	5	强烈	25%	20%
无	2.8%	无	6	强烈	28%	25%
无	3%	无	8	强烈	30%	30%
无	3.8%	无	12	强烈	38%	35%

① 暴露时的光照度为1500lx。

4. 成品的质量控制

执行严格的成品乳检验制度，严格施行定期抽样检查，保证商品乳的质量，为消费者的健康负责。

5. 巴氏杀菌乳检验标准

以下内容摘自GB 5408—1999。

(1) 技术要求

① 牛乳。应符合GB/T 6914—86的规定。

② 食品营养强化剂。应选用GB 14880—94中允许使用的品种，并应符合相应国家标准或行业标准的规定。食品营养强化剂的添加量应符合GB 14880—94的规定。

③ 感官特性。应符合表3-4的规定。

表3-4 巴氏杀菌乳的感官特性

项目	特性
色泽	呈均匀一致的乳白色或微黄色
滋味和气味	具有乳固有的滋味和气味，无异味
组织状态	均匀的液体，无沉淀，无凝块，无黏稠现象

④ 理化指标。应符合表3-5的规定。

表3-5 巴氏杀菌乳的理化指标

项目	全脂巴氏杀菌乳	部分脱脂巴氏杀菌乳	脱脂巴氏杀菌乳
脂肪/%	≥3.1	1.0～2.0	≤0.5
蛋白质/%	≥2.9		
非脂乳固体/%	≥8.1		
酸度/°T	≤18（羊乳≤16）		
杂质度/(mg/kg)	≤2		

⑤ 卫生指标。应符合表3-6的规定。

表3-6 巴氏杀菌乳的卫生指标

项目	巴氏杀菌乳	项目	巴氏杀菌乳
硝酸盐/(mk/kg)	≤11.0	菌落总数/(cfu/ml)	≤30000
亚硝酸盐/(mg/kg)	≤0.2	大肠菌群/(MPN/100ml)	≤90
黄曲霉毒素 M_1/(μg/kg)	≤0.5	致病菌(肠道致病菌和致病性球菌)	不得检出

(2) 标签

① 产品标签。按GB 7718—94的规定表示，还应表明产品的种类及蛋白质、脂肪、非脂肪固体（乳糖或全脂乳固体）的含量。

② 产品命名。可以标为“××奶”。

③ 外包装箱标志。应符合GB 191—2000的规定。

第二节 超高温灭菌乳的加工

一、简述

灭菌乳又称长久保鲜奶，指以鲜乳为原料，经净化、均质、灭菌和无菌包装或包装后再进行灭菌，从而具有较长保质期的可直接饮用的商品乳。灭菌乳可分为保持灭菌乳和超高温灭菌乳。

现将一些与超高温灭菌相关的术语介绍如下。

灭菌 是指杀灭产品中微生物的过程。

无菌 是指没有活体细胞存在或所有活体细胞已被杀死的状态。

商业无菌 是指产品处于无致病微生物、无微生物毒素，以及在正常的贮存、运输条件下，微生物不发生增殖的状态。超高温灭菌法处理的产品也经常说成是“商业无菌”的。

产品灭菌 是指对产品进行高温处理，以杀死所有微生物和耐热酶。灭菌后的产品能较好的保持其中的营养成分，并能在室温下长期贮存。

货架期 是指产品能够贮存的时间，在贮存期内产品质量不会低于一个可接受的最低水平。货架期的概念具有一定主观性。货架期的理化限制因素是出现凝胶化、黏度增加、沉淀和脂肪上浮。限定货架期的感官因素是滋味、气味和颜色的变败。

二、超高温灭菌方式

1. 一次灭菌

将乳装瓶后，用110～120℃、15～40min加压灭菌。

2. 二次灭菌

牛乳的二次灭菌从操作程序的变化上可以分为三种方法：一段灭菌、二段灭菌和连续灭菌。

(1) 一段灭菌 牛乳先预热到80～85℃，然后灌装到预热的干净容器中。密封然后放入杀菌器中，在110～120℃温度下灭菌10～40min。

(2) 二段灭菌 牛乳在130～140℃温度下预杀菌2～20s。这段处理可在管式或板式热交换器中靠间接加热的办法进行，或者是用蒸汽直接喷射牛乳。当牛乳冷却到约80℃后，灌装到成品容器中，密封后，再放到灭菌器中进行灭菌。后一段处理不需要像前一段杀菌时那样强烈，因为第二阶段杀菌的主要目的只是为了消除第一阶段杀菌后重新染菌的危险。

(3) 连续灭菌 牛乳或者是装瓶后的乳在连续工作的灭菌器中处理，或者是在无菌条件下于一封闭的连续生产线中处理。在连续灭菌器中灭菌可以用一段灭菌，也可以用二段灭菌。奶瓶缓慢地通过杀菌器中的加热区和冷却区往前输送。这些区段的长短应与处理中各个阶段所要求的温度和停留时间相适应。

3. 超高温灭菌

超高温灭菌乳是经过超高温处理灭菌后在无菌条件下包装的牛乳。系统中的所有设备和管件都是按无菌条件设计的，这就消除了重新污染细菌的危险性，因而也不需要二次灭菌。超高温灭菌生产中主要有两种处理方法：直接加热法和间接加热法。

(1) 直接加热法

① 喷射式。将蒸气喷入制品中。

② 注入法。将制品注入蒸汽中。

(2) 间接加热法

① 片式加热器灭菌。

② 环形管式加热器灭菌。

③ 刮面式加热器灭菌。

三、超高温灭菌乳的加工工艺

1. 直接加热法的加工工艺

直接加热法的工艺流程如下。

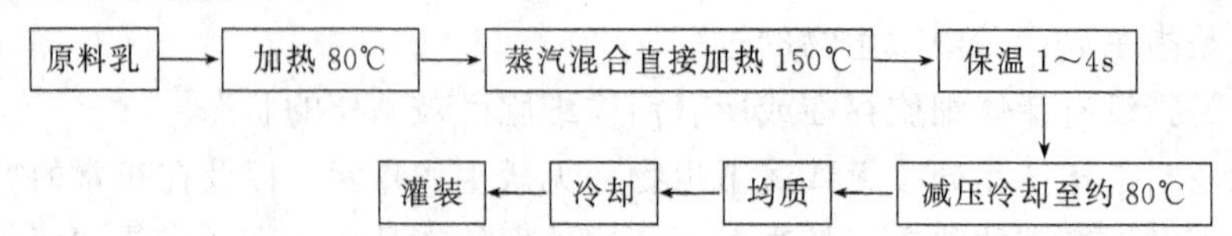

(1) 原料的质量和预处理　用于灭菌的牛奶必须是高质量的，即牛乳中的蛋白质能经得起剧烈的热处理而不变性。为了适应超高温处理，牛奶必须至少在 75%的酒精中保持稳定，剔除由于下列原因而不宜于超高温处理的牛奶：①酸度偏高的牛奶；②牛奶中盐类平衡不适当；③牛奶中含有过多的乳清蛋白（白蛋白，球蛋白等）即初乳。另外牛奶的细菌数量，特别对热有很强抵抗力的芽孢及数目应该很低。

(2) 灭菌　用直接喷射杀菌时，原料乳用乳泵从平衡槽泵入预热器，预热至 72～80℃，再由乳泵经调解阀送入直接喷射杀菌器内，使乳温瞬间升至 150℃，并在保温管中保持 2～4s。然后送至膨胀罐中，使乳温急剧冷却到 78℃左右。然后用无菌乳泵将牛乳送至无菌均质器中。牛乳均质处理放在加热灭菌之后，是为了稳定蛋白质和脂肪。灭菌后的牛乳在灭菌乳冷却器中进一步冷却后，直接送至无菌灌装器进行灌装。

2. 间接加热法的加工工艺（以板式间接超高温灭菌乳生产为例）

间接加热法的加工工艺如下。

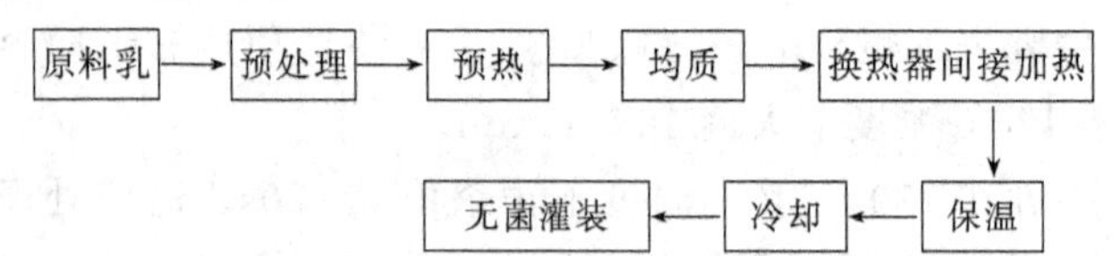

(1) 预热和均质　牛乳从料罐泵送至超高温灭菌设备的平衡槽，再由乳泵泵至板式热交换器的预热段与高温乳热交换，使其预热到约 88℃，经预热的乳在 15～25MPa 的压力下均质。在杀菌前均质意味着可以使用普通的均质机，它要比无菌均质便宜得多。

(2) 换热器间接加热　经预热和均质的牛乳进入板式热交换器的加热段，在此被加热到 138～150℃。所用的热水温度由蒸汽喷射予以调节。加热后，牛乳在保持管中流动 2～4s。

(3) 回流　如果牛乳在进入保温管之前未达到正确的杀菌温度，在生产线上的传感器便把这个信号传给控制盘。然后回流阀开动，把产品回流到冷却器，在这里牛乳冷却到 75℃，再返回平衡槽或流入一单独的收集罐。一旦回流阀移动到回流位置，杀菌操作便停下来。

(4) 设备的操作　如同直接加热设备一样，继电器保证在正确的温度下至少预杀菌 30min。在预杀菌期间，通向无菌罐或包装线的生产线也应灭菌。然后产品可以开始流动。

关于用无菌水运转和设备清洗，包括延长运转时间的中间清洗，与直接加热方法中的情况是一致的。

(5) 无菌冷却　牛乳离开保持管后，进入无菌预冷却段，用冰水从 137℃冷却到 76℃。牛乳在灌装之前还需要进一步冷却到灌装温度 10～15℃。

3. 超高温灭菌乳的包装

超高温灭菌乳多采用无菌包装。所谓无菌包装是将杀菌后的牛乳，在无菌条件下装入事先杀过菌的容器内。可无菌包装的设备主要有：①无菌菱形袋包装机；②无菌包装机；③无菌纯包装机；④多尔无菌灌装系统；⑤安德逊成型密封机等。

（1）无菌包装材料　为确保消费者饮用安全且能达到长期保存的目的，无菌包装用的材料一般要求具备以下性能。

① 热稳定性。在无菌热处理期间不产生化学变化或物理变化。

② 抗化学性、耐紫外性。用化学剂或紫外线进行无菌处理过程中，材料的有机结构不改变。

③ 热成型稳定性。在无菌热处理过程中，容器外形不发生明显改变。

④ 韧性和刚性。具有合适的韧性和刚性，便于机械化充填、封口。贮存和运输过程中不易破损、渗漏。

⑤ 防潮性。阻止水分的穿透，以保证产品质量不受外界环境湿度的影响。

⑥ 阻气性。一方面能阻隔外部空气中的氧气渗入；另一方面能保持充入容器的惰性气体不外渗。

⑦ 避光性。避免因为阳光直射造成的营养物质的损失和风味、口感的下降。

⑧ 卫生性。材料应是无毒的、符合食品卫生标准，且易杀菌。

⑨ 经济环保性。来源丰富，成本低；环保性好，易于回收。

（2）无菌包装的包装形式及所使用的材料　现以几种市场上常见的包装形式加以说明。

① 无菌砖。无菌砖是由纸、铝箔及塑料（PE）复合层压加工而成，厚约 0.35mm。典型结构如下。

a. 利乐包。PE/纸板/黏合层/铝箔/PE/PE。

b. 康美包。PE/白纸板/PE/铝箔/黏合层/PE。内层为热封和包容食品之用，铝箔提供了最好的阻氧、阻水及避光性，黏结层使铝箔与纸板之间相连接，纸板提供了刚性挺度及印刷性，外层的 PE 保护油墨及纸板。

② 无菌枕。无菌枕也是多层纸、铝、塑复合材料，与砖包接近，但是纸板材料不同。其结构为：PE/纸/黏合层/铝箔/黏合层/PE。纸张为印刷层，可柔印也可胶印，具有良好的阻隔性、避光性。

③ 屋顶包。屋顶型包装材料，一是 PE/纸板/黏合树脂/铝箔/黏合树脂/PE，具有类似砖包的保质期；二是 PE/纸板/PE 三层结构的新鲜层，通常屋顶包一般指三层复合的材料。

④ 无菌杯。无菌杯以埃卡杯（NAS）为典型代表。埃卡杯的无菌包装材料分为杯材、盖材和商标材三部分，其结构和生产工艺要求比较复杂。NAS 塑料杯无菌包装系统用的包装材料称为中性无菌包装材料，简称 NAS 片材。其结构为：PP/PE/EVA/EVOH/HIPS；PP/PE/EVA/PVDC/HIPS；PP/PE/EVA/PS/PVDC/HIPS。PP 层是无菌保护层，PE 层是密封层及隔水层，EVA 是黏合层，PVDC、EVOH 是阻隔层。无菌杯盖材结构为铝箔/PE/EVA/PP、铝箔/PE/EVA/PET。PP、PET 为保护层，PE 膜为带孔膜，铝箔可揭开露出饮料孔。无菌杯商标材结构为铝箔/PE/纸/热熔胶结构。

（3）包装的安全卫生要求　乳制品是一种高时效性产品，在加工包装过程中必须保证最终产品各项卫生指标达到食品安全卫生标准要求，以保证消费者的健康。

① 乳品灭菌杀毒、包装材料灭菌杀毒、生产环境的净化等级等工艺控制的严格和规范。

② 作为包装材料的树脂、纸板及所含的添加剂，油墨、黏合剂的化学物质及溶剂残留在包装乳品后与乳品的相容性，迁移、转移所带来的卫生安全性。

③ 消费者二次贮存、开包、饮用过程中要方便、合理，不易再次污染。

（4）包装流程　以在市场上应用较多的无菌砖形包装和无菌菱形包装为例。

图 3-1 为无菌菱形袋包装机的主要机件构成。包装原理：包装纸通过一双氧水浴浸渍，进行纵向封口，然后进入管状加热器，该加热器由纸筒外另一套管和约 1m 长围着加料管的电热元件组成，纸筒内壁加热 5s 后，双氧水分解为氧和蒸汽，使灌装段的上部成为干燥无菌环境。加料管此时将灭菌乳导入其中，再通过横向封口钳时进行横向封口。整个成型、灌装封口操作均在无菌环境中进行。无菌砖形包装的包装原理与无菌菱形包装基本相似，见图 3-2。

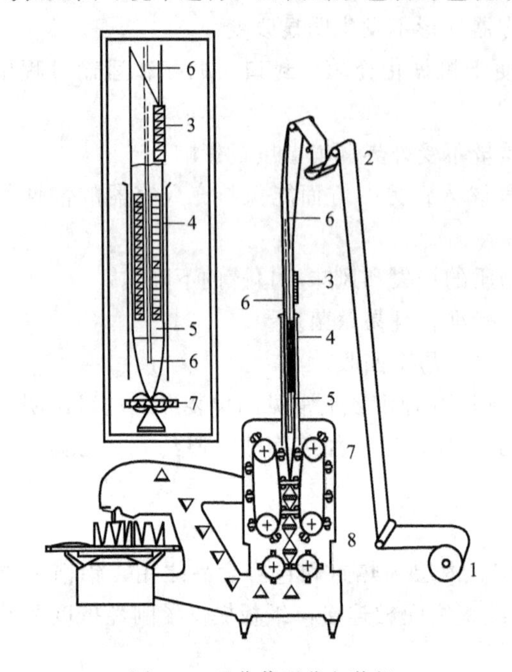

图 3-1　无菌菱形袋包装机

1—纸卷；2—双氧水浴；3—纵向封口钳；4—管形加热元件；5—无菌环境；6—加料管；7—横向封口钳；8—切割钳（图中绘出的是该机的主要机件，由利乐包装有限公司提供）

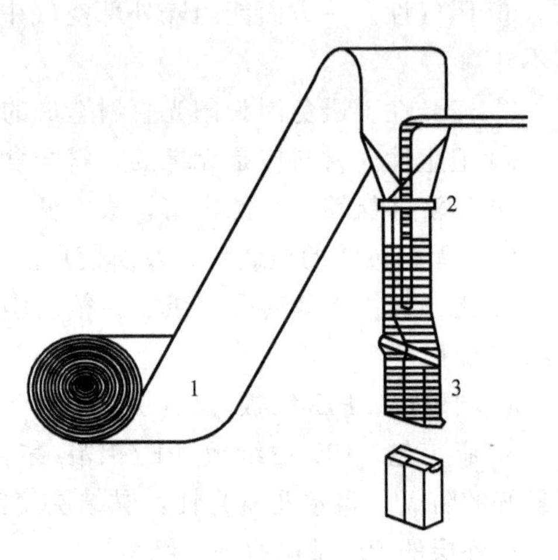

图 3-2　砖形盒成型和灌装的原理

1—由纸卷的涂塑纸成型为纸筒；2—连续把产品灌到纸筒中去；3—在液体制品的液面下，纸筒横向封口，制成砖形盒（由利乐包装有限公司提供）

第三节　再制乳的加工

牛乳是一种易腐败商品，在许多国家也缺乏牛乳。鲜乳货架期很短，在直接光照下和被细菌酶作用下易被破坏。在热带以及在消费者与生产商距离很远的地区分送尤其困难。在这些地方鲜乳往往被耐存的再制乳制品所取代。

一、简述

1. 再制乳的概念

再制乳就是把几种乳制品，主要是脱脂乳粉和无水黄油，经加工调配制成液态乳的过程。其成分与鲜乳相似，也可以强化各种营养成分，也可以用它来制成酸乳等其它乳制品。包括再制奶油、再制炼乳、再制干酪和再制杀菌乳。

再制乳出现于 20 世纪 80 年代。若向没有真正鲜乳供应的市场提供非常类似鲜乳的产品，再制乳是一种比较可行的方法。无水黄油和脱脂乳粉都比较容易保存，能长途运输，在缺乏鲜牛乳供应的地区进行再制乳加工，可以代替鲜牛乳供应市场。再制乳的生产也可减少因季节性变化而引起的奶源波动。现在工厂里加工再制乳很大程度上取决于其灵活的生产计划。因此再生乳的生产克服了自然乳业生产的季节性，保证了淡季乳与乳制品的供应，并可加强对缺乳地区的鲜乳供应。

再制乳所用的原料（脱脂乳粉、无水黄油）都是经过热处理的，其成分中的蛋白质及各种芳香物质受到一定的影响。因此，各国常把加工成的再制乳与鲜乳按比例混合后，再供应市场（通常比例为 1∶1)。鲜奶必须先经杀菌，否则要求在混合后再杀菌。所有再制乳加工的原理都几乎完全相同，最初是生产液态乳，但随后生产出再制炼乳和甜炼乳。现在，再制乳制品也包括了酸乳、黄油和干酪。经多年开发，加工方法已由批量生产进入了规模化大生产的成熟系统阶段。

2. 再制乳的原料

(1) 脱脂乳粉　再制乳中的非脂干固物质通常由脱脂乳粉提供。脱脂乳粉是由全乳在分离机中脱去脂肪后，经过蒸发和干燥去掉脱脂乳中的水分而得到的产品。

脱脂乳粉质量的好坏，对成品质量的好坏有很大影响，因此要严格控制质量。再制乳生产中所用脱脂乳粉的标准如下。

水分＜4.0%；脂肪＜1.25%；滴定酸度（以乳酸计）0.1%～0.15%；溶解度指数＞1.25ml；细菌数＜10000 个/g；无大肠菌群、无异味。

(2) 脂肪和油脂　未加盐的奶油可用于生产再制乳制品，但这种黄油必须在冷藏条件下保存。用于生产再制乳最常用的是无水黄油（AMF），这种黄油无需冷藏，通常贮于 19.5kg 的罐或 169kg 的桶中，该产品在生产中应加以注意，即在产品包装时要充入气体（氮气），以驱逐出空气，防止氧化。贮存中防止阳光照射和靠近热源。理想的贮存温度为 4℃，在 6～10℃下保存期为一年。AMF 即使在不适宜的环境温度下，如 30～40℃也可保持 6 个月左右。把罐装的乳脂肪浸入 80℃的热水中，经 2～3h 乳脂肪融化，常用的方法是将 AMF 桶放在 45～50℃热水中经 24～28h 后使用，或置桶于蒸汽通道中，则桶内脂肪将于约 2h 内融化。一旦融化，AMF 应被输送到带有夹层的保温罐中并保持其温度。

再制乳的风味主要来自脂肪中的挥发性脂肪酸，故必须严格控制脂肪的质量标准。奶油理化指标和卫生指标见表 3-7 和表 3-8。

表 3-7　奶油理化指标

成　分		无盐奶油	加盐奶油	连续式机制奶油	重制奶油
水分含量/%	≤	16	16	20	1
脂肪含量/%	≥	82.0	80	78	98
盐含量/%	≤	—	2.0	—	—
酸度/%	≤	20	20	20	—

表 3-8　奶油的卫生指标

项目＼等级		特级品	一级品	二级品
杂菌/(cfu/g)	≤	20000	30000	50000
大肠菌群/(cfu/100g)	≤	40	90	90
致病菌		不得检出	不得检出	不得检出

注：奶油内不得发现霉斑。

（3）水　水是所有类型复原乳、再制乳制品所需的溶剂。水必须具优良饮用质量，不含有害微生物并具有可接受的低硬度，因为在奶粉生产中被去掉的水分为“蒸馏水”，因此生产再制乳制品所需的水也必须纯净。水中过量的矿物质会危及再制乳或复原乳的盐平衡，影响蛋白质胶体的稳定性，故水质应符合如下标准（括号内为我国饮用水标准）。

总固体500ml/L；浑浊度5单位；滋气味无异味；pH值为7.0～8.5(6.5～8.5)；阴离子合成洗剂0.2ml/L(0.3mg/L)；矿物油0.01mg/L；酚类化合物0.01mg/L(0.002mg/L)；总硬度（以$CaCO_3$计）100mg（250mg/L以CaO计，换算成$CaCO_3$计为446mg/L）。

（4）添加剂　再制乳常用的添加剂有以下几种。

① 乳化剂。稳定脂肪的作用，常用的有磷脂，添加量为0.1%。

② 水溶性胶类。可以改进产品外观、质地和风味，形成黏性溶液，兼备黏结剂、增稠剂、稳定剂、填充剂和防止结晶脱水的作用。其中主要的有：阿拉伯树胶、果胶、琼脂、海藻酸盐及半人工合成的水解胶体等。乳品工业常用的是海藻酸盐，用量为0.3%～0.5%。

③ 盐类。如氯化钙和柠檬酸钠等，起稳定蛋白质的作用。

④ 风味料。天然和人工合成的香精，增加再制乳的乳香味。

⑤ 着色剂。常用的有胡萝卜素、安那妥等，赋予制品以良好颜色。

二、再制乳的加工工艺

1. 再制乳的加工方法

（1）全部均质法　先将脱脂乳粉与水按比例混合成脱脂乳，再添加无水黄油、乳化剂和芳香物，充分混合。然后全部通过均质，再消毒冷却而制成。

（2）部分均质法　先将脱脂乳粉与水按比例混合成脱脂乳，然后取部分脱脂乳，在其中加入所需的全部无水黄油，制成高脂乳（含脂率为8%～15%）。将高脂乳进行均质后，再与其余的脱脂乳混合，经消毒、冷却而制成。

（3）稀释法　先用脱脂乳粉、无水黄油等混合制成炼乳，然后用杀菌水稀释而成。

2. 生产工艺流程

图3-3所示为再制乳生产工艺流程图，在生产线上乳脂被计量泵泵入混料罐中。质量良好的水经计量通过一个板式换热器加热后加入到一个混料罐7中，因为脱脂乳粉在温水中比在冷水中更易溶解。当罐被装满一半时，循环泵5启动，水流过旁通管道从混料罐进入一个高速混料系统。

如图3-3所示，脱脂乳粉送入高速混料器4中，由循环泵5送水，在水的运动中，将水和粉混合均匀。脱脂乳粉最佳溶解度为40℃。在乳粉与水的混合中，由于乳粉带入及搅拌中混入大量空气，造成气泡现象。气泡的产生可能造成巴氏杀菌中的结垢和均质的困难。这时无水乳脂从脂肪贮罐1中加入，其加入量经计量斗3进行计量。搅拌器是为最佳分散乳脂进行设计的。搅拌器开始运转12min，并良好地将脂肪分散在脱脂乳中，输运热脂肪的管线通常以防止脂肪的温度低于其熔点进行安装。当所有的物料已被混合加入到一个罐中时，加工过程将在下一罐中重复进行。脱脂乳/脂肪混合物由供料泵8从满载的混料罐中送往一个双联过滤器9，滤去所有外来物质如绳子或袋子。在板式热交换器10中被预热后，产品泵入均质机12，在此脂肪球被完全分散。在混粉操作过程中，产品吸入大量的空气，这些空气会导致在巴氏消毒器上产生糊片以及均质不佳问题，可在均质前的生产线上加上一个真空脱气罐11以减少这些问题，产品被预热到比均质温度高7～8℃的温度，然后在脱气罐中闪蒸。在板式热交换器10中均质乳被巴氏杀菌并冷却，随后泵入贮罐13或直接包装。

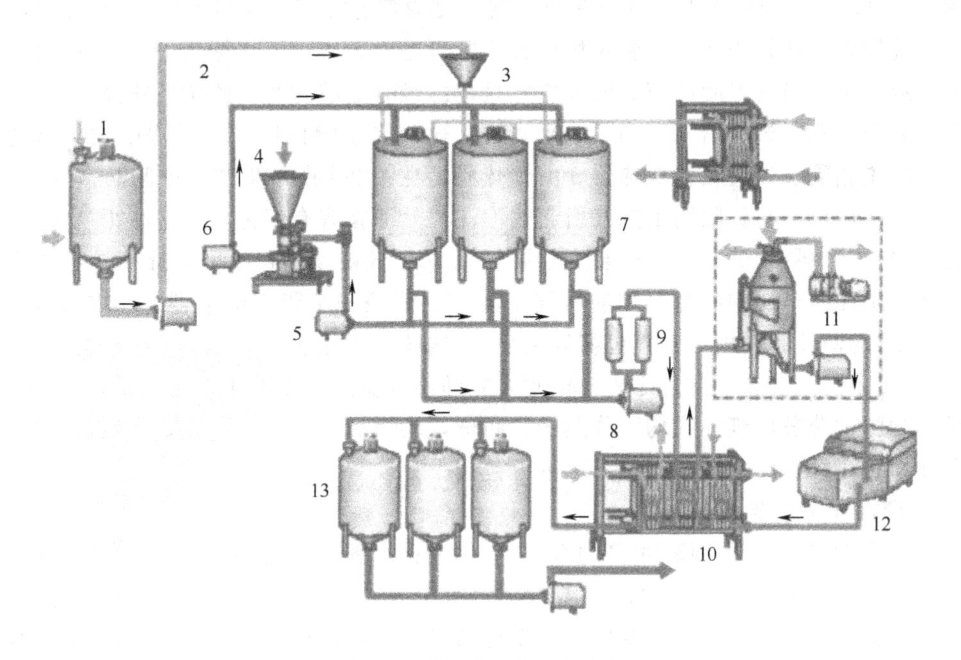

图 3-3　再制乳生产工艺流程

1—脂肪罐；2—脂肪保温管；3—脂肪称重漏斗；4—带有高速混料器的漏斗；5—循环泵；6—增压泵；7—混料罐；8—排料泵；9—过滤器；10—板式热交换器；11—真空脱气罐（可选）；12—均质机；13—贮罐

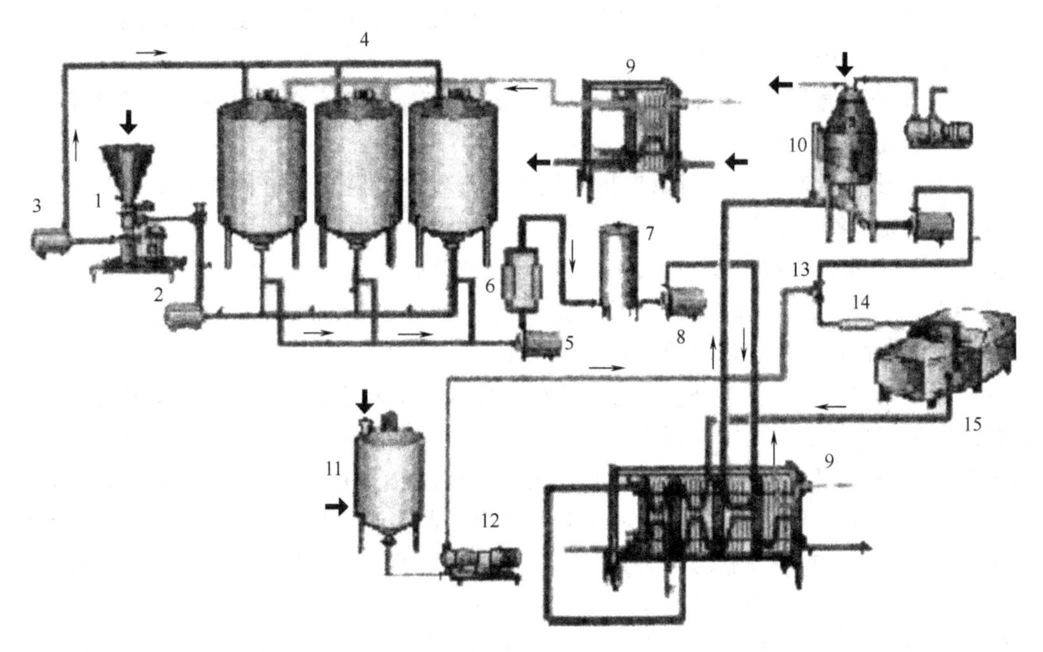

图 3-4　带有管线脂肪混合的再制乳装置

1—高速混合器漏斗；2—循环泵；3—增压泵；4—混料泵；5—排料泵；6—过滤器；7—平衡罐；8—供料泵；9—板式热交换器；10—真空脱气罐；11—脂肪罐；12—正位移计量泵；13—脂肪喷射器；14—管线混合器；15—均质机

图3-4为带有管线脂肪混合的再制奶装置，复原部分加工过程与上述相同，罐内液体循环，脱脂乳粉在循环管中混合，乳粉供应方式既可是人力也可以机械化进行，这决定于生产能力和当地要求。当混料罐已充满内容物并且也已经有足够时间使脱脂乳粉充分水合，复原脱脂乳由泵经过双联过滤器6送到一个平衡罐，这一平衡罐保证加工过程中物料流速稳定。供料泵8将脱脂乳泵送过板式换热器9的预热段，在图3-4所示生产线中脂肪被加入到混料罐，脂肪虽然可以消泡，限制由空气引起的泡沫，然而在现有工艺下，泡沫很严重，所以最好在生产线上换热器预热段9后安装真空脱气罐10，乳被预热到比均质所需温度约高8℃的温度，随后奶在脱气罐中闪蒸。如前所述，乳随后流经一个脂肪喷射器13，在此，来自脂肪融化罐11的液体脂肪由一个正位移计量泵12连续定量地注入流体中，在注射器下游的管线混合器14中完全混合。混合之后，再制乳立即连续流到一个高生产能力的均质机15，在均质机中脂肪被分散成细小、均一分散的脂肪球，均质后液体返回到板式换热器9进行巴氏消毒和冷却。离开巴氏杀菌器的奶即可进行包装了。

3. 生产操作工艺要点

(1) 水粉的混合　再制乳生产过程中，应注意水粉混合温度和混合时间。在水温从10℃增加至50℃的过程中，乳粉的润湿性随之上升，在温度从50℃增至100℃过程中，润湿度不再增加且有可能下降。低温处理乳粉更易于溶解，在这对于蛋白回复到其一般的水合状态是很重要的，这一过程在40～50℃条件下至少需20min。一般情况下，新鲜的、高质量乳粉所需水合的时间短。水合时间不充足将导致最终产品带有“粉笔末”缺陷。操作要点有以下几项。

① 乳粉溶解时水温40～50℃，等到完全溶解后，停止搅拌，静置水合温度最好控制在30℃左右，水合时间不得少于2h，最好6h。在此温度下乳粉的润湿度最高，同时最有利于蛋白质回复到其一般的水合状态。

② 尽量避免低温长时间水合（6℃、12～14h），否则产品水合效果不好。且低温可导致再制乳中的空气含量过高。

③ 尽量减少泡沫产生，利用脱气装置脱去多余气泡。泵和管道连接处不能有泄漏，搅拌器的桨叶要完全浸没于乳中。

④ 在再制乳水合没有彻底完成之前，不应添加脂肪。

⑤ 水粉充分混合能改进成品乳的外观、口感、风味，还能减少杀菌中的结垢。时间的长短，可根据生产设备配置情况而定，一般要求30min以上。

(2) 添加无水黄油　在再制乳水合没有彻底完成之前不应添入脂肪，应避免在向水中加入乳粉的同时或之前加入乳脂，因为这样会导致加工问题并影响产品质量。通常添加一种乳化剂将有利于提高乳脂的乳化性。当乳脂加入到混料罐的乳中时必须很充分地加以搅拌，通常使用高剪切率搅拌器，以保证在产品被泵入巴氏杀菌器时产品的组分很均一，即使系统中具有均质设备，在进料中使脂肪均匀分散也是非常重要的。再制稀奶油可由脱脂乳粉或乳酪粉和无水脂肪加工生产，并保证约40%的脂肪含量，添加乳化剂和稳定剂可提高其稳定性。在连续操作中，融化了的脂肪在进入均质机之前常常先被计量后泵入管线，随后在批量或机械混料器中均匀混合。

无水黄油溶化后与脱脂乳混合有两种方法：即罐式混合法和管道式混合法。

① 罐式混合法。将已溶化好的无水黄油加入贮罐中，然后经泵加到混合罐中，重新开动搅拌器，使乳脂在脱脂乳中分散开来；用泵把混合后的乳从罐中吸出，经过双联过滤器，

把杂质及外来物滤出。

② 管道式混合法。基本过程与上式相同，只是脂肪不与脱脂乳在混合罐中混合，而是在管道中混合。经熔化后的无水黄油，通过一台精确的计量泵，连续地按比例与另一管中流过的脱脂乳相混合，再经管道混合器进行充分混合。

（3）预热均质 混合的脱脂乳和奶油必须均质，以使脂肪处于分散状态。鲜乳中的脂肪外包有球膜，保护脂肪呈稳定状态存在，而无水奶油在加工过程中失去了球膜，分散的脂肪容易再凝聚，因此要求均质后的脂肪球直径为1～2μm左右，并且应选择适宜的乳化剂。混合后的原料在热交换器中加热到60～65℃，打入均质机，常用的均质压力为15～23MPa。如果使用脱气机，考虑到脱气过程中的热损失，把过滤后的奶加热到比均质温度高7～8℃，脱气后进行均质。

再制乳中如含有过高含量的空气具有以下缺点：①发泡；②在巴氏杀菌器上焦化；③在均质机中产生空穴作用；④在发酵乳中导致乳清分离；⑤增加脂肪氧化的风险。由于再制过程中伴随发泡，混料罐的容积应比批量罐的容积略大20%，以避免泡沫从入孔逸出。

（4）杀菌、冷却、灌装 经均质的乳再在热交换器中进行杀菌，而后在另一段进行冷却、打入缓冲罐或直接灌装，或与鲜乳混合以提高乳香味再灌装。

三、再制乳的质量控制

1. 理想再制乳的特点

（1）安全性方面 ①使用时必须安全；②产品不能有涨包。

（2）功能性质方面 ①不允许奶油上浮；②不能够出现沉淀；③每一包的品质必须一致。

（3）感官方面 ①口感好；②无异味；③每次品尝时风味一致。

2. 再制乳的质量检测

为确保得到最佳品质的再制乳，应在生产中取样并检测某些参数。推荐使用以下检测程序。

① 每批产品都应检测乳的成分。测出乳脂及总固体含量后可根据要求调整。

② 应在显微镜下观察再制乳，以确保均质充分，尽量减少脂肪上浮。该项检测应在均质前后进行。每星期一次。

③ 在热处理前检测乳的微生物污染情况，如标准平板计数及大肠菌群数。此检测应在刚开机时、开机4h及8h后进行。如果生产超过8h，则8h后应每小时检测一次。

④ 应在热处理后立即对乳进行微生物污染检测，以确保热处理达到预期效果。微生物的检测项目及数量应和热处理前一样。

⑤ 最终产品应进行所有参数的检测，且样品检测结果应代表全天的生产情况。它可进一步确证先前生产过程中的检测结果。保存留置样品，以备有产品投诉情况出现时再行检测。还应在2个星期后、1个月后、2个月后、3个月后、4个月后及6个月后检测留置样品的各项参数，以证实产品保质期。出库产品的保质期测试每周进行一次即可。

3. 质量控制点

（1）选料 所选原料细菌数低。所选乳粉在热处理过程中嗜热孢子数应低于500个/g，嗜热菌数应低于5000个/g。同时注意所选乳粉本身应在生产中进行低热处理，以避免在还原乳生产时出现沉淀。

（2）混合

① 乳粉溶解时水温 40～50℃，等到完全溶解后停止搅拌器，静置水化时温度最好控制在 30℃左右。

② 水化时间不得少于 2h，最好 6h。

③ 尽量减少泡沫产生，利用脱气装置脱去多余气泡。

④ 泵和管道连接处不能有泄漏。

⑤ 搅拌器的刀刃要完全覆盖。

(3) 均质

① 使脂肪球膜均匀地包裹住脂肪球。

② 采用 15～20MPa 压力的两段均质。

③ 若为一般均质，压力为 18MPa。

④ 均质温度为 55℃。

(4) 热处理

① 若采用巴氏消毒，85℃、15s。

② 若采用 UHT 灭菌，138℃、3s。

③ 若采用灭菌（即保鲜再制乳），120℃、15s。

(5) 包装

① UHT 或灭菌处理的产品需要采用无菌包装。

② 至少要进行巴氏消毒，巴氏乳最好采用无菌包装。

第四节　超高温灭菌含乳饮料的加工

含乳饮料是指以新鲜牛乳为原料（含乳 30%以上），加入水与适量辅料如咖啡、可可、果汁和蔗糖等物质，经有效杀菌制成的具有相应风味的含乳饮料。市售含乳饮料通常分为两大类，即中性含乳饮料和酸性含乳饮料。

一、超高温灭菌中性含乳饮料

中性含乳饮料又称风味含乳饮料，一般以原料乳或乳粉为主要原料，然后加入水、糖、稳定剂、香精和色素等，经加热处理而制得。市场上常见的风味乳饮料有草莓乳、香蕉乳、咖啡乳、巧克力乳等产品，所采用的包装形式主要有无菌包装和塑料瓶包装。

1. 中性含乳饮料的加工工艺

中性含乳饮料的基本工艺流程如下。

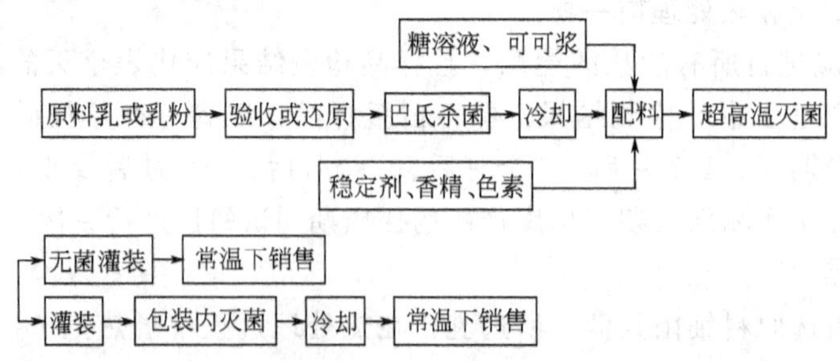

(1) 原料乳的验收　原料乳必须经过验收，符合标准后才能用于风味乳饮料的生产。一般原料乳酸度应小于 16°T，细菌总数量好应控制在 200cfu/ml 以内。对经过超高温处理的产品来说，还应控制芽孢数及耐热芽孢数。若生产中采用乳粉还原来生产风味乳饮料，牛乳也必须符合标准后方可使用；同时还应采用合适的设备来进行乳粉的还原。目前国内一般采用全脂乳粉来生产风味乳饮料。

（2）乳粉的还原 开始将水加热到 50～60℃，然后通过合适的乳粉还原设备进行还原。待乳粉完全溶解后，罐内的搅拌器停止操作，让乳粉在 50～60℃的水中保持 20～30min。

（3）巴氏杀菌 等原料乳检验完毕或乳粉还原以后，首先进行巴氏杀菌，然后将此乳液冷却至 4℃。这样做的好处是防备后面的加工过程出现问题。因为原料乳在此温度下仍可贮存一夜后于第二天再加工。但如果不进行巴氏杀菌和冷却，就会造成原料的巨大浪费。

（4）原料糖的处理 由于原料糖的质量参差不齐，因此为保证最终产品的质量，应先将糖溶解于热水中，然后者沸 15～20min，再经过滤后加入到原料乳中（产品配方设计中应考虑到糖处理时的加水量）。

（5）可可粉的预处理 由于可可粉中含有大量的芽孢，同时含有很多颗粒，因此为保证灭菌效果和改善产品的口感，首先将可可粉溶于热水中，制成可可浆，并经 85～95℃、20～30min 热处理，冷却后加入到牛乳中。因为当可可浆受热后，其中的芽孢菌因生长条件不利而变成芽孢；当其冷却后，这些芽孢又因生长条件有利而变成营养细胞，这样在以后的灭菌工序中就很容易杀灭。

（6）加稳定剂、香精与色素 对风味乳饮料来说，若采用高质量的原料乳为原料，可不加稳定剂。但目前大多数情况下是采用乳粉还原乳，因此必须使用稳定剂。稳定剂的溶解方法一般有以下几点。

① 在高速搅拌（2500～3000r/min）下，将稳定剂缓慢地加入冷水中溶解或将稳定剂溶于 80℃左右的热水中。

② 将稳定剂与其质量 5～10 倍的原料糖混合均匀，然后在正常的搅拌速度下加入到 80～90℃的热水中溶解。

③ 将稳定剂在正常的搅拌速度下加入到饱和糖溶液中（因为在正常的搅拌情况下它可均匀地分散于溶液中）。卡拉胶能与牛乳蛋白相结合形成网状结构，同时又能形成水凝胶，是悬浮可可粉颗粒的最佳稳定剂。

由于不同的香精对热的敏感程度不同，因此若采用二次灭菌，所使用的香精和色素应耐 121℃的温度；若采用超高温灭菌，所使用的香精和色素应耐 137～140℃的高温。操作中将所有的原辅料加入到配料缸中，低速搅拌 15～25min，以保证所有的物料混合均匀，尤其是稳定剂能够均匀地分散于乳中。

（7）灭菌 对超高温产品来说，灭菌温度通常采用 137℃、4s。对塑料瓶或其它包装的二次灭菌产品而言，常采用 121℃、15～20min 的灭菌条件。但超高温灭菌的可可（或巧克力）风味含乳饮料的灭菌强度较一般风味含乳饮料要强，常采用 139～142℃、4s。通常超高温灭菌系统中都有脱气和均质处理装置。脱气一般应放在均质前，主要是为了除去原料以及前处理过程中混入的空气，以免最终产品中因空气含量过高而影响到产品的感官特性、营养成分以及对均质阀头造成损坏。均质可放在灭菌前（顺流均质），也可放在灭菌后（逆流均质）。实际生产中，逆流均质产品的口感及稳定性较顺流均质要好，但操作比较麻烦，且操作不当易引起二次污染。脱气后含乳饮料的温度一般为 70～75℃，此时再进行均质，通常采用两段均质工艺，压力分别为 20MPa 和 5MPa。

（8）冷却 灭菌后产品应迅速冷却到 25℃以下，以保证产品中的稳定剂如卡拉胶起到应有的作用。

2. 中性含乳饮料标准

(1) 感官指标　应具有加入物相应的色泽和香味，质地均匀。无脂肪上浮，无蛋白颗粒，允许有少量加入物沉淀，无任何不良气味和滋味。

(2) 理化指标　应符合表3-9的规定。

(3) 卫生指标　应符合表3-10的规定。

表3-9　含乳饮料的理化指标

项　目	指　标	项　目	指　标
脂肪含量/%	≥1.0	铅(以Pb计)/(mg/L)	按GB 2759—1996执行
蛋白质含量/%	≥1.0	增稠剂	按GB 2760—1996执行
糖精含量/(g/L)	≤0.15		

表3-10　含乳饮料的微生物指标

项　目	指　标
细菌总数/(cfu/ml)	≤10000
大肠菌群(近似数)/(MPN/100ml)	≤40
致病菌(系指肠通致病菌及致病性球菌)	不得检出

3. 影响风味乳饮料质量的因素

(1) 原料乳质量　为生产高质量的风味乳饮料，必须使用高质量的原料乳，否则会出现许多质量问题。

① 原料乳中的蛋白质稳定性将直接影响到灭菌设备的运转情况和产品的保质期。蛋白质稳定性差，灭菌设备容易结垢，清洗次数增多，停机频繁，从而导致设备连续运转时间缩短、耗能增加及设备利用率降低。

② 如果原料中细菌总数含量高，其中的致病菌产生的毒素经灭菌后有可能会残留，从而影响到消费者的健康。

③ 若原料中的嗜冷菌数量过高，那么在贮藏过程中，这些细菌会产生非常耐热的酶类，灭菌后会仍有少量残余，从而导致产品在贮藏过程中组织状态方面发生变化。如表3-11所示为风味乳饮料所需原料乳的质量标准。

表3-11　风味乳饮料所需原料乳的质量标准

项　目	指　标	项　目	指　标
脂肪含量/%	≥3.10	汞含量/(mg/L)	≤0.01
蛋白含量/%	≥2.95	蛋白质稳定性	通过75%酒精试验
相对密度(24℃/4℃)	≥1.028	酸度/°T	≤16
酸度(以乳酸计)/%	≤0.144	冰点/℃	−0.59～−0.54
杂质含量/(mg/L)	≤4	体细胞数/(个/ml)	≤50万

(2) 香精、色素质量　香精、色素的选择取决于产品的热处理情况，尤其对于超高温灭菌产品来说，若选用不耐高温的香精、色素，生产出来的产品风味很差，而且可能影响产品应有的颜色。

二、超高温灭菌酸性含乳饮料

酸性含乳饮料按其加工工艺的不同，又可分为调配型酸性含乳饮料和发酵型乳酸菌饮料，其中发酵型乳酸菌饮料将在第四章第五节中介绍，以下主要介绍调配型乳酸饮料。

1. 调配型酸性含乳饮料的加工工艺

调配型酸性含乳饮料是指以原料乳或乳粉、糖、稳定剂、香精、色素等为原料，用乳酸、柠檬酸或果汁将牛乳的 pH 调整到酪蛋白的等电点（pH4.6）以下（一般为 pH3.7～4.2）而制成的一种含乳饮料。根据国家标准，这种饮料的蛋白质含量应大于 1%，因此它属于含乳饮料的一种。调配型酸性含乳饮料产品近来发展非常迅速，每年的增长速度几乎都在 20%以上。从目前来看，大多数调配型酸性含乳饮料均采用小塑料瓶包装，体积在 90～150ml 不等。由于这类包装产品通常都含有防腐剂，故产品的保质期一般可达六个月。根据人们对健康的要求，生产厂家大都在产品内强化了维生素 A、维生素 D 和钙，并将此类产品称之为 AD 钙奶。

包装于无菌包的调配型酸性含乳饮料采用高温瞬时巴氏杀菌，并采用无菌灌装形式。由于这类产品饮用方便、口感好且不含防腐剂，因此一上市即受到消费者的普遍欢迎。

（1）典型的调配型酸性含乳饮料的工艺流程　调配型酸性含乳饮料的工艺流程如下。

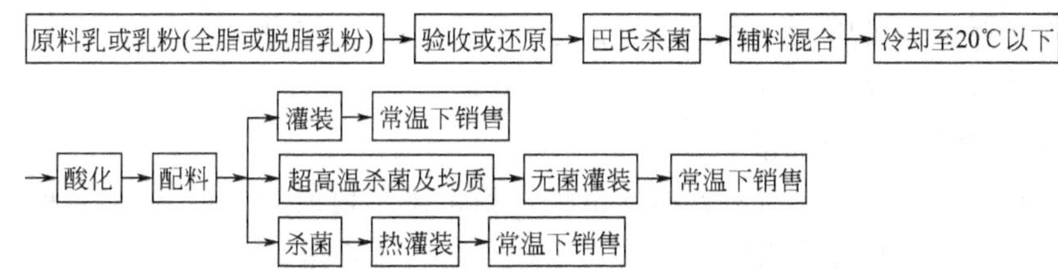

（2）加工过程中的操作要点

① 原辅料要求。原辅料采购进厂要符合软饮料原辅料 GB 10791—89 的要求，要严格保存，防潮防霉，严格控制微生物总量。复合乳化稳定剂的质量卫生应符合 GB 2760—1996 的要求；乳粉质量应符合 GB 5408—1999、GB 5410—1999、GB 5411—85 的要求；尽量用低温或中温乳粉，以增加热处理稳定性；其它添加物也要依照配方严格添加，以保证产品的总固形物含量及适口性。生产调配用水要用软化水或冷开水，以减少水中的微生物对品质的影响及水中钙镁离子对稳定的影响。

② 乳粉的还原。乳粉在高温下的溶解还原不易控制，很难达到理想的酸化过程。因此，在还原过程中用大约一半的水来溶解奶粉，使乳粉充分还原，同时尽可能地让水温低以便酸化。

③ 稳定剂的溶解。复合乳化稳定剂可与 5～10 倍的白糖混合后，加入到高速搅拌缸中（2500～3000r/min）与温水充分混溶；处理完全后全部的添加物一起混合，并降温到 20℃以下，以进入调酸工序。

④ 混合。白糖可用热水在化糖缸溶化，再经过滤后备用；将稳定剂溶液、糖浆等加入到巴氏杀菌乳中，混合均匀后，冷却至 20℃以下。

⑤ 酸化。酸化过程是决定产品品质的最重要的工序。酸味剂可以用柠檬酸、乳酸、苹果酸作酸味剂，乳酸生产出的产品质量最佳。

a. 酸化要在 20℃以下进行，以减少蛋白质的析出、脂肪上浮及沉淀的产生。

b. 酸化前，要将酸稀释为 10%或 20%的溶液，酸液浓度过高时，就很难保证牛乳与酸液的良好混合，从而使局部酸度偏差太大，导致局部蛋白质沉淀；也可在酸化前，将一些缓冲盐类如柠檬酸钠等加入到酸液中。

c. 酸化时要在一台带高速搅拌器（2500～3000r/min）的配料罐中进行，以保证整个酸化过程中酸液与牛乳能均匀地混合，而不会导致局部 pH 过低，产生蛋白质沉淀。

d. 酸化过程加酸过快可能导致局部牛乳与酸液混合不均匀，从而形成酪蛋白颗粒悬浮，因此整个调配过程加酸速度不宜过快。同时，酸液应缓慢地（以喷雾的方式）加入到配料罐中，以保证酸液能迅速、均匀地分散于牛乳中。加酸过快会使酸化过程形成的酪蛋白颗粒粗大，产品易产生沉淀。

e. 为保证酪蛋白颗粒的稳定性，在升温及均质前，应先将牛乳的 pH 降至 4.0 以下，这样远离蛋白质的等电点，其稳定性增加。

⑥ 配料。酸化过程结束后，将香精、色素等配料加入到酸化的牛乳中，同时对产品进行标准化。

⑦ 杀菌。由于调配型酸性含乳饮料的 pH 一般在 3.7～4.2，属于高酸食品，其杀灭的对象菌主要为霉菌和酵母，故采用高温短时的巴氏杀菌就可实现商业无菌。理论上来说，采用 95℃、30s 的杀菌条件即可，但考虑到各个工厂的卫生状况及操作条件的不同，大部分工厂对无菌包装的产品采用 105～115℃、15～30min 的杀菌条件。对包装于塑料瓶中的产品来说，通常在灌装后再采用 95～98℃、20～30min 杀菌。杀菌设备中一般都有脱气和均质处理装置，常用的两段均质压力为 20MPa 和 5MPa。

2. 调配型酸性含乳饮料标准

（1）感官指标　色泽呈均匀一致的乳白色，稍带微黄色或相应的果类色泽。口感细腻、甜度适中、酸而不涩，具有这饮料应有的滋味和气味，无异味。

（2）组织状态　呈乳浊状，均匀一致不分层，允许有少量沉淀，无气泡、无异味。

（3）理化指标　应符合表 3-12 的规定。

（4）微生物指标　应符合表 3-13 的规定。

表 3-12　酸性含乳饮料的理化指标

项　　目	指　　标	项　　目	指　　标
蛋白质含量/%	≥0.7	铅(以 Pb 计)/(mg/kg)	≤1.0
总固体含量/%	≥11	铜(以 Cu 计)/(mg/kg)	≤5.0
总糖(以蔗糖计)含量/%	≥10	脲酶试验	阴性
酸度/°T	40～90	食品添加剂	按 GB 2760—1996 规定
砷(以 As 计)/(mg/kg)	≤0.5		

表 3-13　酸性含乳饮料的微生物指标

项　　目	指　　标	项　　目	指　　标
细菌总数/(cfu/ml)	≤100	酵母数/(cfu/ml)	≤50
大肠菌群(近似数)/(MPN/100ml)	≤3	致病菌(系指肠通致病菌及致病性球菌)	不得检出
霉菌总数/(cfu/ml)	≤30		

3. 影响调配型酸性含乳饮料质量的因素

（1）原料乳及乳粉质量　要生产高质量的调配型酸性含乳饮料，必须使用高质量的乳粉或原粉乳。乳粉还原后蛋白质稳定性要好，乳粉的细菌总数应控制在 10000cfu/g。

（2）水的质量　调配时水的质量非常重要。若使用水的碱度过高，则会影响到饮料的口感，也易造成蛋白质沉淀、分层。

（3）稳定剂的种类和质量　此含乳饮料最适宜的稳定剂是果胶或其它稳定剂的混合物。考虑到实际生产的成本，所以常使用一些胶类稳定剂，如耐酸性羧甲基纤维素（CMC）、黄原胶和海藻酸丙二醇酯（PGA）等。在工厂生产中，两种或两种以上稳定剂混合使用比单一稳定剂的使用要好，使用量应根据酸度、蛋白质含量的增加而增加。

（4）酸的种类　调配型酸性含乳饮料可以使用柠檬酸、乳酸和苹果酸做酸味料，并以用乳酸生产出的产品质量为最佳，生产时一般采用柠檬酸与乳酸的混合酸溶液作酸味料。

【本章小结】

液态加工乳可分为杀菌乳和再制乳、超高温灭菌含乳饮料三种。液态加工乳的发展极大丰富了市场供应，解决了不同消费群的需求，为提高消费者的生活水平作出了贡献。杀菌乳可根据对原料乳灭菌的温度、杀菌持续时间等操作工艺的不同分为巴氏杀菌乳和灭菌乳。灭菌乳的加工经净化、均质、灭菌和无菌包装或包装后再进行灭菌的处理，在杀死所有微生物和耐热酶的情况下，使灭菌后的产品能较好的保持其中的营养成分，并能在室温下长期贮存。而所有再制乳加工的原理都几乎完全相同，最初是生产液态乳，但随后生产出再制炼乳和甜炼乳。现在，再制乳制品也包括了酸乳、黄油和干酪。经多年开发加工方法已由批量生产进入了规模化大生产的成熟系统阶段。

超高温灭菌含乳饮料通常分为两大类，即中性含乳饮料和酸性含乳饮料。中性含乳饮料以原料乳或乳粉为原料，加入水、糖、稳定剂、香精和色素等，经加热处理而制得，目前市场上常见的有草莓乳、香蕉乳、咖啡乳、巧克力乳等产品。超高温灭菌酸性含乳饮料又可分为调配型乳酸饮料和发酵型乳酸菌饮料，调配型乳酸饮料是以鲜乳或乳粉为原料，加入水、糖、酸味剂等调制而成。发酵型乳酸菌饮料是以鲜乳或乳粉为原料，经嗜热链球菌或保加利亚乳杆菌等发酵制得乳液，再加入水、糖等调制而成具有相应风味的活性或非活性产品。

【复习思考题】

1. 名词解释

超高温灭菌乳　再制乳　风味乳

2. 简述超高温（UHT）灭菌乳的加工工艺流程，在制作过程中应注意哪些问题？

3. 巴氏杀菌乳与超高温灭菌乳有何区别？各有何优势？

4. 市场上风味乳的种类主要有哪些？结合实践，试述如何扩大风味乳的消费市场。

5. 试处理2000kg含脂率3.8%的原料乳，要求标准化乳中脂肪含量为3.2%。若稀奶油脂肪含量为48%，问应提取稀奶油多少千克？若脱脂乳脂肪含量为0.4%，问应添加脱脂乳多少千克？

6. 简述低温长时杀菌与高温短时杀菌各有何优缺点？

7. 结合本章的学习，谈一谈你对液态加工乳发展前景的见解。

第四章　发酵乳加工技术

学习目标

1. 掌握发酵乳制品的概念。
2. 掌握发酵剂的概念、制备及贮藏方法。
3. 理解酸奶和发酵乳制品的形成机理，掌握其加工工艺和操作要点。
4. 了解发酵乳制品的质量标准，掌握发酵乳制品生产过程中的质量控制。

发酵乳制品主要包括酸乳和乳酸菌饮料（发酵型），被称为“人类身体健康的卫士”。其中酸乳是经过发酵并添加有活性乳酸菌的乳产品，现已经成为国际上广泛流行的发酵乳；而乳酸菌饮料则是一种含有乳酸菌的乳饮料。

第一节　酸乳概述

一、酸乳的定义

1977年，联合国粮农组织（FAO）、世界卫生组织（WHO）与国际乳品联合会（IDF）对酸乳的定义是，酸乳是指在添加（或不添加）乳粉（或脱脂乳粉）的乳中（杀菌乳、浓缩乳），经保加利亚杆菌和嗜热链球菌进行乳酸发酵而制成的凝乳状产品，成品中必须含有大量的、相应的活性微生物。

目前，因原料、菌种种类的变化，酸乳的概念也有了很大的变化。通常认为，酸乳（即酸奶）是以鲜乳（或乳粉）和白砂糖为主要原料，加入经特殊筛选的乳酸菌，在适宜温度下（30～40℃）发酵制成的含活性乳酸菌的乳产品。

目前，酸乳的品种日趋丰富，目前大约有四十余个品种，除了传统的酸牛乳之外，许多不同形态、不同风味、不同疗效的发酵乳制品层出不穷，并受到人们的青睐，如芦荟酸乳具有免疫调节、延缓衰老的功效等。此外，发酵乳制品的风味、包装也日趋差异化，具体表现为以下几点。

① 包装容量差异化。从适合儿童使用的50g到满足家庭需要的1000g不等；

② 包装材质多样化。有塑料、纸和玻璃等多种材质；

③ 包装形态多种多样。有各种形状的杯、盒、瓶、袋；新颖的字母杯等，给消费者更大的选择空间。

二、酸乳的分类

根据成品的组织状态、口味、原料乳的脂肪含量、生产工艺和菌种的组成，通常将酸乳分成不同种类。

1. 按成品的状态分类

（1）凝固型酸乳　凝固型酸乳是在包装容器中进行发酵的，成品呈凝乳状。我国传统的玻璃瓶和瓷瓶装的酸奶即属于此类型。

（2）搅拌型酸乳　搅拌型酸乳是将发酵后的凝乳在灌装前或灌装过程中搅碎，添加（或不添加）果料、果酱等制成的具有一定黏度的流体制品。

另外，国外有一种基本组成与搅拌型酸乳相似，但更稀且可直接饮用的制品称之为饮用酸乳。我国已有类似的饮用酸乳。

2. 按成品的风味分类

(1) 天然纯酸乳　天然纯酸乳由以牛乳或乳粉为原料，脱脂、部分脱脂或不脱脂，经发酵制成的产品，不含任何辅料和添加剂。

(2) 加糖酸乳　加糖酸乳是在原料乳中加入糖并经菌种发酵而成的。

(3) 调味酸乳　调味酸乳是以牛乳或乳粉为主料，脱脂、部分脱脂或不脱脂，添加食糖、调味剂等辅料，经发酵制成的产品。

(4) 果料酸乳　果料酸乳是以牛乳或乳粉为主料，脱脂、部分脱脂或不脱脂，添加天然果料等辅料，经发酵制成的产品。

(5) 复合型或营养型酸乳　这类酸乳通常强化了不同的营养素（维生素、食用纤维素等）或加入了不同的辅料（谷物、干果等），在西方国家非常流行，常作为早餐饮品。

3. 按原料中的脂肪含量分类

FAO/WHO 规定，全脂酸乳的含脂率为 3.0%，部分脱脂酸乳为 0.5%～3.0%，脱脂酸乳为 0.5%，酸乳中非脂乳固体含量为 8.2%。

有些国家还有一种高脂酸乳，其脂肪含量一般在 7.5%左右，例如法国的“希腊酸乳”就属于这一类。

4. 按发酵后的加工工艺分类

(1) 浓缩酸乳　浓缩酸乳是将一般酸乳中的部分乳清除去而得到的浓缩产品，因其除去乳清的方式与干酪类似，故又称为酸乳干酪。

(2) 冷冻酸乳　冷冻酸乳是在酸乳中加入果料、增稠剂或乳化剂，然后进行凝冻处理而得到的产品，所以又称为酸奶冰淇淋。

(3) 充气酸乳　充气酸乳是酸乳中加入稳定剂和起泡剂（通常是碳酸盐）后，经均质处理而成的酸乳饮料。

(4) 酸乳粉　酸乳粉是在酸乳中加入淀粉或其它水解胶体后，经冷冻干燥或喷雾干燥加工而成的粉状产品。

5. 按菌种分类

(1) 普通酸乳　通常指仅用保加利亚乳杆菌和嗜热链球菌发酵而成的产品。

(2) 双歧杆菌酸乳　内含双歧杆菌，如法国的“Bio”，日本的“Mil-Mil”等。

(3) 嗜酸乳杆菌酸乳　内含嗜酸乳杆菌。

(4) 干酪乳杆菌酸乳　内含干酪乳杆菌。

第二节　酸乳加工所用原料

一、原料奶

生产酸乳通常选用符合质量要求的新鲜乳、脱脂乳或再制乳作为原料，且质量要求较高：全乳固体含量不得低于 11.5%；酸度要控制在 18°T 以下；含细菌数要低，杂菌数不得高于 500000cfu/ml；并且不含有抗生素、噬菌体、清洗液和消毒剂等抗菌物质。

乳酸菌对抗生素极为敏感。试验证明，原料乳中含微量青霉素（0.01IU/ml）时，对乳酸菌便有明显抑制作用，导致发酵失败。如果使用乳房炎乳，由于其白细胞含量较高，会对乳酸菌产生一定的吞噬作用。

二、奶粉

酸乳生产用乳粉一般包括全脂和脱脂两大类，要求质量高、无抗生素和防腐剂。

全脂乳粉多用于复原乳的调制；脱脂奶粉多用于提高干物质含量。为改善产品组织状态，促进乳酸菌产酸，一般添加量为1％～1.5％。

三、甜味剂

我国消费者更喜欢又酸又甜的酸乳，因此加糖调味酸乳有较大的市场。在生产酸乳时，往往加入以蔗糖为主的甜味剂，蔗糖的加入量一般为5％～8％。

适量的蔗糖对菌株产酸是有益的，而且还能改善风味，降低生产成本，但加糖过多，不仅会抑制乳酸菌产酸，而且增加生产成本。

实验表明，加糖量控制在5.7％～7.4％时，酸乳的口感比较好。在7.4％时，口感更好。

四、发酵剂菌种

1. 传统菌种

许多国家明文规定，酸乳仅适合于用保加利亚乳杆菌和嗜热链球菌两种菌发酵制得。比如中国，在1998国家标准修订中就明确提出，酸乳是由保加利亚乳杆菌或嗜热链球菌发酵而成的乳制品。

2. 其它菌种

除了保加利亚乳杆菌和嗜热链球菌这两种传统菌种外，目前，一些具有特殊功能的菌种也正逐渐应用于酸乳的生产，如乳脂明串珠菌、丁二酮乳酸链球菌和双乙酰链球菌等产香菌种；双歧杆菌、谢氏丙酸杆菌（产维生素B_{12}）等产维生素的菌种；及具有保健作用的双歧杆菌、干酪杆菌、嗜酸乳杆菌等菌种。

如果同时使用了第三种菌，发酵后所得产品在法国、美国、巴西、墨西哥、比利时、西班牙、意大利、荷兰和韩国等国就不能叫酸乳而只能称作发酵乳。在英国，酸乳必须使用保加利亚乳杆菌，其它菌种的使用不会影响酸乳的名称；而澳大利亚规定必须使用嗜热链球菌。在日本，生产酸乳时可以使用各种乳酸菌和某些酵母菌。

五、果蔬料

在凝固型酸乳中很少使用果蔬料。在搅拌型酸乳中常常使用果料、蔬菜等营养风味辅料，如果酱等。使用时，应对果料进行恰当的处理，如果料的杀菌和护色等。

果料的杀菌是十分重要的。对带固体颗粒的水果或浆果进行巴氏杀菌，其杀菌温度应控制在能抑制一切有生长能力的细菌，而又不影响果料的风味和质地的范围内。

为了保持果料固有的色泽，对果料进行适当的护色处理也很有必要。

六、添加剂

在搅拌型酸乳生产中，通常添加稳定剂。常用的稳定剂有明胶、果胶和琼脂，其添加量应控制在0.1％～0.5％。添加稳定剂可提高酸乳稠度、黏度，并有助于防止酸乳中乳清析出。

第三节　发酵剂制备

无论对酸乳还是其它发酵乳制品来说，优质发酵剂都是生产优质产品的关键因素。发酵剂的主要作用有：进行乳酸发酵，分解糖产生乳酸；产生挥发性风味物质丁二酮、乙醛等，使产品具有典型的风味；对脂肪、蛋白质的降解具有一定作用，能提高产品的消化吸收率等。

一、酸乳的发酵剂菌种

1. 菌种形状及其它特征

酸乳常用菌种的形状和特征见表 4-1。

表 4-1　酸乳发酵剂菌种的形状及其特征

特　征		嗜热链球菌	保加利亚乳杆菌
形状		菌体细胞呈圆形或卵圆形，直径 0.7～0.9μm，为双链或长链状，在酸性介质和高温下生长呈长链	菌体细胞呈细杆状，宽 0.8～0.9μm，长 4～6μm，为单杆状或分节链状，久存呈颗粒状或长链状
革兰氏反应		+	−
过氧化物酶		−	−
发酵		同型乳酸发酵	同型乳酸发酵
生长	<20℃	−	−
	<45℃	+	+
	2%NaCl	+(2.5%)	+
	4%NaCl	−	−
	脲酶	+	−
	精氨酸	−	−
	在乳中酸度	0.7%～1.0%	1.8%
	60℃、30min	能存活	不能存活
产酸	葡萄糖	+	+
	半乳糖	+	−
	乳糖	+	+
	蔗糖	+	−
	麦芽糖	±	−
	异构糖	+	+
	黏多糖	+	+

2. 酸乳发酵剂菌种的共生作用

酸乳生产中常用保加利亚乳杆菌与嗜热链球菌组成的混合发酵剂，其比例通常为 1∶1，但由于菌种生产单位不同，杆菌与球菌的活力也不同，在使用时其配比应灵活掌握。

根据国内外的研究，使用单一发酵剂时产品的口感往往较差，两种或两种以上的发酵剂混合使用能产生良好的效果。

此外，混合发酵剂还可缩短发酵时间。研究证明，单一使用保加利亚乳杆菌或嗜热链球菌发酵乳，发酵时间都在 10h 以上；而两种菌种混合使用，在 45～50℃的温度下发酵 2～3h 即可。这说明保加利亚乳杆菌和嗜热链球菌之间存在共生现象，如图 4-1 所示。

保加利亚乳杆菌在发酵初期能分解蛋白质形成氨基酸（主要是缬氨酸）和多肽，它们是链球菌生长的基本因素，能促进嗜热链球菌的生长；而嗜热链球菌生长过程中产生的 CO_2 和甲酸又能刺激保加利亚乳杆菌的生长。

所以，嗜热链球菌发酵初期生长快，1h 后，与保加利亚乳杆菌的比例为（3～4）∶1；随后，嗜热链球菌受乳酸抑制减慢生长，保加利亚乳杆菌的数量逐渐与嗜热链球菌数量接近。

二、发酵剂的概念和种类

1. 发酵剂的概念

发酵剂是制作发酵乳制品的特定微生物的培养物，内含一种或多种活性微生物。

（1）商品发酵剂　又称乳酸菌纯培养物，一般指所购得的原始菌种。

（2）母发酵剂　是商品发酵剂的初级活化产物。

（3）中间发酵剂　是母发酵剂的活化产物，也是发酵剂生产的中间环节。

（4）工作发酵剂　又称生产发酵剂，能直接应用于实际生产。

2. 发酵剂的种类

（1）根据其中微生物的种类分类　发酵剂可以分为混合发酵剂和单一发酵剂。

① 混合发酵剂。是由两种或两种以上的菌种按照一定比例混合而成，如酸乳用传统发酵剂就是由保加利亚乳杆菌和嗜热链球菌以 1∶1 或 1∶2 的比例混合而成的，两种菌种的比例保持相对稳定，一般杆菌的比例较小，否则产酸太强。

② 单一发酵剂。是指只含一种微生物的发酵剂。使用时，先单独活化，然后再与其它种类的菌种按比例混合使用。

单一发酵剂的优点有很多，一是容易继代，且便于保持、调整不同菌种的使用比例；二是在实际生产中便于更换菌株，特别是在引入新型菌株时非常方便；三是便于进行选择性继代，如在果味酸乳生产中，可以先接种球菌，一段时间后再接种杆菌；四是能减弱菌株之间的共生作用，从而减慢产酸的速度；最后，单一菌种在冷藏条件下容易保持性状，液态母发酵剂甚至可以数周活化一次。

（2）根据发酵剂的物理形态分类　可分为液态发酵剂、冷冻发酵剂、粉末状直投式发酵剂。

① 液态酸乳发酵剂。价格比较便宜，但由于品质不稳定且易受污染，已经逐渐被大型酸乳厂家所淘汰，只有一些中小型酸乳工厂还在联合一些大学或研究所进行生产。

② 冷冻酸乳发酵剂。价格比直投式酸乳发酵剂便宜，菌种活力较高，活化时间也较短，但是运输和贮藏过程中都需要－55～－45℃左右的特殊环境条件，费用比较高，使用的广泛性受到限制。

③ 直投式酸乳发酵剂。是指一系列高度浓缩和标准化的冷冻干燥发酵剂菌种，多呈粉末状，不仅可以直接投入到发酵罐中生产酸乳，而且贮藏在普通冰箱中即可，运输成本和贮藏成本都很低，其使用过程中的方便性、低成本性和品质稳定性特别突出。

三、发酵剂的选择和制备

（一）发酵剂的选择

发酵剂在酸乳生产过程中的作用非常重要，是酸乳产品产酸和产香的基础和主要原因。酸乳质量的好坏主要取决于酸乳发酵剂的品质、类型及活力。过去，厂家主要根据工艺要求选择酸乳发酵剂，产酸快、凝固好、能产生强酸乳风味的发酵剂是生产厂家的首选，不过当时也只有为数不多的酸乳发酵剂可供厂家选购；现在，厂家一般要首先考虑顾客的喜好，然后再根据酸奶产品的风味特征、口感、黏稠度、产品类型等进行选择，目前已经有数十种酸乳发酵剂可供生产厂家灵活选择。

根据酸乳健康化、嗜好化的发展趋势，酸乳发酵剂正朝着使用方便、低后酸化、嗜好化和健康功能化的方向发展。而可生产个性化、温和可口、顺滑稠厚、有益健康的酸乳品种的，产酸较快、质量稳定、使用方便、价格适中的直投式酸乳发酵剂更是生产厂家的需要和追求，也是酸乳发酵剂的发展趋势。

以前，我国中小型乳品加工企业生产酸乳时大多采用继代式酸乳发酵剂，由于存在传代过程中的污染及各种菌种比例失衡等原因，所以酸乳产品质量较差。1997 年以后，我国的酸乳企业开始使用国外进口的直投式酸乳发酵剂。直投式酸乳发酵剂具有质量稳定、生产易行等特点，现在已被我国大多数大型乳品企业采用，但进口的直投式酸乳发酵剂成本较高（每吨产品发酵剂的成本在 200 元以上），所以限制了它们在中小型乳品企业的使用。

直投式酸乳发酵剂的生产过程涉及到两个关键技术：增加菌液的浓缩程度和减少干燥致死数量。目前我国在这两方面的技术尚不够先进，所以还不能够生产直投式酸乳发酵剂。

（二）发酵剂的制备

本书主要介绍继代式酸乳发酵剂的制备。继代式酸乳发酵剂就是传统意义上的普通酸乳发酵剂。普通酸乳发酵剂在制备时，需要在酸乳生产厂家单独设菌种生产车间，以完成以下工艺过程。

纯菌 → 活化 → 扩大繁殖 → 母发酵剂 → 中间发酵剂 → 工作发酵剂

1. 培养基的选择与制备

（1）培养基的选择　要选用优质、无抗生素残留的脱脂乳粉或全脂乳。培养基中干物质含量为 10%～12%。母发酵剂和中间发酵剂的培养基最好不用全脂乳，因为其中存在的游离脂肪酸能抑制菌种增殖；工作发酵剂所用的培养基最好与生产酸乳所用原料相同，如原料是全脂乳，则生产发酵剂也要用全脂乳，以保证发酵过程的顺利进行。

（2）培养基的制备

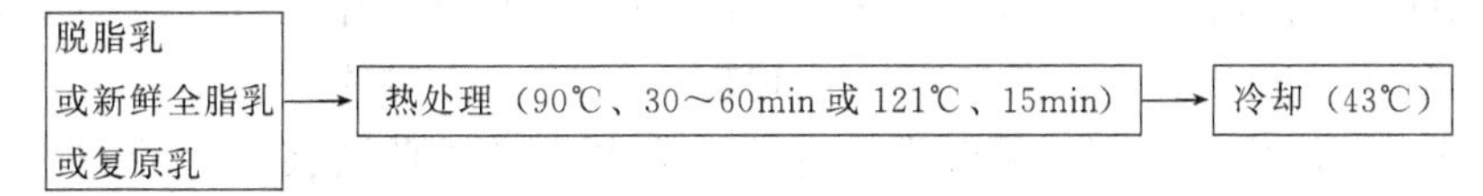

培养基经过热处理后，其中的噬菌体被破坏、抑菌物质被消除、溶解的氧气被排除、原有的微生物被杀死，同时，培养基中的蛋白质在热的作用下发生了一些分解。这些都为菌种的生长创造了条件。

2. 发酵剂的制备

发酵剂的活化和培养步骤见图 4-1。

（1）菌种的复活和保存　购买的纯菌种培养物通常都装在试管或安瓿中，由于存放时间长，菌种的活力较弱，通过多次传代，可恢复活力。

① 移取菌种。先将装菌种的试管口用火焰灭菌，然后打开棉塞，用灭菌吸管从试管底部吸取 1～2ml 纯培养物，立即移入预先准备好的灭菌培养基中。该操作要在无菌的条件进行，以防止杂菌污染。

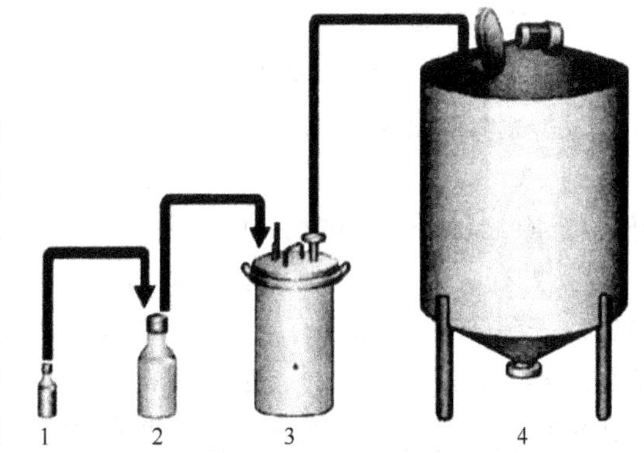

图 4-1　发酵剂的活化和培养步骤
1—商品菌种；2—母发酵剂；3—中间发酵剂；4—生产发酵剂

② 保温培养。根据采用菌的生理特性，

保温培养至凝固。

③ 充分活化。取出1～2ml上述凝固物，按上述方法移入灭菌培养基中保温培养。反复数次使乳酸菌充分活化。

将凝固后的菌种保存于0～5℃冰箱中，每隔2周移植一次。

(2) 中间发酵剂和工作发酵剂的制备　一般包括如下步骤。

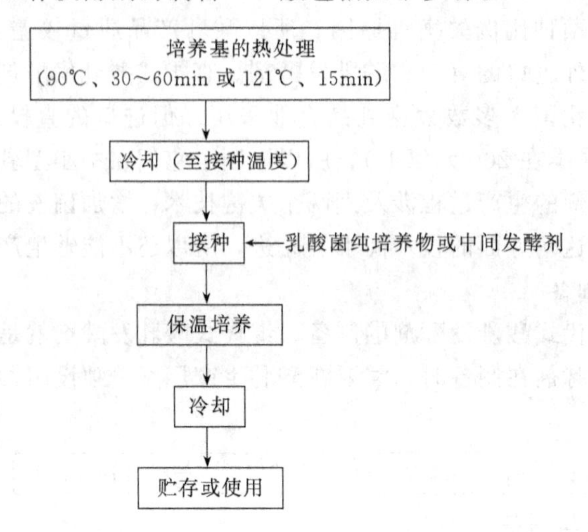

① 冷却至接种温度。将杀菌后的培养基冷却到接种温度。接种温度根据所使用的发酵剂类型确定。可以按照商品发酵剂生产推荐的温度，也可以根据经验决定最适温度。

② 接种。培养基冷却到所需温度后，就可以加入定量的菌种。接种量要根据实际生产进行确定，而且接种要在无菌条件下进行操作。

③ 保温培养。培养时间由发酵剂中微生物类型、接种量等决定，一般为3～20h。培养过程中要严格控制培养温度。发酵剂中球菌和杆菌的比例对培养温度有一定的影响，二者比例为4∶1时温度要控制在40℃左右，2∶1时是45℃，1∶1时约为43℃。

菌种在这个阶段快速增殖，同时发酵糖产生乳酸；产香菌还会产生芳香物质，如丁二酮、乙醛等。乙醛是酸乳中风味物质的主要部分，保加利亚乳杆菌产乙醛的能力比较强。嗜热链球菌和保加利亚乳杆菌的共生作用能影响乙醛的产生。一般，酸乳的pH达到5时才有明显的乙醛产生；pH为4.2时，乙醛含量最高。当乙醛含量为23～41mg/kg及pH4.4～4.0时，酸乳的香味和风味最佳。

④ 冷却。当发酵剂达到预定酸度后要及时进行冷却，冷却可以阻止细菌继续生长，以保证发酵剂具有较高的活力。如发酵剂能在6h之内使用，冷却到10～20℃即可，否则需要冷却到5℃以下。在实际生产中，尤其是大规模生产时，为了能用到活力较强的发酵剂，最好每隔4h制备一次发酵剂，既有利于安排生产，也能保证酸乳成品的质量。

⑤ 贮存。为了更好地保存发酵剂的活力，对贮存方法已经进行了大量的研究工作。用液氮冷冻到－160℃来保存发酵剂，效果很好，而且在适当的温度下还能保存很长时间，如浓缩发酵剂、深冻发酵剂、冻干发酵剂等。深冻发酵剂比冻干发酵剂需要更低的贮存温度，而且最好用装有干冰的绝热塑料盒包装运输，时间不能超过12h；而冻干发酵剂在20℃条件下运输10d也不会缩短保质期，但是，购买者接到货后最好在建议的温度下贮存。

(3) 典型的发酵剂无菌生产系统　如图4-2和图4-3所示。

① 传统的母发酵剂是用一个带膜盖的100ml瓶子进行制作的。

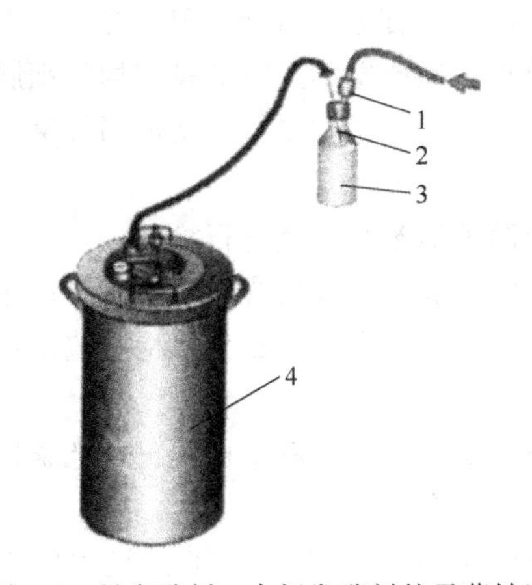

图 4-2 母发酵剂、中间发酵剂的无菌转送

1—无菌过滤器；2—无菌注射器；3—母发酵剂瓶子；4—中间发酵剂容器

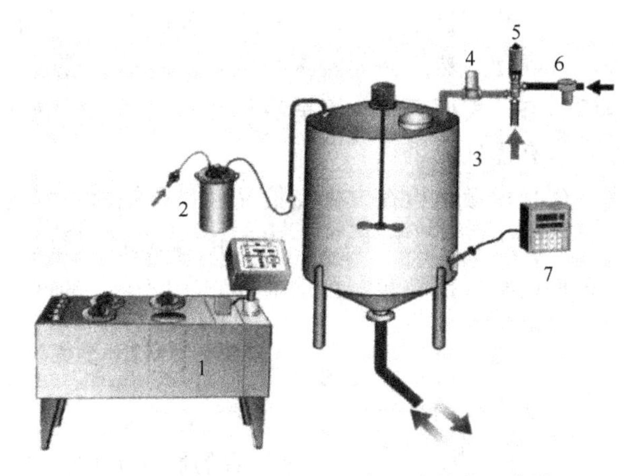

图 4-3 从中间发酵剂到生产发酵剂的无菌转运

1—培养器；2—中间发酵剂容器；3—生产发酵剂；4—HEPA过滤器；5—气阀；6—蒸汽过滤阀；7—pH 测定仪

② 把脱脂乳装进瓶子中，高压灭菌后冷却到接种温度。

③ 用灭菌注射器把主发酵剂注入带膜盖的瓶子中。

④ 培养、冷却后再把制得的母发酵剂接种到脱脂乳中做中间发酵剂。

⑤ 培养一段时间后冷却到 10～12℃，然后用过滤空气将中间发酵剂通过软管转移到生产发酵罐中。过滤空气用的是灭菌高效微粒空气（HEPA）过滤器。

制备生产发酵剂时，一般需要用两个罐循环使用，其中一个罐做的是当天要使用的发酵剂，另一个用来做第二天使用的发酵剂。发酵罐应该是无菌的，且安装有完整、固定的 pH 计；发酵罐要有良好的密封性，而且还能承受一定的负压和高压；发酵罐应该安装 HEPA 过滤器，以防止罐或罐中培养基冷却时吸入空气从而污染发酵剂。

四、发酵剂的活力影响因素及质量控制

1. 影响发酵剂活力的因素

(1) 天然抑制物　牛乳中存在抑菌素、凝聚素、溶菌酶等抑菌因子，它们能增强牛犊的抗感染能力和疾病抵抗力，同时对菌种产生一定的抑制作用。但是这些抑菌物质一般对热不稳定，加热处理后即被破坏。

(2) 抗生素残留　患病乳牛用抗生素药物治疗后，在一定时间内（3～5d 或 7d 以上）乳中会有抗生素残留。残留的抗生素对发酵剂菌种会产生很强的抑制作用，从而影响发酵剂的活力。

(3) 噬菌体　噬菌体的侵袭对发酵乳的生产是致命的，通常表现为发酵时间延长，产品酸度低，产生不愉快的味道，甚至导致发酵失败。

(4) 清洗剂及杀菌剂的残留　清洗剂和杀菌剂是乳品厂用来清洗和杀菌的化学物品，这些物质对发酵剂菌种有抑制作用，所以会影响发酵剂的活力。

清洗剂及杀菌剂在发酵乳中的污染主要来自人为工作的失误或就地清洗系统循环的失控。在实践中，清洗程序的设定应该能保证彻底去除发酵剂罐及管道内可能残留的化学制品溶液。

2. 发酵剂的质量控制

发酵剂在发酵乳中的作用取决于发酵剂的纯度和活力，质量控制的方法如下。

(1) 感官检验　应该首先检查发酵剂的组织状态、色泽及有无乳清分离现象等，其次检查凝乳硬度，然后品尝酸味和风味，看是否有苦味和异味。优质发酵剂应该具有均匀细腻的组织状态，表面光滑，无龟裂、无裂纹、无气泡和乳清分离等现象，凝块硬度适当，富有弹性，具有优良的风味。

(2) 显微镜检查　用高倍光学显微镜对发酵剂中的菌种形态与比例进行检查。

(3) 污染程度的检查　用催化酶试验可检验发酵剂的纯度，阳性反应是污染所致；用大肠菌群试验可检测粪便污染情况；乳酸菌发酵剂中不允许检测出酵母或霉菌；检查噬菌体污染情况等。

(4) 活力检查　使用前要对发酵剂的活力进行检查，从发酵剂的酸生成状况或色素还原进行判断。常用的测定活力的方法有酸度测定和刃天青还原实验两种。

① 酸度测定。在灭菌冷却后的脱脂乳中加入3%的发酵剂，并在37.8℃的恒温箱下培养3.5h，然后测定其酸度，若滴定乳酸度达0.8%以上，认为其活力良好。

② 刃天青还原实验。在9ml脱脂乳中加入1ml发酵剂和0.005%刃天青溶剂1ml，在36.7℃的恒温箱中培养35min以上，如完全褪色则表示发酵剂活力良好。

(5) 设备、容器的检查　对发酵剂所用设备、容器进行定期涂抹检验以判断清洗效果和车间的卫生状况。

第四节　酸乳的加工

原料乳经过乳酸菌发酵，其中的糖类被发酵成乳酸，乳的pH值随之下降，当到达酪蛋白的等电点时，乳就形成凝胶状态。目前酸乳主要有两种类型：凝固型酸乳和搅拌型酸乳。

凝固酸乳是在接种生产发酵剂后，立即进行包装，并在包装容器内发酵、成熟。

搅拌型酸乳是在发酵罐中接种和培养后，在无菌条件下进行分装、冷却。

一、酸乳的加工工艺

酸乳品种因使用的原料和发酵剂的微生物种类不同而异。但是其生产工艺基本相似。一般是将活化好的菌种（生产发酵剂）按一定的比例加入到杀菌后的乳中，经发酵后制成酸乳及其制品。

1. 原料乳验收

生产酸乳所用的原料乳必须新鲜、优质，酸度不高于18°T，总乳固体含量不低于12%。研究表明，乳固体为11.1%～11.8%的原料乳可以生产出品质较好的酸乳。如果乳固体含量低，在配料的时候可添加适量的乳粉，以促进凝乳的形成。原料乳中不得含有抗菌素、杀菌剂、洗涤剂、噬菌体等阻碍因子，否则会抑制乳酸菌的生长，使发酵难以进行。

2. 配料与标准化

原料牛乳中的干物质含量对酸乳质量颇为重要，尤其是酪蛋白和乳清蛋白的含量，可提高酸凝乳的硬度，减少乳清析出。

为了增加干物质含量，可以采用减压蒸发浓缩、反渗透浓缩、超滤浓缩等方法，将牛乳中水分蒸发10%～20%，相当于干物质增加了1.5%～3%；也可以采用添加浓汁牛乳（如炼乳、牦牛乳或水牛乳等）或脱脂乳粉（添加量一般为1%～1.5%）的方法，以促进发酵凝固。

在乳源有限的条件下，可以用脱脂乳粉、全脂乳粉、无水奶油为原料，根据原料乳的化学组成，用水进行调配和复原成液态乳。

混料温度一般控制在10℃以下，混料水合时间一般不低于30min，通常在1.5～3h之间。

3. 原料乳的预处理

原来乳的预处理过程包括混合料的均质、杀菌、冷却和接种发酵剂等，详见下文“原料乳预处理”相关内容。

4. 保温培养（或保温发酵）

混合料经过预处理后，须在适宜的条件下进行保温培养。乳酸菌的发酵过程是牛乳组分进行物理、化学、生物化学的一系列反应过程，主要表现在：蛋白质、脂肪发生轻度水解，使肽、游离氨基酸、游离脂肪酸增加；乳糖产生乳酸和半乳酸，并产生乙醛、双乙酰等典型的风味成分，同时形成圆润、黏稠、均一的软质凝乳。

发酵温度一般控制在40～45℃，培养2～5h。

5. 冷却与后熟

为了终止发酵过程，使酸乳的质地、口感、风味、酸度等达到所设定的要求，避免后酸化，必须及时冷却到10℃以下，一般控制在3～5℃，5℃是霉菌和酵母菌生长的下限。

保加利亚乳杆菌与嗜热链球菌的最低生长温度分别为22℃和20℃，当温度降至10℃以下时，乳酸菌的生长活力就很有限。而在5℃左右时，酸乳的酸度变化就很微小。在冷却过程中必须尽量缩短产品的冷却时间。

冷却后的酸乳要在2～7℃的冷库中，保存12～24h方可出库，该过程被称为酸乳的冷藏和后熟。期间，酸乳中的酸度仍会有所上升，同时风味成分—双乙酰含量会增加。试验表明，冷却24h时双乙酰含量达到最高，超过24h又会减少。

注意，在发酵和冷却的过程中要防止震动，以避免破坏产品的凝乳状态。

二、原料乳预处理

在生产发酵乳制品时，原料乳的一般预处理见图4-4。

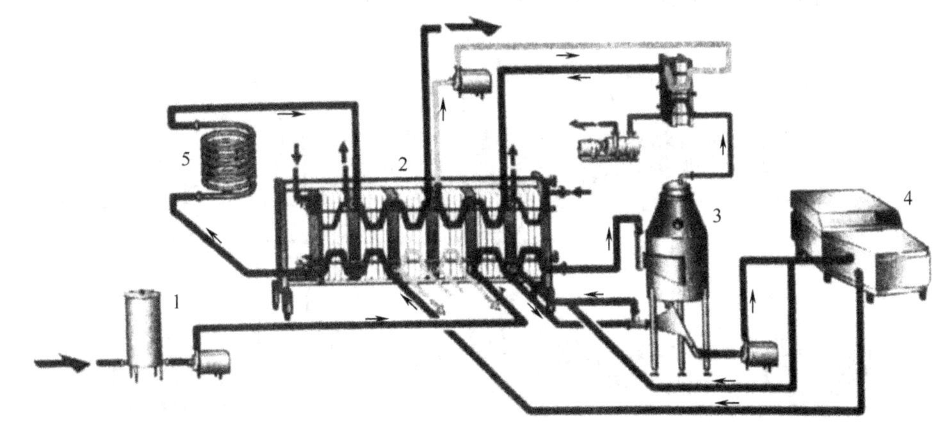

图4-4 发酵乳制品的一般预处理

1—平衡罐；2—片式热交换器；3—真空浓缩罐；4—均质机；5—保温罐

1. 预热与均质

均质前预热至55℃左右可提高均质效果。均质有利于提高酸乳的稳定性和稠度，并使酸乳质地细腻，口感良好。均质压力一般控制在15.0～20.0MPa。

2. 杀菌及冷却

均质后的物料以90℃进行30min杀菌，其目的是杀死病原菌及其它微生物；使乳中酶的活力钝化和抑菌物质失活；使乳清蛋白热变性，变性乳清蛋白可与酪蛋白形成复合物，能容纳更多的水分，并且具有最小的脱水收缩作用，能改善酸乳的稠度。

据研究，要保证酸乳吸收大量水分和不发生脱水收缩作用，至少要使75%的乳清蛋白变性，这就要求85℃、20～30min或90℃、5～10min的热处理条件；UHT加热（135～150℃、2～4 s）处理虽能达到灭菌效果，但不能达到75%的乳清蛋白变性，所以酸乳生产不宜用UHT加热处理。

杀菌后的物料应迅速冷却到菌种最适增殖温度范围40～43℃，最高不宜大于45℃，否则对产酸及酸凝乳状态有不利影响，甚至出现严重的乳清析出。

3. 接种发酵剂

将活化后的混合生产发酵剂充分搅拌，根据活力，以适当比例加入。一般加入量为3%～5%。加入的发酵剂不应有大凝块，以免影响成品质量。发酵室的培养温度与时间、发酵剂的产酸能力、产品的冷却速度及乳的质量都对接种量有一定的影响。

如果用的是直投式发酵剂，只需按照比例将它们撒入发酵罐中，或撒入制备工作发酵剂的乳罐中扩大培养一次，即可做工作发酵剂。

三、凝固型酸乳

1. 凝固型酸乳的加工工艺

凝固型酸奶的工艺流程如下。

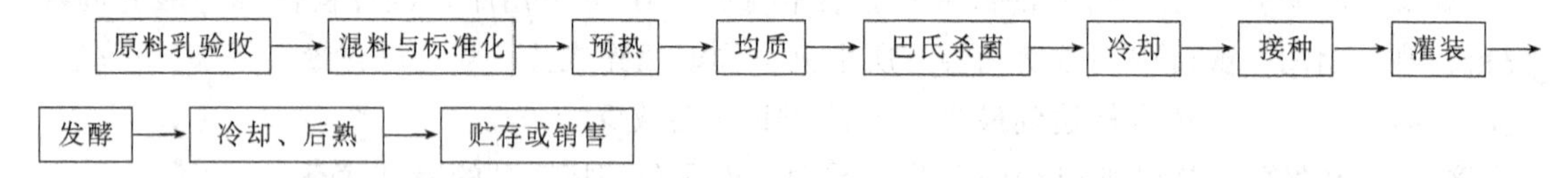

凝固型酸乳的生产线见图4-5。

2. 凝固型酸乳的工艺要求

(1) 原料及其混合　凝固型酸乳的原料主要以原料乳和蔗糖为主，一般不允许添加稳定

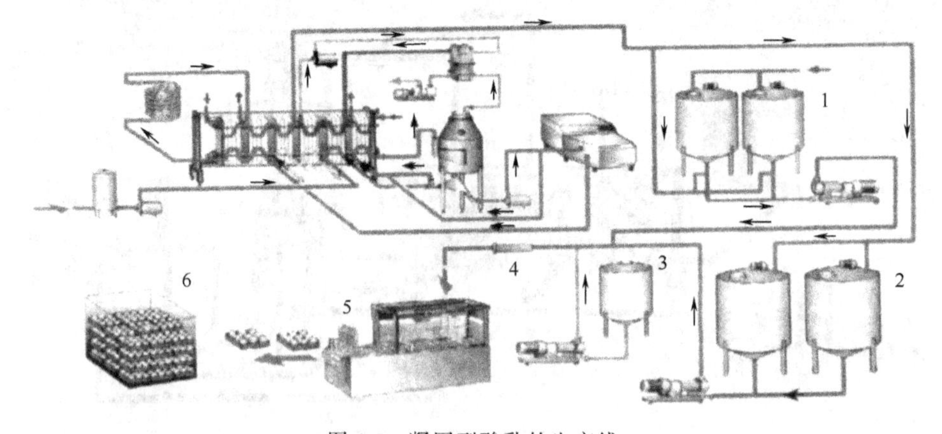

图4-5　凝固型酸乳的生产线

1—生产发酵剂罐；2—缓冲罐；3—香精罐；4—过滤器；5—灌装机；6—发酵室

剂之类的添加剂。

（2）灌装　接种后搅匀的料液要立即装入零售用的容器中，如瓷瓶、玻璃瓶、塑料杯或复合纸盒内，然后加盖、封口、装箱并送入发酵室进行发酵。

在装瓶前需对玻璃瓶进行蒸汽灭菌，一次性塑料杯可直接使用。

灌装的方式有手工灌装、半自动灌装和全自动无菌灌装等。

（3）发酵　凝固型酸乳的发酵是在罐装容器中完成的。采用保加利亚乳杆菌与嗜热链球菌的混合发酵剂时，温度宜保持在41～42℃，培养时间2.5～4.0h（2%～4%的接种量）。一般发酵终点可依据如下条件来判断。

① 抽样测定酸乳酸度，达到65～70°T；

② pH值低于4.6；

③ 抽样观察，若乳变黏稠、流动性变差且有小颗粒出现，可终止发酵。

发酵时应避免震动，以免影响成品的组织状态；发酵温度应恒定，避免忽高忽低；掌握好发酵时间，防止酸度不够或过度以及乳清析出。

四、搅拌型酸乳

（一）搅拌型酸乳的加工工艺

搅拌型酸奶的工艺流程如下。

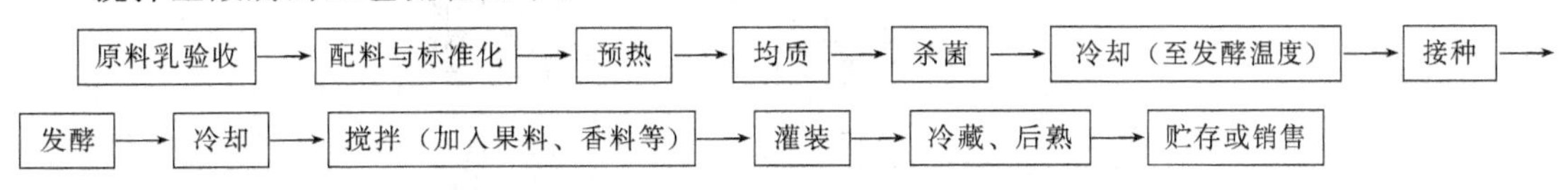

搅拌型酸乳的生产线见图4-6。

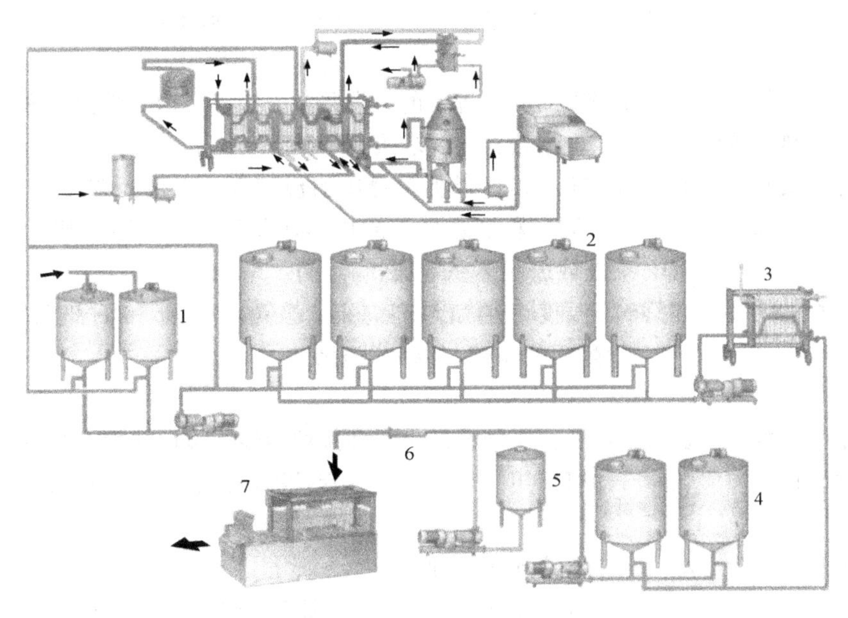

图4-6　搅拌型酸乳的生产线

1—生产发酵罐；2—发酵罐；3—片式冷却器；4—缓冲罐；5—果料罐/香料罐；6—过滤器；7—灌装机

（二）搅拌型酸乳的工艺要求

搅拌型酸乳的加工工艺及技术要求与凝固型酸乳基本相同，主要区别是搅拌型酸乳多了一道搅拌混合工艺，这正是搅拌型酸乳的特点。

根据加工过程中是否添加果蔬料，搅拌型酸乳又分为天然搅拌型酸乳和加料搅拌型酸乳两种。下面仅对不同于凝固型酸乳的操作工序加以说明。

以下为以鲜乳为原料采用直投式菌种生产搅拌型酸乳的工艺流程。

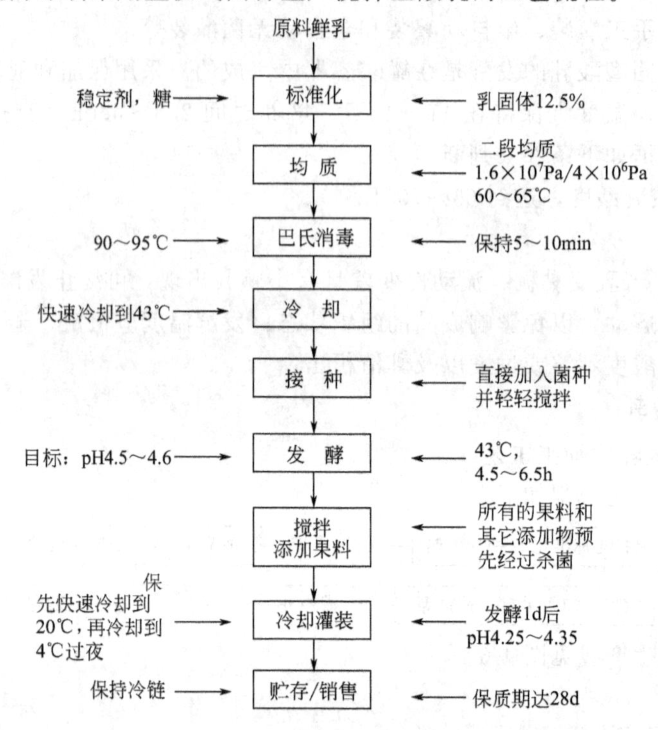

1. 发酵

搅拌型酸乳的发酵是在发酵罐或缸中进行的。发酵罐通过夹层内的热介质提供热量以维持发酵温度，热介质的温度可以根据培养的要求进行调整。

发酵罐内安装有温度计和 pH 计，可以测量罐中的温度和 pH 值。在 41～43℃下培养 2～3h，pH 就可降到 4.7 左右，同时料液在发酵罐中形成凝乳。搅拌型酸奶发酵后一般要添加 0.1%～0.5%的明胶、果胶或琼脂等稳定剂。

发酵时要控制好发酵间的温度，避免忽高忽低。发酵罐上部和下部温差不要超过 1.5℃。同时，发酵缸应远离发酵间的墙壁，以免过度受热。

2. 冷却

搅拌型酸乳冷却的目的是快速抑制细菌的生长和酶的活性，以防止发酵过程产酸过度和搅拌时脱水。搅拌型酸乳的冷却可采用片式冷却器、管式冷却器、表面刮板式热交换器、冷却罐等。

冷却方法有一步冷却法与二步冷却法两种。

（1）一步冷却　指将发酵温度由 42℃冷却至 10℃以下，将香料或果料混入后灌装。这种方法能很快控制酸度，但机械搅拌加入香料或果料后酸乳的黏稠度会进一步降低。

（2）二步冷却　是将发酵温度由 42℃冷却至 15～20℃，将香料或果料混入后在冷库冷却至 10℃以下。采用该法生产的酸奶黏稠度高，但由于发酵罐中的凝乳先后被冷却，造成酸化现象严重，质地差别大。

在生产搅拌型酸奶时，通常开始冷却时的凝乳酸度小于实际成品的酸度，这样可以有效减少后酸化对产品酸度的影响。

冷却要求在酸乳完全凝固（pH 值 4.6～4.7）后开始。冷却过程应稳定进行，控制好冷却的速度。冷却过快将造成凝块迅速收缩，导致乳清分离；冷却过慢则会造成产品过酸和添加的果料脱色。

冷却后，酸奶的温度最好为 0～7℃，这样能充分发挥稳定剂的作用。

3. 搅拌

通过机械力破碎凝胶体，使凝胶体的粒子直径达到 0.01～0.4mm，并使酸乳的硬度和黏度及组织状态发生变化。这是搅拌型酸乳生产中的一道重要工序。

（1）搅拌的方法

① 层滑法。这种方法是借助薄板（薄的圆板或薄竹板）或粗细适当的金属丝制成的筛子，使凝胶体滑动而破坏，而不是采用搅拌方式破坏胶体。

② 搅拌法。搅拌法有机械搅拌法和手动搅拌法两种。

机械搅拌多使用宽叶片搅拌器、螺旋桨搅拌器、涡轮搅拌器等。叶片搅拌器具有较大的构件和表面积，转速慢，适合于凝胶体的搅拌；螺旋桨搅拌器转速高，适合搅拌较大量的液体；涡轮搅拌器是一种高速搅拌器，能在运转中形成放射线形液流，是制造液体酸乳常用的搅拌器。

采用损伤性最小的手动搅拌以得到较高的黏度。手动搅拌一般用于小规模生产，如 40～50L 桶制作酸乳。

搅拌速度要恰当控制，一定要避免搅拌过度，否则不仅会降低酸乳的黏度，还易出现乳清分离和分层现象。采用宽叶轮搅拌机时，每分钟缓慢转动 1～2 次，搅拌 4～8min，这是低速短时缓慢搅拌法，也可采用定时间隔的方法进行搅拌。恰当的搅拌技术比增加固形物含量更能改善终产品的黏度。

③ 均质法。这种方法一般多用于制作酸乳饮料，在加工搅拌型酸乳时不常用。

（2）搅拌时的质量控制

① 温度。搅拌的最适温度为 0～7℃，该温度适用于亲水性凝胶体的破坏，易得到搅拌均匀的凝固物，既可缩短搅拌时间还可减少搅拌次数。若在 38～40℃左右进行搅拌，凝胶体易形成薄片状或砂质结构等缺陷。

但在实际生产中，使 40℃的发酵乳降到 0～7℃不太容易，所以搅拌时的温度以 20～25℃为宜。

② pH。酸乳的搅拌应在凝胶体的 pH 达 4.7 以下时进行，若在 pH 4.7 以上时搅拌，则因酸乳凝固不完全、黏性不足而影响成品的质量。

③ 干物质含量。适量提高乳的干物质含量对防止搅拌型酸乳乳清分离能起到较好的作用。

④ 管道流速和直径。凝胶体在通过泵和管道移送及流经片式冷却板片和灌装过程中，会受到不同程度的破坏，将最终影响到产品的黏度。

凝胶体在经管道输送过程中应以低于 0.5m/s 的层流形式出现，管道直径不应随着包装线的延长而改变，尤其应避免管道直径突然变小。

4. 混合、灌装

在酸乳自缓冲罐到包装机的输送过程中，果蔬、果酱和各种类型的调香物质等可通过一台变速的计量泵连续加入到酸乳中。果蔬混合装置一般固定在生产线上，计量泵与酸乳给料泵同步运转，保证酸乳与果蔬混合均匀。一般发酵罐内用螺旋搅拌器搅拌即可混合均匀。

灌装工艺条件受包装材料、产品特征和食用方法等的限制。在灌装机的选择上，既要考虑机器的通用性、可靠性、自动化程度、卫生程度等，也要考虑灌装的精确性，杜绝灌装时的滴漏现象。酸乳可根据需要，确定包装量和包装形式及灌装机。

5. 冷却、后熟

将灌装好的酸乳置于0～7℃冷库中冷藏24h进行后熟，进一步促使芳香物质的产生，并改善产品的黏稠度。

五、酸乳标准

酸乳制品应符合其产品分类和酸牛乳国家标准GB 2746—1999。

1. 技术要求

(1) 原料要求　原料应符合相应国家标准或行业标准的规定；食品添加剂和食品营养强化剂应选用GB 2760和GB 14880中允许使用的品种，并应符合相应国家标准或行业标准的规定，不得添加防腐剂。

(2) 感官特性　酸乳的感官特性应符合表4-2的规定。

表4-2　酸乳的感官指标

项　　目	纯酸牛乳	调味酸牛乳　果料酸牛乳
色泽	呈均匀一致的乳白色或微黄色	呈均匀一致的乳白色或调味乳、果料应有的色泽
滋味和气味	具有酸牛乳固有的滋味和气味	具有调味酸牛乳或果料酸牛乳应有的滋味的气味
组织状态	组织细腻、均匀、允许有少量乳清析出；果料酸牛乳有果块或果粒	

(3) 理化指标　酸乳的理化指标应符合表4-3的规定。

表4-3　酸乳的理化指标

项　　目	纯酸牛乳			调味酸牛乳、果料酸牛乳		
	全脂	部分脱脂	脱脂	全脂	部分脱脂	脱脂
脂肪/%	≥3.1	1.0～2.0	≤0.5	≥2.5	0.8～1.6	≤0.4
蛋白质/%　≥	2.9			2.3		
非脂乳固体/%　≥	8.1			6.5		
酸度/°T　≥	70.0					

(4) 卫生指标　酸乳的卫生指标应符合表4-4的规定。

表4-4　酸乳的卫生指标

项　　目	纯酸牛乳	调味酸牛乳	果料酸牛乳
苯甲酸/(g/kg)　≤	0.03		0.23
山梨酸/(g/kg)　≤	不得检出		0.23
硝酸盐(以 $NaNO_3$ 计)/(mg/kg)　≤	11.0		
亚硝酸盐(以 $NaNO_3$ 计)/(mg/kg)　≤	0.2		
黄曲霉毒素 M_1/(μg/kg)　≤	0.5		
大肠菌群/(MPN/100ml)　≤	90		
致病菌(指肠道致病菌和致病性球菌)	不得检出		

（5）乳酸菌数 酸乳中的乳酸菌数不得低于 1×10^{6} cfu/ml。

（6）食品添加剂和食品营养强化剂的添加量 食品添加剂和食品营养强化剂的添加量应符合 GB 2760 和 GB 14880 的规定。

2. 标签

产品标签按 GB 7718 的规定标示，还应标明产品的种类和蛋白质、脂肪、非脂乳固体的含量。产品名称可以标为“××酸牛奶”。

六、酸乳的质量控制

（一）酸乳常见的质量问题、成因及控制措施

酸乳在生产中，由于种种原因，常会出现一些质量问题。下面简要介绍问题的发生原因和控制措施。

1. 凝固性差

凝固型酸乳有时会出现凝固性差或不凝固的现象，主要有以下原因。

（1）原料乳的质量 当乳中含有抗生素、防腐剂时，会抑制乳酸菌的生长，导致发酵失败，出现凝固性差或不凝固的现象。使用乳房炎乳时，由于其白细胞含量较高，对乳酸菌也会产生一定的吞噬作用。此外，原料乳掺假，特别是掺碱，使发酵所产的酸被消耗，而不能积累到凝乳所要求的 pH 值，从而使乳不凝或凝固不好。牛乳中掺水，会使乳的总干物质降低，也会影响酸乳的凝固性。

因此，必须把好原料的验收关，杜绝使用乳房炎乳及含抗生素、防腐剂、掺碱或掺水的牛乳生产酸乳。对于掺水的牛乳，可适当添加脱脂乳粉，使干物质含量达到 11%以上。

（2）发酵温度和时间 发酵温度应依乳酸菌种类的不同而异。若发酵温度低于该菌种的最适温度，则乳酸菌活力下降，凝乳能力降低，使酸乳凝固性降低。当发酵时间过短时，乳酸菌产酸不足，也会导致酸乳凝固性能下降。此外，发酵室温度不均匀也是造成酸乳凝固性降低的原因之一。

因此，在实际生产中，应尽可能保持发酵室的温度恒定，并控制适当的发酵温度和时间。

（3）噬菌体污染 噬菌体污染也是导致发酵缓慢、凝固不完全的原因之一。由于噬菌体对菌种的选择有严格的特异性，所以，可采用经常更换发酵剂的方法加以控制。此外，两种以上菌种混合使用也可减少噬菌体的危害。

（4）发酵剂的活力 发酵剂活力太弱或接种量太少也能造成酸乳的凝固性下降。灌装容器上残留的洗涤剂（如氢氧化钠）和消毒剂（如氯化物）都会影响菌种的活力，所以一定要清洗干净，以确保酸乳的正常发酵和凝固。

（5）加糖量 生产酸乳时，加入适量的蔗糖可使产品产生良好的风味，并有利于乳酸菌产酸量的提高和产品黏度的增加。若添加过多，则因产生高渗透压而抑制乳酸菌的生长繁殖，致使牛乳不能很好凝固。加糖量一般控制在 5%～8%。

2. 乳清析出

乳清析出是凝固型酸乳常见的质量问题，其主要原因有以下几种。

（1）原料乳热处理不当 热处理温度偏低或时间不够，无法使 75%的乳清蛋白变性，蛋白质的持水能力下降，导致乳清析出。

（2）发酵时间 若发酵时间过长，乳酸菌继续生长繁殖，使产酸量不断增加，过多的酸会破坏已形成的胶体结构，使其容纳的水分游离出来形成乳清析出。而发酵时间过短，乳蛋

白质的胶体结构还未充分形成，不能包裹乳中原有的水分，也会形成乳清析出。因此，发酵时要抽样检查，合理判断发酵终点。

（3）其它因素　原料乳中总干物质含量低、酸乳凝胶受机械振动而破坏、乳中钙盐不足、发酵剂添加量过大等也会导致乳清析出。在实际生产中，向乳中添加适量的$CaCl_2$，既可减少乳清析出，又可赋予凝固型酸乳一定的硬度。

3. 风味不良

正常酸乳应具有发酵乳固有的风味，但在生产过程中常出现以下不良风味。

（1）无芳香味　菌种选择不当是导致无芳香味的主要原因之一。在生产酸乳时一般选用含两种以上菌种的混合发酵剂，并使其保持适当比例，否则易导致产香不足，风味变劣。此外，加工操作不当，如采用高温短时发酵等，也会造成芳香味不足。

（2）酸乳的不洁味　主要由发酵过程中污染的杂菌引起。如果发酵剂或原料被丁酸菌污染，酸乳会产生刺鼻怪味；若被酵母菌污染，不仅产生不良风味，还会使酸乳产生气泡，进而影响酸乳的组织状态。因此，在酸乳生产过程中，要严格保证卫生条件。

（3）酸孔的酸甜度　产品过酸、过甜均会影响酸乳风味。发酵过度、冷藏温度偏高、加糖量过低等会致使酸乳偏酸；而发酵不足、加糖过高又会导致酸乳偏甜。

因此，应尽量避免发酵过度。发酵结束后要立即置于0～4℃的条件下进行冷藏，有效防止后发酵。此外，还要严格控制加糖量。

（4）原料乳的异味　原料乳的异味主要来源于牛体臭味、氧化臭味、加热臭（因过度热处理而产生的蒸煮味）等。另外，在配料时，如果添加了风味不良的炼乳或乳粉等，也会影响酸乳的风味。

4. 表面霉菌生长

贮藏时间过长、贮藏温度过高时，酸乳表面往往会出现霉斑。黑斑点易被察觉，而白色霉菌则不易被发现。这种酸乳一旦被人误食，轻者引起腹胀，重者导致腹痛腹泻。因此要控制好贮藏时间和贮藏温度。

5. 砂状口感

优质酸乳应具备柔嫩、细滑的口感。如果采用高酸度乳或劣质乳粉来生产酸乳，则产品口感粗糙，有砂状感。因此，生产酸乳时，应选用新鲜牛乳或优质乳粉，并进行适当的均质处理，使乳中蛋白质颗粒细微化，达到改善口感的目的。

（二）酸乳的HACCP质量控制实例

HACCP即关键控制点危险分析，是一种通过对特定食品的生产、分销等相关的危害和风险情况的识别、评估，来决定应该采取什么样的预防措施的系统方法。HACCP体系一般包括以下步骤。

① 进行危害分析（HA），估计可能发生的危害和严重性；

② 确定关键控制点（CCP）；

③ 建立关键控制点的控制限值（CL），CL是确保食品安全的界限，是标准或规范规定的极限值；

④ 建立关键点监控体系，是关键控制点控制成败的关键；

⑤ 建立当发生关键限值发生偏差时的纠偏措施（CA），必须在偏差导致安全危害之前采取；

⑥ 建立有效的记录和保持系统，对HACCP体系的运行情况进行记录；

⑦ 建立验证记录，确认 HACCP 系统是否有效。

将 HACCP 系统运用到酸奶生产中，可以预防酸奶生产中质量问题的发生。酸乳的生产涉及原辅料的选择，物料的灭菌，菌种的活力，发酵终点的控制，快速冷却成品以及良好的作业环境卫生等。

1. 危害因素分析（HA）

酸乳生产中常出现发酵缓慢、涨包等质量问题。

（1）发酵缓慢　引起酸乳发酵缓慢的主要原因有以下几种：①原料乳中存在抑制物（如抗生素或防腐剂）；②菌种的活力不足或感染噬菌体；③发酵温度过低。

（2）涨包　酸乳涨包主要由大肠杆菌、酵母菌污染所致。酵母菌的来源有 3 个：①车间环境温度高、湿度大且换气不良，酵母菌、霉菌会大量繁殖，从而对空气造成污染；②包装材料被酵母菌污染；③果酱或果汁等辅料本身含有一定数量的酵母菌。

2. 关键控制点（CCP）的确定

通过以上分析，可将原辅料检验、物料灭菌、菌种制作、发酵温度、发酵终点控制、生产设备及环境卫生定为关键控制点。

3. 控制措施

（1）原辅料质量标准

① 原料乳。选择新鲜、不含抗生素和消毒剂的优质牛乳作为原料。一般要求原料乳的菌落检测标准在 1×10^5 个/ml 以下。原料乳、乳粉使用前必须作抗生素检测。

② 辅料。果酱或果汁等辅料在使用前要进行加热杀菌。添加辅料时一定要过滤，防止辅料中的杂质进入下一道工序。稳定剂的选择以不影响酸乳发酵、不影响口感及风味为原则，添加量要符合国家规定的安全使用标准。

（2）工艺控制

① 物料灭菌控制。原料乳杀菌要彻底，一般采用板式换热器杀菌（90～95℃、5min）。大肠杆菌 70℃左右就可以被杀灭。

② 保证菌种的活力。菌种在多次传代后，易发生菌株变异和菌相变化，导致菌种活力降低，而且传代过程中可能感染噬菌体，造成发酵迟缓，甚至不发酵。为防止菌种活力降低和感染噬菌体，最好使用直投式菌种。但是，直投式菌种价格较高，一般小型工厂难以接受。据经验，将直投式菌种进行扩大培养 1 代或 2 代后作为生产菌种用，既降低了生产成本，又保证了菌种活力，效果很好。

③ 菌种的质量检查。观察菌种的质地、组织状况、色泽及有无乳清析出；测定大肠杆菌数量；定期检测霉菌和酵母菌，要求菌种中的霉菌和酵母菌数目＜10 个/ml。测定菌种酸度，一般酸度应在 80～95°T 为宜。

④ 发酵温度及终点控制。酸乳发酵温度应严格控制在 43～46℃。温度过高或过低都会改变菌种的菌相，使发酵产物发生变化，引起酸奶成品风味的改变。当酸乳酸度达 70°T 时，终止发酵，过度发酵会引起乳清析出和酸度过高，造成组织状态、口感较差。发酵成熟的酸乳立即冷藏于 4℃以下保存。

（3）卫生管理　加强生产全过程的卫生管理，对设备、工具及包装材料进行彻底清洗、消毒。对酸奶生产车间定期消毒，保持空气和地面清洁干燥，杜绝大肠杆菌的污染和繁殖；确保就地清洗系统（CIP）的清洗消毒效果以及生产流程中所有的死角都被清洗干净，对 CIP 所用的酸碱液浓度和 CIP 周期中的温度进行监控；酸乳包装过程中，打开包装机紫外线灯，对包装材料进行消毒，同时关闭包装机的前后门，以防空气中杂菌的二次污染。

第五节 乳酸菌饮料的加工

本文讲述的乳酸菌饮料是一种发酵型的酸性乳饮料，调配型酸性乳饮料已在第三章相关章节讲述过。

近年来，乳酸菌饮料因其营养保健功能和独特的风味而备受消费者的青睐，销量不断上升。目前，乳酸菌饮料的研究重点主要集中在产品的稳定技术和新产品的开发研制上，研究结果表明，添加稳定剂和乳化剂是提高乳酸菌饮料稳定性的一条有效途径。通过添加不同种类的营养物质制造出的新型乳酸菌饮料正成为一种发展趋势。这些添加成分，有的有利于微生物的繁殖，有的具有营养、医疗保健作用等。新型乳酸菌饮料将极大地丰富和满足发酵乳制品的市场。

根据加工处理方法的不同，乳酸菌饮料可分为酸乳型和果蔬型两大类。

1. 酸乳型乳酸菌饮料

酸乳型乳酸菌饮料是在酸凝乳的基础上加工而成的。首先将酸凝乳进行破碎，然后配入白糖、香料、稳定剂等通过均质而制成的均匀一致的液态饮料。

2. 果蔬型乳酸菌饮料

果蔬型乳酸菌饮料中含有适量的果汁（如柑橘、草莓、苹果、沙棘、红果等）或蔬菜汁浆（如番茄、胡萝卜、玉米、南瓜等）。它的加工方法有两种，一种是先将原料乳发酵后，添加果蔬汁、砂糖、稳定剂、香精、色素等辅料，经混合、均质而成，也就是所谓的先发酵后调配的加工方法；还有一种是先调配后发酵，就是先按照配方将所有原料混合在一起，共同发酵后，再通过加糖、稳定剂和香料等混合、均质后制作而成。

一、乳酸菌饮料的加工工艺

乳酸菌饮料的加工工艺如下。

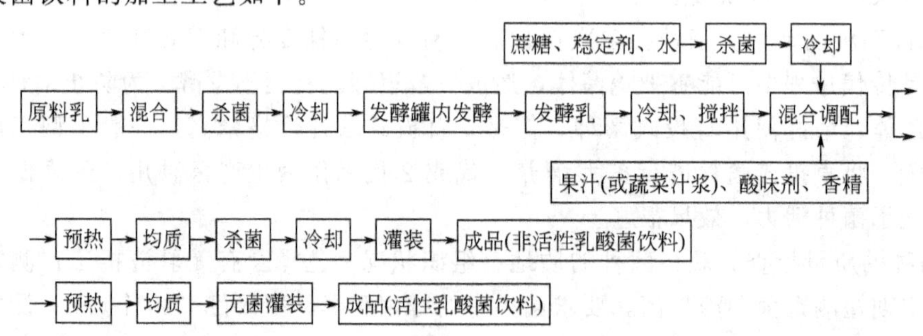

二、乳酸菌饮料的工艺要求

1. 混合调配

先将经过巴氏杀菌冷却至20℃左右的稳定剂、水、糖溶液加入发酵乳中混合并搅拌均匀，然后再加入果汁（或蔬菜浆液）、酸味剂与发酵乳混合并搅拌，最后加入香精等。一般糖的添加量为11%左右。

酸味剂可弥补发酵时酸度的不足，多用柠檬酸，将饮料的 pH 调至 3.9～4.2。

2. 均质

均质可采用胶体磨或均质机。均质可使料液中的粒子微细化，起到提高料液黏度、抑制粒子的沉淀、增强稳定剂稳定效果的作用。

乳酸菌饮料较适宜的均质压力为20～25MPa，温度为53℃左右。

3. 后杀菌

后杀菌是在发酵调配后进行的杀菌处理，其目的是延长饮料的保存期。饮料合理杀菌、无菌灌装后，保存期可延长至3～6个月。

4. 蔬菜预处理

在制作蔬菜乳酸菌饮料时，必须首先对蔬菜进行加热处理，以杀灭酶的活性。通常，将蔬菜放入沸水中处理6～8min，然后打浆或取汁，再与杀菌后的原料乳混合。

三、乳酸菌饮料的质量控制

乳酸菌饮料在生产、贮藏过程中，由于种种原因常会出现一些质量问题。

1. 沉淀

沉淀是乳酸菌饮料最常见的质量问题。乳蛋白中80%为酪蛋白，其等电点为pH4.6。通过乳酸菌发酵，并添加果汁或加入酸味剂而使饮料的pH值在3.9～4.4。此时，酪蛋白处于高度不稳定状态，任其静置，势必造成分层、沉淀等现象。

此外，在加入果汁、酸味剂时，若酸浓度过大、加酸时混合液温度过高或加酸速度过快及搅拌不匀等均会引起局部过度酸化而发生分层和沉淀。

稳定剂用量不当也会导致沉淀。如果以果胶为稳定剂，其用量要随着蛋白质含量的提高而增加；随着产品热处理强度的增大而增加；随着保质期的延长而增加。

为了防止沉淀的出现，除了采用正确的工艺操作外，还有必要采用适当的物理（均质）和化学（稳定剂）方法。一般来说，均质必须与稳定剂配合使用方能达到较好的稳定效果。

（1）均质　均质能增强提高饮料的稳定性。均质时料液温度的控制很关键。试验表明，在51.0～54.5℃均质时，尤其在53℃左右时饮料的稳定性最好；当均质温度低于51℃时，饮料黏度大，瓶壁上会出现沉淀，几天后有乳清析出；当温度高于54.5℃时，饮料较稀，无凝结物，但易出现水泥状沉淀，饮用时有粉质或粒质感。

（2）稳定剂　为了达到完全防止沉淀的目的，在均质的同时必须使用稳定剂。稳定剂不仅能提高饮料的黏度，防止蛋白质粒子下沉，更重要的是，它能在酸性条件下与酪蛋白形成保护性胶体，防止凝集沉淀。

此外，牛乳中的钙，在pH降到酪蛋白等电点以下时多以游离Ca^{2+}存在，而Ca^{2+}与酪蛋白之间易发生凝集而沉淀。添加适当的磷酸盐能使其与Ca^{2+}形成螯合物，从而发挥稳定作用。

目前，常使用的乳酸菌饮料稳定剂有羧甲基纤维素（CMC）、藻酸丙二醇酯（PGA）等，两者以一定比例混合使用效果更好。

2. 杂菌污染

乳酸菌的酸败主要由霉菌、酵母菌等杂菌的污染引起，属于二次污染，必须加强车间的卫生管理。

乳酸菌饮料受杂菌污染后，会产生气泡和异常凝固，不仅会影响产品的外观和风味，甚至会使产品完全失去商品价值。

3. 脂肪上浮

如果乳酸菌饮料是以全脂乳或脱脂不充分的脱脂乳为原料生产的，一旦均质处理不当，极易出现脂肪上浮。这时，要改进均质条件，如增加压力或提高温度等，同时可选用卵磷酯、单硬脂酸甘油酯、脂肪酸蔗糖酯等酯化度高的稳定剂或乳化剂。

所以，生产乳酸菌饮料时，最好选用含脂量较低的脱脂乳或脱脂乳粉为原料，并进行恰当的均质处理。

4. 果蔬料的质量控制

果蔬原料的添加可以强化乳酸菌饮料的风味与营养。但是，如果果蔬原料本身的质量较差，或配制饮料时预处理不当，也会影响饮料的感官质量，诸如饮料变色、褪色、出现沉淀、污染杂菌等。

因此，在选择及加入这些果蔬物料时应多做试验，而且保存期试验至少应在1个月以上。

四、双歧杆菌发酵乳饮料

双歧杆菌是一类专性厌氧杆菌，广泛存在于人及动物肠道中。双歧杆菌在肠道中的数量已成为婴幼儿和成人健康状况的标志。据报道健康人双歧杆菌量是病人的50倍，当患病、饮食不当或衰老时，双歧杆菌减少或消失。母乳中含有双歧杆菌生长促进因子，所以，在母乳喂养的健康婴儿肠道中双歧杆菌几乎以纯菌状态存在，有资料显示母乳喂养婴儿肠道中双歧杆菌量是人工喂养婴儿的10倍。

双歧杆菌发酵乳饮料是以乳为原料，经双歧杆菌和乳酸菌（保加利亚乳杆菌与嗜热链球菌以1∶1混合）发酵后加入稳定剂、糖、果汁、维生素及净化水、酸液等加工而成。双歧杆菌乳饮料集营养、保健与风味为一体，产品酸味柔和，因后酸化能力较低，还可在室温下进行贮藏。

1. 双歧杆菌发酵乳饮料参考配方

关于双歧杆菌发酵乳饮料的配方，各生产厂家均不相同，现仅举一例加以说明，详见表4-5。

表4-5 双歧杆菌发酵乳饮料的配料表

原　料	比　例	使用说明
双歧杆菌发酵乳	30%	单独发酵7h
乳酸菌发酵乳	10%	单独发酵2.5h
蔗糖	12%	配成65%的糖浆
果汁	5%	—
维生素C	0.05%	—
酸	调pH至4.3	苹果酸、乳酸等配成
促进剂	0.025%	10%溶液、用少量水溶解
稳定剂	0.35%	加PGA、CMC-Na黄原胶、果胶等
净化水	—	加至100%

2. 双歧杆菌发酵乳饮料工艺流程

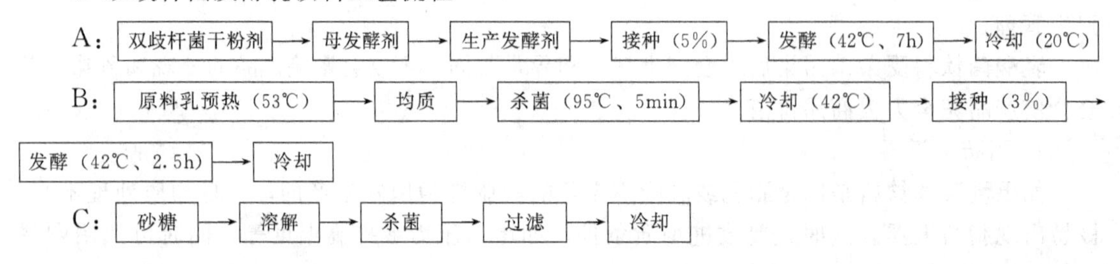

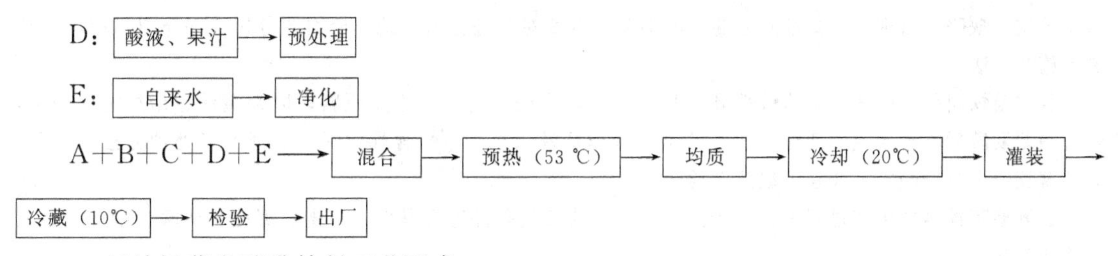

3. 双歧杆菌发酵乳饮料工艺要求

（1）双歧杆菌的选择　双歧杆菌属中有11个菌种，试验证明，两歧双歧杆菌和婴儿双歧杆菌效果最好。

（2）保温发酵　将乳酸菌与双歧杆菌分别进行单独培养。乳酸菌发酵乳按照搅拌型酸乳的发酵工艺进行制备；双歧杆菌要采用0.025%生长促进剂、2%葡萄糖与浓度10%的脱脂乳为培养基，接种5%的纯双歧杆菌，42℃下发酵7h即成双歧杆菌发酵乳。

（3）混合　先将双歧杆菌发酵乳与乳酸菌发酵乳分别冷却到20℃左右，再以2∶1或3∶1的比例进行混合，就可制成的双歧杆菌发酸乳饮料。

双歧杆菌发酸乳饮料中含双歧杆菌数可达6.4×10^{6}个/ml，感观、风味与一般乳酸菌饮料基本相同。

制备发酵乳饮料时，调酸一般用柠檬酸，但该酸对双歧杆菌有抑制作用，故最好选用抑制作用小的苹果酸等。

【本章小结】

发酵乳制品包括酸乳和发酵型酸型乳饮料。

酸乳是指在添加（或不添加）乳粉（或脱脂乳粉）的乳中（杀菌乳、浓缩乳），经保加利亚杆菌和嗜热链球菌进行乳酸发酵而制成的凝乳状产品，成品中必须含有大量的、相应的活性微生物。酸乳的品种繁多，性状各异，但无论哪种酸乳，都具有理想的营养保健作用。

乳酸菌的作用下，原料乳中的多种成分发生了变化，营养价值有了很大的提高。此外，酸奶还具有预防高血脂、高血压；发挥整肠作用；缓解乳糖不耐症和抗肿瘤、提高机体免疫力等保健作用。

加工酸乳要选用符合质量要求的新鲜乳、脱脂乳或乳粉为原料，且要求无抗生素残留等。生产酸乳时，往往还要添加以蔗糖为主的甜味剂，以达到改善风味、降低生产成本的目的。有的产品中，还会用到果蔬料和稳定剂等。

发酵剂是制作发酵乳制品的特定微生物的培养物，内含一种或多种活性微生物，具有进行乳酸发酵，分解糖产生乳酸；产生挥发性风味物质丁二酮、乙醛等，使产品具有典型的风味；对脂肪、蛋白质的降解具有一定作用，能提高产品的消化吸收率等作用。

生产酸奶的传统菌种是保加利亚乳杆菌和嗜热链球菌。除此之外，诸如乳脂明串珠菌、丁二酮乳酸链球菌、双歧杆菌、干酪杆菌等一些具有特殊功能的菌种也正逐渐应用于酸乳的生产。实际生产中，单一菌种使用较少，混合发酵剂使用较多。目前，继代式酸奶发酵剂在我国还有一定的市场，但由于其固有的缺陷，正逐渐为直投式酸奶发酵剂所取代，直投式酸奶发酵剂具有质量稳定、生产易行等特点。

继代式酸奶发酵剂在制备时，需要生产厂家单独设立菌种生产车间，并须按照发酵剂制备的工艺过程进行反复的扩大培养后，方能应用于实际生产，操作繁琐，卫生条件要求很高，一旦出现意外，极易导致发酵失败，造成较大的经济损失。

目前酸乳主要有凝固型和搅拌型两种。凝固型酸乳是在接种生产发酵剂后，立即进行包装，并在包装容器内发酵、成熟。搅拌型酸乳是在发酵罐中接种和培养后，在无菌条件下进行分装、冷却。

酸乳在生产中，由于种种原因，常会出现诸如凝固性差、乳清析出、风味不良、表面霉菌生长、砂状口感等质量缺陷。出现这些质量问题的原因很多，本章对此进行了系统、全面的分析，并介绍了相应的控制措施和方法。

乳酸菌饮料是一种发酵型的酸性乳饮料，它是以牛奶或乳粉为主要原料，以果蔬汁、糖类等为辅料，经乳酸菌发酵后稀释而成的活性（非杀菌型）或非活性（杀菌型）含乳饮料。根据加工处理方法的不同，乳酸菌饮料可分为酸乳型和果蔬型两大类。

在乳酸菌饮料的生产过程中，要严格按照生产的工艺条件进行操作，以避免沉淀、杂菌污染、脂肪上浮等质量缺陷。

双歧杆菌对人体健康具有重要作用。双歧杆菌发酵乳饮料是以乳为原料，经双歧杆菌和乳酸菌（保加利亚乳杆菌与嗜热链球菌以 1∶1 混合）发酵后加入稳定剂、糖、果汁、维生素及净化水、酸液等加工而成。双歧杆菌乳饮料集营养、保健与风味为一体，产品酸味柔和，因后酸化能力较低，还可在室温下进行贮藏。

【复习思考题】

1. 酸乳有哪些营养保健功能？
2. 试述发酵剂的种类及发酵剂的制备。
3. 酸乳的形成机理是什么？
4. 酸乳加工对原料乳有什么要求？
5. 详细叙述酸乳的种类、加工工艺及要点。
6. 试述凝固型酸乳和搅拌型酸乳加工和贮藏过程中常出现的质量问题和解决方法。
7. 简述乳酸菌饮料的加工工艺。
8. 乳酸菌饮料在生产和贮藏过程中常出现的沉淀问题应如何解决？
9. 双歧菌杆发酵乳饮料的加工特性及方法。

第五章　炼乳加工技术

学习目标

1. 熟悉甜炼乳与淡炼乳的概念。
2. 掌握甜炼乳与淡炼乳的质量标准、工艺流程及加工要点。
3. 了解甜炼乳与淡炼乳的质量控制和常见的质量缺陷。

炼乳是一种浓缩乳制品，它是将新鲜牛奶经过杀菌处理后，蒸发除去其中大部分的水分制成的乳产品。

炼乳种类很多，按成品是否加糖可以分为甜炼乳和淡炼乳；按成品是否脱脂可以分为全脂炼乳、脱脂炼乳和半脱脂炼乳；若加入可可、咖啡及其它有色食品辅料，可以加工成花色炼乳；若强化了维生素、微量元素等，可以加工成强化炼乳；若加入蛋白质、植物脂肪、饴糖或蜂蜜类的营养物质等，可以加工成调制炼乳。目前我国炼乳的主要品种有甜炼乳和淡炼乳。

第一节　甜炼乳的加工

甜炼乳也称全脂加糖炼乳，是指在原料乳中加入约16%的蔗糖，经杀菌、浓缩到原体积40%左右的一种乳制品。其中蔗糖含量在40%～45%，水分含量不超过28%。由于制品加入蔗糖后增大了它的渗透压，能抑制大部分微生物，因而成品具有极好的保存性。甜炼乳主要用于饮料、糕点、糖果及其它食品的加工原料，如咖啡伴侣等。

一、甜炼乳的加工工艺

甜炼乳的加工工艺流程如下。生产线示意见图5-1。

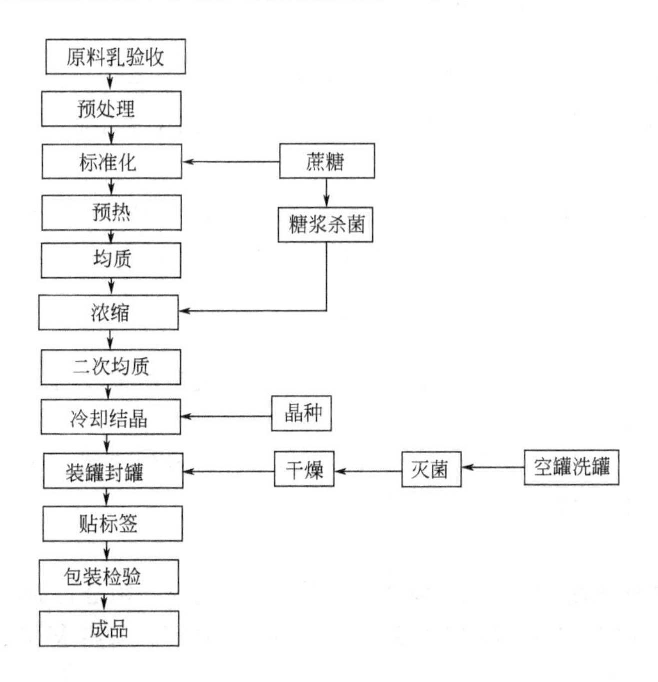

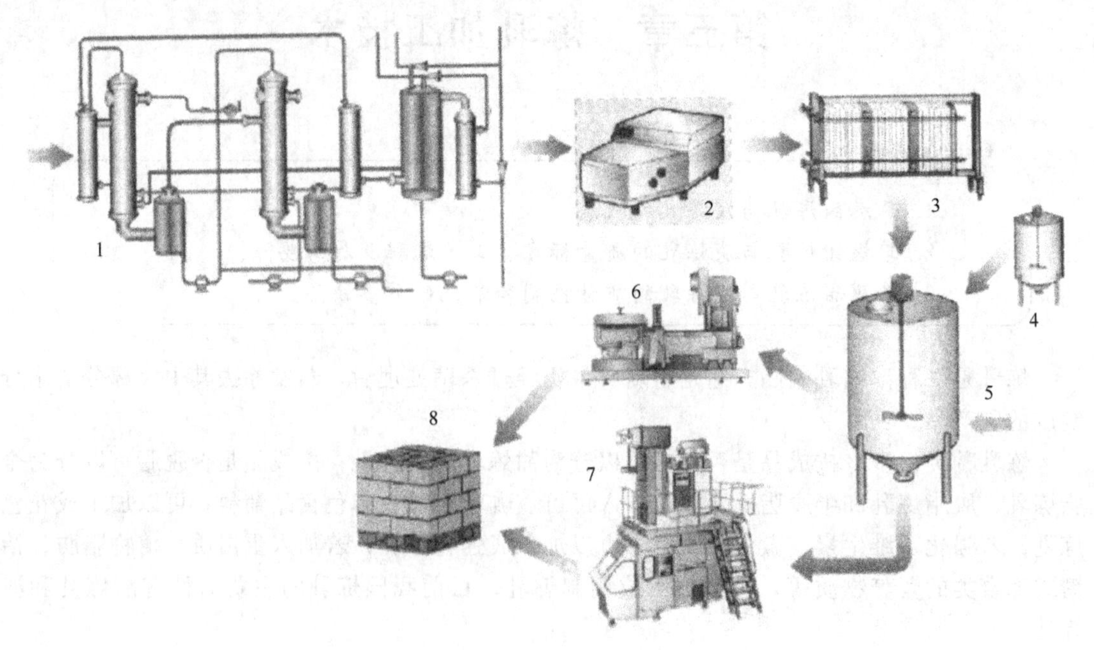

图 5-1 甜炼乳部分生产线

1—真空浓缩；2—均质；3—冷却；4—添加糖浆；5—冷却结晶罐；6—装罐；7—贴标签、装箱；8—贮存

二、甜炼乳的工艺要求

1. 原料乳的验收

原料乳应严格地按要求进行验收。具体内容参见第二章相关内容。用于甜炼乳生产的原料乳除了要符合乳制品生产的一般质量要求外，还有以下两方面的要求。

(1) 控制芽孢和耐热细菌的数量　由于炼乳生产时的真空浓缩过程乳的实际受热温度仅为 65～70℃，而 65℃对于芽孢菌和耐热细菌是较适合的生长条件，有可能导致乳的腐败，所以严格地控制原料乳中的微生物数量，特别是芽孢菌和耐热菌，对于产品是非常重要的。

(2) 乳蛋白热稳定性好　要求乳能耐受强热处理，也就是乳的酸度不能高于 18°T，并且要求 70%中性酒精试验呈阴性，盐离子平衡，其中盐的平衡主要受饲养季节、饲料和哺乳期的影响。

检查原料乳热稳定性的方法是：取 10ml 原料奶，加 0.6%的磷酸氢二钾 1ml，装入试管在沸水中浸 5min 后，取出冷却。如发现无凝块出现，即可高温杀菌；如有凝块出现，就不适于高温杀菌。

2. 预处理

验收合格的乳经称量、过滤、净乳、冷却后泵入贮乳罐内暂时贮存。

3. 原料乳的标准化

我国国家炼乳质量标准规定脂肪含量与非脂乳固体含量的比例是 8∶20。标准化的具体方法可参见第二章相关内容。

4. 预热杀菌

(1) 预热杀菌的目的　原料乳在标准化之后浓缩之前，必须进行加热杀菌处理。加热杀菌有利于下一步浓缩的进行，故称为预热，亦称为预热杀菌。预热杀菌对产品的质量具有特殊作用，其目的如下。

① 杀灭原料乳中的致病菌、病毒，抑制或破坏对成品质量有害的其它微生物，以确保产品的安全性，提高产品的贮藏性；抑制酶的活性，以防产品产生脂肪水解、酶促褐变等不良现象。

② 控制适宜的预热温度，使乳蛋白质适当变性，同时一些钙盐也会沉淀下来，提高了酪蛋白的热稳定性，还可获得适宜的黏度，防止产品出现变稠和脂肪上浮等现象，这是提高产品质量的关键之一。若采用预先加糖方式时，通过预热可以使蔗糖完全溶解。

③ 为真空浓缩进行预热，一方面可保证沸点进料，使浓缩过程稳定进行，提高蒸发速度，另一方面可防止低温的原料乳进入浓缩设备后，由于与加热器温差太大，原料乳骤然受热，在加热面上焦化结垢，影响热传导与成品质量。

(2) 预热杀菌的方法与条件　预热的温度、保持时间等条件随着原料乳质量、季节及预热设备等不同而异。目前生产上采用的预热条件可以从 63℃、30min 低温长时杀菌法到 145℃超高温瞬时杀菌法。最普遍的是以 75℃保持 10～20min 及 80℃保持 5～10min，近年来也有报道采用 110～150℃瞬间杀菌法。

① 预热方法。预热方法按工艺条件可分为以下三种。

a. 低温长时（LTLT）杀菌法。又称为保持式杀菌法，一般采用夹套加热，温度在 100℃以下，时间较长。如 63℃、30min 这种预热方法。

b. 高温短时（HTST）杀菌法。一般采用片式热交换器或管式热交换器在 100℃以下加热。

c. 超高温瞬间（UHT）杀菌法或灭菌法。这是加压式加热的方法，可用片式、管式或喷射式等设备进行加热，是 100～120℃或更高温度的瞬间加热法。

后两种方法不仅处理能力高、节约能源而且对提高产品质量有很大帮助，现已普遍使用。

② 预热工艺条件。预热工艺条件的确定就是预热温度和时间的确定。预热温度一定要保证能杀灭乳中的病原菌、破坏或钝化酶的活力。由于乳中一般病原菌的热致死点在 60℃，酶类受热破坏温度在 80℃，同时要将乳中的酵母、霉菌杀灭，温度一般也要达到 80℃。所以，为了达到预热的这一主要目的，需将温度定在 80℃以上。

预热还需使部分蛋白质变性、钙盐沉淀，赋予产品以适当的黏度。黏度对产品质量影响很大，过低会引起脂肪球上浮，过高又会引起炼乳变稠。关于预热温度与产品变稠的关系，可归纳为以下几点。

a. 在 60～74℃内黏度降低，有脂肪球上浮的倾向，对于甜炼乳还会发生乳糖沉淀。

b. 预热温度在 80～100℃，如果时间较长会引起产品变稠，而且该倾向在这一范围内会随温度升高越发明显。

c. 采用超高温预热，不但能赋予产品适当的黏度，而且可以很好的提高产品热稳定性。这是因为高温使炼乳中游离钙沉淀、浓度降低，酪蛋白与之结合的可能性减小，不易通过钙桥形成凝块；同时由于是瞬间高温，对热不稳定的乳清蛋白变性程度低。

d. 用蒸汽直接预热时，增加过热的倾向，则产品不稳定，容易增加稠度。

所以，甜炼乳的预热工艺条件可确定如下：采用 HTST 法，温度为 80～85℃，时间3～5min；采用 UHT 法，温度在 120℃左右，时间 2～4s。

预热不仅是为了杀菌，而且关系到产品的保藏性、黏度和变稠等。因此，必须对乳质的季节性变化和浓缩、冷却等工序条件加以综合考虑。一般应根据所用原料乳的质量状况，经过多次试验，产品保藏性稳定时，才可以确定预热条件，但仍需季节不同稍加变动，以保持产品质量。

5. 加糖

(1) 加糖目的　加糖除赋予甜炼乳甜味外，主要是为了抑制微生物生长繁殖，增强产品的保存性。加糖后会在炼乳中形成较高的渗透压，使微生物脱水死亡，难以繁殖。且蔗糖溶液的渗透压与其浓度成正比，因此，在一定限度内可以适当提高糖浆浓度，以达到更好的抑菌效果。但加糖量过高易产生糖沉淀等缺陷，应注意控制。

生产炼乳所用的糖以结晶蔗糖和品质优良的甜菜糖为最佳，必须符合我国国家标准GB 317—2006规定的优级或一级标准。要求使用的蔗糖松散、洁白、有光泽，无杂质，无任何异味；蔗糖含量不低于99.65%，还原糖含量不高于0.08%，水分含量不高于0.07%，灰分含量不高于0.01%，不溶于水的杂质含量不高于40mg/kg，酸度不超过0.02 %（以乳酸计）。如果使用低劣的蔗糖易引起发酵产酸，影响炼乳的质量。

(2) 加糖量　经验表明，炼乳成品中若含有43%以上的蔗糖、25.5%的水分时，蔗糖水溶液将具有5.7MPa的渗透压，可使细菌的繁殖受到充分的抑制。然而，蔗糖添加过多会产生乳糖结晶析出的危险。加糖量一般用蔗糖比表示，蔗糖比就是甜炼乳中所加的蔗糖与其水溶液（水和蔗糖之和）的比值。炼乳的蔗糖含量应在规定的范围内，一般以62.5%～64.5%为最适宜。

加糖量的计算步骤如下。

① 先算出蔗糖比。又称蔗糖浓缩度，即甜炼乳中所加的蔗糖与水和蔗糖之和（即其水溶液）的比值。成品的蔗糖含量应在规定的范围内。计算公式：

$$\text{蔗糖比}=\frac{\text{蔗糖}}{\text{水分}+\text{蔗糖}}\times 100\%$$

$$\text{或蔗糖比}=\frac{\text{蔗糖}}{100-\text{总乳固体}}\times 100\%$$

【例】 总乳固体为28%，蔗糖为45%的炼乳，其蔗糖比是多少？

解：代入上述公式得

$$\text{蔗糖比}=\frac{45}{100-28}\times 100\%=62.5\%$$

② 根据所要求的蔗糖比计算出炼乳中的蔗糖含量。

$$\text{炼乳的蔗糖含量}(\%)=\frac{(100-\text{总乳固体})\times\text{蔗糖比}}{100}$$

据上述例题可得：

$$\text{炼乳的蔗糖含量}=\frac{(100-28)\times 62.5\%}{100}=45\%$$

(3) 加糖方法　生产甜炼乳时蔗糖的加入方法有以下三种。

① 将蔗糖等直接加入原料乳中，经预热杀菌后吸入浓缩罐中。此法可减少浓缩的蒸发水量，缩短浓缩时间，节约能源。缺点是会增加细菌及酶的耐热性，产品易变稠及褐变。在采用超高温瞬间预热及双效或多效降膜式连续浓缩时，可以使用这种加糖方法。

② 原料乳和65%～75%的浓糖浆分别经95℃、5min杀菌，冷却至57℃后混合浓缩。此法适于连续浓缩的情况下使用，间歇浓缩时不宜采用。

③ 先将牛乳单独预热并真空浓缩，在浓缩即将结束时将浓度约为65%的杀菌蔗糖溶液吸入真空浓缩罐中，再进行短时间的浓缩。此法使用较普遍，对防止变稠效果较好，但浓乳初始黏度过低时易引起脂肪游离。

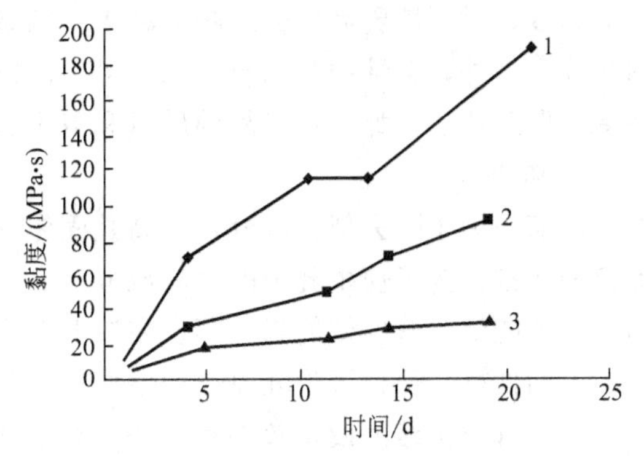

图 5-2 不同加糖方法与甜炼乳黏度的关系

1—糖与乳同时预热杀菌；2—糖浆与乳分别进行预热，混合后一起浓缩；3—糖浆预热杀菌后在浓缩后期加入

牛乳中的微生物及酶类往往由于加糖而提高其耐热性，同时乳蛋白质也会由于糖的存在而变稠及褐变。另外，由于糖液密度较大，糖进入浓缩缸就会改变牛奶沸腾状况，降低对流速度，使位于盘管周围的牛奶产生局部受热过度，引起部分蛋白质变性，加速成品的变稠。在其它条件相同的情况下，加糖越早，其成品变稠越剧烈（图 5-2），故采用后加糖的工艺对改善成品的变稠有利。因此以第三种方法加糖为最好。其次为第二种方法。但一般为了减少蒸发量，节省浓缩时间和燃料及操作简便，有的厂家也会采用第一种方法。

第三种加糖方法的操作步骤为：糖浆制备在熬糖锅内进行，将蔗糖溶于85℃以上的热水中，调成65%～70%浓度的糖浆（可以用折射仪或糖度计进行快速的测定），加热至95℃时保温5min进行杀菌，该过程需要不断搅拌，过滤之后冷却至65℃左右。在原料乳真空浓缩即将完成之前将糖浆吸入到浓缩乳中进行混合。在糖浆的制备中注意不能使糖液高温持续的时间太长，所用蔗糖酸度也不能过高（22°T以下）。因为蔗糖在高温和酸性条件下会转化成葡萄糖和果糖，导致炼乳在贮藏期间的变色和变稠速度加快。这也是蔗糖原料中要求转化糖含量小于0.1%的原因。

（4）糖浆制备　如果在生产中将糖直接加入，会加剧产品变稠，对此一般解决方法是将糖配成糖浆加入。糖浆的浓度同以后浓缩工艺有关，太稀会增加蒸发水量，延长浓缩时间，增加蒸汽消耗量；太浓又会引起蔗糖溶解困难，在进入浓缩锅前就有结晶析出，所以糖浆浓度也有一个上下限，一般在65%～70%之间。可以用折射仪或糖度计进行快速的测定。

① 配制。溶解糖的水质必须无色、无味、澄明，符合饮用水卫生标准。

糖浆用水量计算：根据所需配制的糖浆浓度和加糖量计算而得。如需配制糖浆含量为65%，蔗糖量为600kg，则溶解糖所需水量为：

$$(100-65)\div 65\times 600=323\quad (kg)$$

② 杀菌。蔗糖的溶解、杀菌、冷却是在溶糖锅内进行的，其操作顺序如下。

a. 溶糖。注入定量的水，开动搅拌器放出冷凝水后，开蒸汽阀，徐徐通入蒸汽加热，待水温达90℃以上时投入白砂糖。砂糖溶解后，从旋塞放出部分糖浆重新杀菌。

b. 杀菌。糖浆杀菌采用90℃、10min或95℃、5min。

c. 冷却。关闭蒸汽阀，开冷水阀，冷却至65℃，待用。

③ 糖液的净化。为使产品的杂质度指标符合要求，除要求原料乳达到净乳要求之外，还要防止在生产过程中混入机械杂质，因而必须对糖液进行净化，即过滤处理。

糖浆制备中注意不要使糖浆长时间处于高温下，一般不超过半小时。这是因为蔗糖在高温下会转化为葡萄糖和果糖，这类转化糖会加剧产品变色和变稠，且时间越长这些转化糖就生成越多，对甜炼乳品质的影响就越大。糖浆杀菌一定要彻底，因为蔗糖会提高细菌和酶的耐热性。另外，蔗糖中还可能存在一些耐热菌，一般需要95℃以上的温度才能将其杀灭。如果没做到这些，那么对产品的质量和卫生状况都会造成极大的损害。

6. 浓缩

浓缩是为了除去部分水分，提高乳固体含量，有利于产品保存；减少质量和体积，便于保存和运输。为了使牛乳中的营养成分减少损失，炼乳生产上常用真空浓缩的方法。其特点为：节省能源，蒸发效能高；蒸发在较低温度条件下就可以进行；乳的热变性小，色泽、风味、流动性好，保持了牛乳原有的性质；避免外界污染的可能性。

（1）真空浓缩的设备条件和方法　真空浓缩设备种类很多，按加热部分的结构可分为盘管式、直管式、板式三种；按其二次蒸汽利用与否，可分单效和多效浓缩设备。我国炼乳生产厂家大多数使用间歇式盘管真空浓缩，真空浓缩其条件为：温度45～60℃，真空度为78.45～98.07 kPa，加热蒸汽压力为49～196kPa。

牛奶在真空浓缩过程中温度仅在45～55℃的范围内，时间不超过2.5h，这对于防止蛋白质变性、保持牛奶原有风味和色泽等均有好处。

（2）浓缩终点的判定　浓缩终点的判定一般有三种方法。

① 相对密度测定法。相对密度测定法使用的比重计一般为波美比重计，刻度范围在30～40°Bé，每一刻度为0.1°Bé。波美比重计应在15.6℃下测定，但实际测定时温度不一定恰好是在15.6℃，故须进行校正。温度每差一度，相差0.054°Bé，温度高于15.6℃时加上差值；反之，则需减去差值。15.6℃时的甜炼乳相对密度与15.6℃时的波美度存在如下关系：

$$B=145-\frac{145}{d}$$

式中　145——常数；

d——温度为15.6℃的相对密度；

B——温度为15.6℃时的波美度。

通常浓缩乳样温度为48℃左右，若测得31.71～32.56°Bé时，即可认定已达到浓缩终点。用相对密度来确定终点，有可能因乳质变化而产生误差，通常辅以测定黏度或折射率加以校核。

② 黏度测定法。黏度测定法可使用回转黏度计或毛式黏度计。测定时需先将乳样冷却到20℃，然后测其黏度，一般规定为0.10Pa·s。

通常乳品厂生产炼乳时，为了防止产生气泡、脂肪游离等缺陷，都喜欢将黏度提高一些，如果测定结果大于0.10Pa·s，则可加入灭菌水加以调节。在20℃条件下，加水量可根据每加水0.1%降低黏度0.004～0.005Pa·s来计算。

③ 折射仪法。使用的仪器可以是阿贝折射仪或TZ—62型手持糖度计。当温度为20℃、脂肪含量为8%时，甜炼乳的折射率和总固体含量之间有如下关系：

总固体含量(单位为%)=[70+44×(折射率-1.4658)](%)

7. 均质

（1）均质目的　炼乳在长时间放置时，会发生脂肪上浮现象，表现为其上部形成稀奶油层，严重时一经震荡还会形成奶油粒，这大大影响了产品的质量，为此除在预热等步骤进行严格控制外，还可以采用均质工艺加以克服。同时，炼乳均质可破碎脂肪球，防止脂肪上浮；使吸附于脂肪球表面的酪蛋白量增加以改善黏度，缓和变稠现象；使炼乳易于消化吸收；改善产品感官质量。

(2) 均质工艺 均质效果的好坏决定于均质的压力和温度，压力过高或过低均对产品质量有所影响，压力过高会降低酪蛋白的热稳定性，过低则达不到破坏脂肪球的目的。合适的温度选择有助于控制均质时脂肪球的大小，同时又能防止脂肪球聚合成团，见表 5-1。

表 5-1 均质温度和均质效果

均质后脂肪球大小/μm	不同均质温度的脂肪球的含量/%		
	20℃	40℃	65℃
0～1	2.3	1.9	4.3
1～2	29.3	36.7	74.4
2～3	29.3	21.1	9.0
3～4	29.8	25.2	12.3
4～5	0	15.2	0
5～6	15.4	0	0

为了使 2μm 以下的脂肪球含量达到较高的比率，65℃是最适宜的均质温度。在实际操作中，一般在浓缩后进行均质的温度为 50～65℃。由于开始均质时的压力不会马上稳定，所以最初出来的物料均质不一定充分，可以将这部分物料返回，再均质一次。

在炼乳生产中可采用一次或二次均质，国内多为一次均质，均质压力一般在 10～14MPa，温度为 50～60℃。如果采用二次均质，第一次均质条件和上述相同，第二次均质压力较低，为 3.0～3.5MPa，温度控制在 50℃左右。如采用两次均质，第一次在预热之前进行，第二次应在浓缩之后。虽然两次均质可以适当提高产品的相关质量，但无疑又使设备费用和操作费用提高不少，因此在具体生产中可以视情况加以选择。

为了确保均质效果，可以对均质后的物料进行显微镜检验，如有 80%以上的脂肪球直径在 2μm 以下，就可认为均质充分了。

8. 冷却与结晶

甜炼乳生产中冷却与结晶是最重要的步骤。及时冷却可以防止炼乳在贮藏期间变稠，同时控制乳糖结晶，使乳糖组织状态细腻、柔润，流动性好。所以甜炼乳生产应迅速地将温度降至常温，防止甜炼乳变稠和发生褐变，同时提高产品的稳定性。

(1) 冷却结晶原理 甜炼乳中的乳糖有 α-乳糖和 β-乳糖两种不同异构体，后者的溶解度相对较高。在溶液中 α-乳糖和 β-乳糖可以互相转化，两者之间存在一个动态的“平衡比例”。由于乳糖溶液为饱和溶液，当温度下降时，就会生成过饱和溶液，将开始析出乳糖，首先是 α-乳糖，此时 α-乳糖、β-乳糖之间的比例就被破坏了，β-乳糖开始向 α-乳糖转化，溶解度下降，不断析出晶体，最终到达新的平衡。乳糖的结晶就是利用其在不同温度下的溶解度差来实现的。

由真空浓缩锅放出的浓缩乳温度一般在 50℃，此时乳糖的溶解度为 30.4%，而一般炼乳中的乳糖浓度低于这个值，所以它能全部溶于炼乳所含的水分中。在冷却阶段，温度不断降低，乳糖的溶解度也随着相应下降，到 30℃时为 19.9%，20℃时仅为 16.1%。在蔗糖存在的情况下，溶解度会更低，乳糖必然发生结晶。这是一个从不饱和到饱和再到过饱和的过程。

同其它物质一样，乳糖结晶过程也分为两步，即晶核形成和晶体成长，该过程与溶液过饱和系数有关，过饱和系数越高，则晶核的形成速度和晶体的成长速度越快，但这样所形成的晶体量少且大，是甜炼乳生产所不允许的。

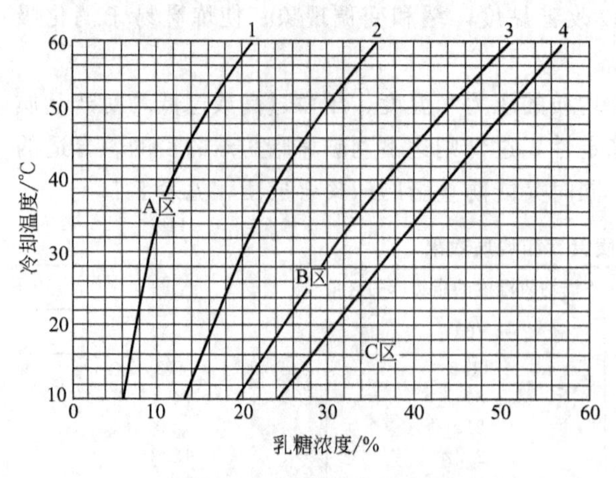

图 5-3 乳糖的结晶曲线

1—乳糖最初溶解度曲线；2—乳糖最终溶解度曲线；3—乳糖强制结晶曲线；4—乳糖过饱和曲线

乳糖结晶分为自然结晶和强制结晶。结晶过程自然进行，不加控制，不添加晶种的称为自然结晶，这种方法所得到的晶体大而少。强制结晶则需控制冷却速度和添加晶种，所得到的晶体小而多。在甜炼乳生产中所采用的就是强制结晶。乳糖的结晶曲线见图 5-3。

图 5-3 中这四条溶解度曲线将整个乳糖结晶曲线图分为三个区域：A 区为稳定区，B 区为亚稳定区，C 区是不稳定区。

通过这个图可以了解在甜炼乳生产中，乳糖应在哪个区域进行结晶，而且还可以找到最适宜的强制结晶温度。图中 A 区是稳定区，在该区域，乳糖全部溶解，不会有结晶析出；C 区是不稳定区，溶液高度饱和，结晶自然析出，但时间慢且得到的晶体少而大，不适合甜炼乳生产的要求，所以强制结晶也不应在这个区域发生。唯有在亚稳定区，溶液饱和且即将发生结晶。只要人为地创造适当的条件就可使乳糖发生强制结晶，迅速生成大量大小一致的细微结晶。晶体的产生先形成晶核，晶核进一步成长为晶体。对相同的结晶量来说，若晶核形成速度远大于晶体形成速度，则晶体多而颗粒小，反之则晶体少而颗粒粗，因此添加晶种可起到诱导结晶的作用，是强制结晶的条件之一，添加晶种进行强制结晶的最适宜温度可以通过“乳糖的结晶曲线图”——强制结晶曲线来找出。

强制结晶过程中，浓缩乳应控制在亚稳定区，保持结晶的最适温度，及时投入晶种，迅速搅拌并随之冷却，从而形成大量细微的结晶。生产高质量炼乳的重要条件之一是结晶温度，温度过高不利于迅速结晶，温度过低则黏度增大也不利于迅速结晶，生产中的最适温度视乳糖浓度而异。

【例】 以含乳糖 4.8%，非脂乳固体 8.6%的原料乳生产甜炼乳，其蔗糖比为 62.5%。蔗糖含量为 45.0%，非脂乳固体为 19.5%，总乳固体为 28.0%，其强制结晶的最适温度可计算如下：

水分＝100－(28＋45)＝27.0%

浓缩比＝19.5∶8.6＝2.267∶1

炼乳中的乳糖（%）＝4.8%×2.267＝10.88%

炼乳水分中的乳糖浓度＝[10.88/(10.88＋27)]×100%＝28.7%

按照所得水分中的乳糖浓度，从图 5-3 结晶曲线（乳糖强制结晶曲线）上可以查出炼乳在理论上添加晶种的最适温度为 28℃左右。

（2）冷却结晶工艺　确定了强制结晶温度后，就可以确定何时投入晶种了。

① 晶种的制备。取精制乳糖粉（多为 α-乳糖）在 120℃烘箱中烘 2～3h，然后在超细微乳糖粉碎机内进行粉碎，再置烘箱中烘 1h，反复粉碎 2～3 次，并通过 120 目粉筛就可达到 5μm 以下的细度。

粉碎后的晶种可置于塑料袋或装瓶封蜡贮藏，如需长期贮藏就要置于罐内抽真空并充氮气。

② 晶种的添加。一般晶种添加量为甜炼乳成品量的0.02%～0.03%，可适当提高该量。

在冷却过程中，当温度达到强制结晶的最适温度时，将预先制备的乳糖晶种用120目筛均匀筛入，要求在10min内筛完。整个过程都要在强烈搅拌中进行。

如采用真空冷却结晶法，则在79.99～85.33kPa条件下慢慢地将晶种以雾状均匀喷入炼乳中。

(3) 冷却结晶的方法　一般可分为间歇式及连续式两类。

间歇式冷却结晶一般采用蛇管冷却结晶器，冷却过程可分为三个阶段。浓缩乳出料后乳温在50℃以上，应迅速冷却至35℃左右，这是冷却初期。随后继续冷却到接近28℃，此为第二阶段，即强制结晶期，结晶的最适温度就处于这一阶段。此时可投入0.04%左右的乳糖晶种，晶种要均匀地边搅边加。没有晶种亦可加入1%的成品炼乳代替。强制结晶期应保持0.5h左右，以充分形成晶核。然后进入冷却后期，即把炼乳迅速冷却至15℃左右，从而完成冷却结晶操作。

另一种是间歇式的真空冷却方法。浓缩乳进入真空冷却结晶机，在减压状态下冷却，不仅冷却速度快，而且可以减少污染。此外，在真空度高的条件下炼乳在冷却过程中处于沸腾状态，内部有强烈的摩擦作用，可以获得细微均一的结晶。但是应预先考虑沸腾排除的蒸发水量，防止出现成品水分含量偏低的现象。

利用连续瞬间冷却结晶机可进行炼乳的连续冷却。连续瞬间冷却结晶机具有水平式的夹套圆筒，夹套有冷媒流通。将炼乳由泵泵入内层套筒中，套筒中有带搅拌桨的转轴，转速为300～699r/min。在强烈的搅拌作用下，在几十秒到几分钟内即可将炼乳冷却到20℃以下，不添加晶种即可获得5μm以下的细微结晶，而且可以防止褐变和污染，亦有利于防止变稠。

9. 灌装、包装和贮藏

(1) 装罐　在普通设备中经冷却结晶后的炼乳，其中含有大量的气泡，如此时装罐，气泡会留在罐内而影响产品质量。所以用手工操作的工厂，通常需静置12h左右，等气泡逸出后再进行装罐。空罐须清洗，并用蒸汽杀菌(90℃以上保持10min)，烘干之后方可使用。装罐时，一定要除去气泡并装满，封罐后洗去罐上附着的炼乳或其它污物，再贴上商标。大型工厂多用自动装罐机，罐内装入一定数量的炼乳后，移入旋转盘中采用离心力除去其中的气体，或用真空封罐机进行封罐。

(2) 包装间的卫生　包装间需用紫外线杀菌30min以上，并用乳酸熏蒸一次。消毒设备用的漂白粉水有效氯浓度为400～600mg/kg，包装室门前消毒鞋用的漂白粉水有效氯浓度为1200mg/kg。包装室墙壁(2m以下地方)最好用1%硫酸铜防霉剂粉刷。

(3) 贮藏　炼乳贮藏于库房内时，应离开墙壁及保暖设备30cm以上，库房内温度不得高于15℃且应恒温，空气相对湿度不应高于85%。如果贮藏温度经常波动，会引起乳糖形成大块结晶。贮藏中每月应进行1～2次翻罐，以防乳糖沉淀。

三、甜炼乳的质量控制

1. 甜炼乳质量标准

甜炼乳应具有纯净的甜味和固有的香味，具有均匀地热流动性，不得呈软膏状或凝胶状，品尝时不应有粉状和砂状的口感，开罐时不能在表面发现明显的脂肪分离层，冲调后不得在杯底存有明显的不溶性盐类沉淀或蛋白质凝块，色泽均一，不得有霉斑或纽扣状凝块存在。甜炼乳一般应满足下列指标。

(1) 感官指标

① 滋味和气味。甜味纯正，具有明显的消毒牛乳的滋味和气味，无杂味。

② 色泽。呈乳白（黄）色，颜色均匀，有光泽。

③ 组织状态。组织细腻，质地均匀，黏度正常，无脂肪上浮，无乳糖沉淀，冲调后允许有微量钙盐沉淀。

(2) 理化指标　甜炼乳的理化指标见表5-2。

表5-2　甜炼乳的理化指标

项　目	指　标	项　目	指　标		
水分含量/%　≤	26.50	铅含量(以Pb计)/(mg/kg)　≤	0.50		
脂肪含量/%　≥	8.0	铜含量(以Cu计)/(mg/kg)　≤	4.00		
蔗糖含量/%	45.50	锡含量(以Sn计)/(mg/kg)　≤	10.00		
酸度/°T　≤	48.00	杂质度/(mg/kg)　≤	8.00		
总乳固体含量/%　≥	28.00	乳糖结晶颗粒/μm	15(特级)	20(一级)	25(二级)

(3) 微生物指标　甜炼乳的微生物指标见表5-3。

表5-3　甜炼乳的微生物指标

项　目	指　标		
	特　级	一　级	二　级
细菌总数(cfu/g)　≤	15000	30000	50000
大肠菌群(近似数)/(cfu/100g)　≤	40	90	90
致病菌	不得检出	不得检出	不得检出

2. 甜炼乳生产和贮藏过程的质量缺陷及控制措施

(1) 变稠（浓厚化）　甜炼乳在贮存中，特别是在温度较高的环境下贮存，其黏度逐渐增高，以致失去流动性，甚至成为凝胶状，这一过程称为变稠，此现象是甜乳贮存中最常见的缺陷，其原因有细菌学和物理化学两个方面。

① 细菌性变稠。甜炼乳的细菌性变稠主要是由于芽孢菌、链球菌、葡萄球菌及乳酸杆菌等作用产生的，因这些细菌均为革兰氏阳性菌，它们可将甜炼乳中的蔗糖和蛋白质作为碳源和氮源，通过自身的胞外酶进行代谢，代谢后的产物为甲酸、乙酸、丁酸及乳酸等有机酸，并分泌一种凝乳酶，而使甜炼乳变稠。如原料乳污染了较多的细菌，即使细菌已死亡，但凝乳酶的作用并不消失，仍会出现甜炼乳变稠现象。

防止细菌性变稠的措施有以下几点。a. 加强各个生产工序的卫生管理，并将设备彻底清洗、消毒以避免微生物污染。b. 采取有效的预热杀菌方法，预热杀菌温度以控制在(79±1)℃，保温10～15min为宜，这样可达到这些细菌的热力致死时间。c. 保持一定的蔗糖浓度。为防止炼乳中的细菌生长，蔗糖比必须在62.5%以上，但超过65%会发生蔗糖析出结晶。因此，蔗糖比以62.5%～64.0%为最适宜。d. 宜贮藏于低温（10℃）下。

② 理化性变稠。甜炼乳的理化性变稠是由于蛋白质胶体状态出现变化（即蛋白质由溶胶转为凝胶）而产生的。理化性变稠的因素主要有以下几方面。

a. 因为理化性变稠与蛋白质的胶体膨胀性或水合现象有关，所以酪蛋白或乳清蛋白质含量越高，变稠现象越严重。

b. 关于盐类方面，钙、磷与磷酸盐和柠檬酸盐之间有一定的比例关系，无论哪一种过多或过少都能引起蛋白质的不稳定。

c. 脂肪含量少的加糖炼乳变稠倾向大，所以脱脂炼乳显然易出现变稠现象，这是因为含脂制品的脂肪介于蛋白质粒子间以防止蛋白质粒子的结合。

d. 由于牛乳的酸度高时，酪蛋白产生不稳定现象，制品容易凝固。

e. 预热温度对变稠有显著影响。用63℃、30min预热时变稠的倾向较少，但是易引起脂肪分离，同时因成品中留有解脂酶致使产品脂肪分解，所以不宜采用。80℃的预热比较适宜。85～100℃的预热能使产品很快变稠，而110～120℃时反而使产品趋于稳定，但是由于加热温度过高，影响制品的颜色。

f. 至于浓缩程度方面，由于浓缩程度高，干物质相应增加，黏度也就升高。随着黏度的升高，变稠的倾向也就增加，但变稠的倾向并不与干物质直接成比例。

g. 浓缩温度比标准温度高时，黏度增加，变稠的倾向也增加。尤其浓缩将近结束时，如温度超过60℃，则黏度显著增高，贮藏中变稠倾向也增大。所以，最后浓缩温度应尽量保持在50℃以下。

h. 贮藏温度对产生变稠有很大影响。优质甜炼乳在10℃以下保存4个月不发生变稠现象，20℃则有所增加，30℃以上则明显增加。

（2）膨罐（胖听） 甜炼乳在保存期内出现膨罐现象主要是细菌增殖所致。甜炼乳是靠高浓度蔗糖所形成的渗透压来抑制微生物的活动，如果卫生管理条件差、产品及盛装器具被严重污染，微生物就会不断增殖，而产生大量气体导致膨罐。产生气体的微生物主要有酵母、乳酸菌及嫌气性丁酸菌等，酵母特别是耐高渗性酵母可使蔗糖分解产生乙醇和二氧化碳，乳酸菌的繁殖产生乳酸腐蚀罐壁产生锡化氢，在贮藏温度较高时嫌气性丁酸菌会增殖而产生气体。

上述微生物的存在，主要是生产过程中杀菌不完全，或者由于混入不清洁的蔗糖及空气所致。因此为防止膨罐：①应加强各生产工序的就地清洗力度，尤其是浓缩罐与结晶缸的清洗，盛装的容器要严格消毒灭菌；②灌装时要尽量装满，减少顶隙和气泡，创造不利于好气性微生物生长、增殖的条件；③对环境消毒可采取紫外线与乳酸熏蒸相结合的方法。

（3）纽扣状絮凝的形成 纽扣状絮凝是由死亡的霉菌引起的，通常在炼乳表面呈白、黄或赤褐色“纽扣”状出现。一般而言，死亡霉菌在其代谢物酶的作用下，在1～2月后逐步形成纽扣状絮凝，带有干酪和陈腐气味。纽扣状絮凝形成原因是生产过程中有霉菌混入，所以应做好以下几点：①做好卫生管理及设备清洗、消毒工作；②采取真空封罐，或将罐装满不留空隙；③彻底进行预热、杀菌；④在15℃以下倒置贮藏。

（4）砂状炼乳 砂状炼乳主要是由其所含乳糖晶体粗大引起的，乳糖晶体在10μm以下，至少在15μm以下可以赋予甜炼乳柔软的组织状态；在15～20μm就会有粉状的口感；20～30μm之间会有砂状口感，超过30μm就会呈严重的砂状口感。产生晶体粗大的原因很多，主要有以下几方面。

① 晶体质量差及添加量不足。乳糖结晶所添加的晶体必须磨细，大小应在3～5μm之间，而且还要烘干。晶种添加量应为成品量的0.025%左右，添加量过少就会导致晶体成长快，生成粗大的乳糖结晶。

② 晶种添加时间和方法错误。晶种加入的时间是根据强制结晶的最适温度而定的，如果加入时温度过高，就会造成过饱和程度不够高而使部分晶体溶解，因而损失的晶种就导致

晶种添加量的不足。对晶种的添加方法也有一定的要求，应在强烈搅拌的过程中用120目筛在10min内均匀的筛入，否则晶种分布不均匀和添加时间过长都会导致部分或全部晶体粗大。

③ 贮藏期温度过高或温度变化过大。贮藏期温度过高或温度变化过大均会造成甜炼乳在贮藏期的乳糖再结晶。

④ 其它一些原因。冷却温度不达要求，冷却速度过慢，搅拌时间太短等工艺条件也会不同程度地造成晶体粗大。

(5) 棕色化（褐变） 棕色化（褐变）主要是由于乳中的蛋白质与蔗糖中所含的还原糖发生羰氨反应所造成的。甜炼乳在贮藏过程中会逐渐生成褐色物质，从而失去特有的光泽而逐渐变成黄褐色，严重时会生成褐色的凝块。褐变会使甜炼乳的营养价值降低，主要表现在外观及滋味恶化，物理性质变劣；维生素及必要的氨基酸分解；蛋白质的生理价值及消化性降低；生成有毒物质或代谢抑制物质，如丁酸、丙酸、H_2S 和 NH_4^+ 等。

为防止甜炼乳褐变的产生，需要对蔗糖品质及甜炼乳生产工艺条件进行严格控制。

(6) 糖沉淀 甜炼乳中乳糖晶体过于粗大时就会在罐底沉淀下来。要防止该缺陷的产生可参照晶体粗大的防止方法，并控制适当的初黏度。如果乳糖结晶在10μm以下，炼乳保持正常的黏度，则一般不致产生沉淀。另一种糖沉淀是蔗糖沉淀，甜炼乳中含有大量蔗糖，如果蔗糖比过高，在低温贮藏时会引起蔗糖结晶并沉淀下来，解决方法是防止蔗糖比超过64.5%，并控制贮藏温度。

(7) 脂肪分离 炼乳黏度非常低时，有时会产生脂肪分离现象。静置时脂肪的一部分会逐渐上浮，形成明显的淡黄色膏状脂肪层。由于搬运装卸等过程的震荡摇动，一部分脂肪层又会重新混合，开罐后呈现斑点状或斑纹状的外观，这种现象会严重影响甜炼乳的质量。防止的办法是：①控制好黏度，也就是要采用合适的预热条件，使炼乳的初黏度不要过低；②浓缩时间不应过长，特别是浓缩末期不应拉长，而且浓缩温度不要过高，以采用双效降膜式真空浓缩装置为佳；③采用均质处理，但乳必须先经过净化，并且经过加热将乳中的脂酶完全破坏。

(8) 酸败臭及其它异味 酸败臭是由于乳脂肪水解而生成的刺激味。这可能是由于在原料乳中混入了含脂酶多的初乳或末乳，或污染了能生成脂酶的微生物。另外，预热温度低于70℃使乳中脂酶残留以及原料乳未先经加热处理就进行均质等都会使成品炼乳逐渐产生脂肪分解导致酸败臭味。但是一般在短期保藏情况下，不会发生这种缺陷。此外鱼臭、青草臭味等异味多为饲料或奶畜饲养管理不良等原因所造成。乳品厂车间的卫生管理也很重要。使用陈旧的镀锡设备、管件和阀门等，由于镀锡层剥离脱落，也容易使炼乳产生氧化现象而具有异臭。如果使用不锈钢设备并注意平时的清洗消毒则可防止。

(9) 柠檬酸钙沉淀（小白点） 甜炼乳冲调后，有时会在杯底发现白色细小的沉淀，俗称“小白点”。这种沉淀物的主要成分是柠檬酸钙。因为甜炼乳中柠檬酸钙含量约为0.5%，折算为每1000ml甜炼乳中含柠檬酸钙19g，而在30℃下1000ml水仅能溶解柠檬酸钙2.51g。所以柠檬酸钙在甜炼乳中处于过饱和状态，因此柠檬酸钙结晶析出是必然的。另外，柠檬酸钙的析出与乳中的盐类平衡、柠檬酸钙存在状态与晶体大小等因素有关。实践证明，在甜炼乳冷却结晶过程中，添加15～20mg/kg左右的柠檬酸钙粉剂，特别是添加柠檬酸钙胶体作为诱导结晶的晶种，可以促使柠檬酸钙晶核形成提前，有利于形成细微的柠檬酸钙结晶，可减轻或防止柠檬酸钙沉淀的生成。

第二节　淡炼乳的加工

鲜牛乳经过预热、浓缩后，使体积变为原体积的40%～45%，装罐后经高温灭菌而制成的浓缩乳制品称为淡炼乳。淡炼乳可以在室温下长期保藏，凡是不易获得新鲜乳的地方可以用淡炼乳来代替。但由于经过了高温灭菌，所以降低了乳的芳香风味、维生素，特别是维生素 B_1 及C的损失程度较大，而且开罐后不能久存，必须在1～2d内用完。淡炼乳如果复原为与普通消毒乳一样的浓度时，其维生素含量，特别是维生素 B_1、维生素C及维生素D不足，故长期饮用时须补充维生素。另一方面，淡炼乳形成软凝块，具有消化性良好、不会引起乳过敏等优点，故添加必要的维生素后，非常适合于婴儿及病弱者饮用。此外，淡炼乳可用作制造冰淇淋和糕点的原料，也可在喝咖啡或红茶时添加淡炼乳。

一、淡炼乳的加工工艺

淡炼乳的生产工艺流程如下。部分生产线示意图如图5-4所示。

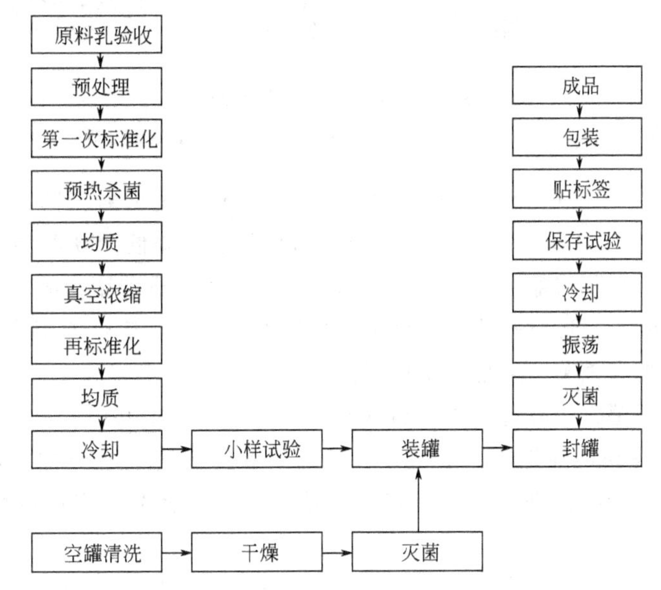

二、淡炼乳的工艺要求

1. 原料乳的验收

生产淡炼乳对原料乳的要求比生产甜炼乳对原料乳的要求严格。因为生产过程中要进行高温灭菌，对乳的热稳定性要求更高，因此除作一般常规检验、采用72%酒精试验外，还需做磷酸盐试验来测定原料乳中蛋白质的热稳定性，必要时还要做细菌学检查。

磷酸盐试验的方法：取10ml牛乳放入试管中，加磷酸氢二钾溶液1ml（磷酸氢二钾68.1g溶于蒸馏水中，定容至1000ml）混合，将试管浸于沸水浴中5min取出冷却，观察有无凝固物出现，如有凝固物则表示热稳定性差，不能用作淡炼乳的原料。

2. 预处理及标准化

验收、净乳、冷却、标准化等工序与甜炼乳相同。

3. 预热杀菌

预热目的与甜炼乳基本相同。在淡炼乳的生产中不仅是为了杀菌和破坏酶类，而且适当的加热可使酪蛋白的稳定性提高，防止生产后期灭菌时凝固，并赋予制品适当的黏度。一般

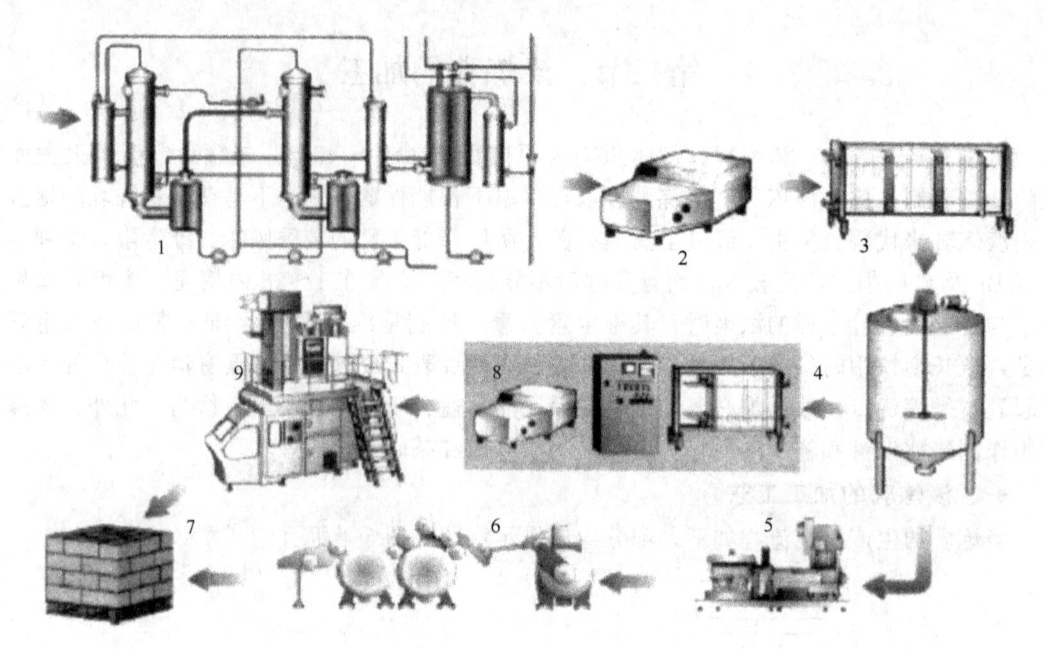

图 5-4 淡炼乳的部分生产线

1—真空浓缩；2—均质；3—冷却；4—中间周转罐；5—灌装；6—杀菌；7—贮存或冷却；8—UHT 杀菌；9—无菌灌装

采用 95～100℃、10～15min 杀菌，使乳中离子状态的钙成为磷酸三钙，而呈不溶性。如乳的预热温度低于 95℃，尤其是 80～90℃，则乳的热稳定性降低。高温加热会降低钙、镁离子的浓度，相应地减少了与酪蛋白结合的钙。适当高温可使乳清蛋白凝固成微细的粒子，分散在乳浆中，灭菌时不再形成凝块。因而随杀菌温度升高热稳定性亦提高，但 100℃以上黏度会降低，所以仅提高杀菌温度也是不适当的。

采用高温瞬间杀菌方法可进一步提高乳制品的稳定性。如 120～140℃、2～5s 杀菌，乳干物质 26%成品的热稳定性是 95℃、10min 杀菌产品的 6 倍，是 95℃、10min 加稳定剂产品的 2 倍。因此，超高温处理可降低稳定剂的使用量，甚至可不用稳定剂仍能获得稳定性高、褐变程度低的产品。

为了提高乳蛋白质的热稳定性，在淡炼乳生产中允许添加少量稳定剂。常用的稳定剂有柠檬酸钠、磷酸氢二钠或磷酸二氢钠，添加量为 100kg 原料乳中添加磷酸氢二钠或柠檬酸钠 5～25g，或者 100kg 淡炼乳中添加 12～62g。稳定剂的用量最好根据浓缩后的小样试验来决定，使用过量，产品风味不好且易褐变。

4. 浓缩

淡炼乳的浓缩过程与甜炼乳基本相同，但淡炼乳因不加蔗糖其总乳干物质含量较低，可使用 0.12MPa 的蒸汽压力进行蒸发。浓缩时牛乳温度一般保持在 54～60℃。若预热温度高，浓缩时沸腾剧烈，易起泡和焦管，应注意对加热蒸汽的控制。一般 2.1kg 的原料乳（乳脂肪 3.8%、非脂乳固体 8.55%）经浓缩可生产 1kg 淡炼乳（乳脂肪 8%、非脂乳固体 18%）。

5. 再标准化

原料乳已进行过标准化，浓缩后进行的标准化是使浓缩乳的总固形物控制在标准范围内，因为淡炼乳的浓度难于正确掌握，一般生产中都是浓缩到比标准略高的浓度，再加无菌水调整到要求的浓度，所以再标准化步骤通常被称为浓度标准化，也称加水。加水量按下式计算：

$$加水量=A/F_1-A/F_2$$

式中　A——单位标准化乳的全脂肪含量，%；

F_1——成品的脂肪含量，%；

F_2——浓缩乳的脂肪含量，%（可用脂肪测定仪或盖勃氏法测定）。

6. 均质

淡炼乳在长期放置之后会产生脂肪上浮现象，表现为其上部形成稀奶油层，严重时一经震荡还会形成奶油粒，影响产品的质量，所以要进行均质。通过均质可破碎脂肪球，防止脂肪上浮；使吸附于脂肪球表面的酪蛋白量增加，进而增加制品的黏度，缓和变稠现象；改善产品感官质量，使产品易于消化吸收。

淡炼乳均质的目的与甜炼乳相同。淡炼乳大多采用二次均质，均质压力第一段为14～16MPa，第二段为3.5MPa左右。温度以50～60℃为宜。均质效果可通过显微镜检查确定。

7. 冷却

均质后的炼乳温度一般为50℃左右，如在这样的温度下停留时间过长，可能出现耐热性细菌繁殖或酸度上升的现象，从而使灭菌效果及热稳定性降低。因此淡炼乳均质后应及时且迅速地将物料的温度降下来，以防止产品发生变稠和褐变，同时提高产品的稳定性。淡炼乳的冷却温度与装罐时间有关，当日装罐需冷却到10℃以下，次日装罐要求温度更低。一般在4℃以下可以防止微生物繁殖。

8. 小样试验

（1）目的　为了防止不可预见的变化而造成的产品的大量损失，可先进行小样实验。先按不同剂量添加稳定剂，试封几罐进行灭菌，然后开罐检查以决定稳定剂添加量及温度和时间。

（2）样品的准备　由贮乳罐取样，通常以每1kg原料乳0.25g为限，加入不同剂量的稳定剂。稳定剂可配制成饱和溶液，用刻度为0.1ml和1ml吸管添加比较方便。

（3）灭菌试验的方法　把样品装入小样用的灭菌机，采用116.5℃、16min保温完毕后，迅速冷却，冷却后即可取出小样开罐检查。

（4）开罐检查　检查的顺序是先检查有无凝固物，然后检查黏度、色泽、风味。检查有无凝固物时，可将式样放入烧杯中，观察烧杯上的附着状态。烧杯壁成均匀乳白状态者为良好，如有斑纹状或有明显的附着物则不好。色泽呈稀薄的稀奶油色的为良好。风味一般为略有甜味，稍有焦糖味尚可，如有苦味或咸味不良。

9. 装罐与封罐

按照小样试验结果添加稳定剂后，应立即进行装罐、封罐。装罐时顶隙要留有余量，不可装满，以免灭菌时膨胀变形。装罐后进行真空封罐，以减少气泡量及顶隙中的残留空气，并且防止“假胖听”。封罐后应及时灭菌，若不能及时灭菌应在冷库中贮藏以防变质。

10. 灭菌、冷却

灭菌的目的是彻底杀灭微生物及酶类，使成品达到长期保藏。另外，适当高温处理可提高成品黏度，有利于防止脂肪上浮，并可赋予炼乳特有的芳香味。不过淡炼乳的二次杀菌会引起美拉德反应而造成产品有轻微的棕色变化。灭菌方法分为间歇式（分批式）灭菌法和连续式灭菌法两种。

① 间歇式灭菌适于小规模生产，可用回转灭菌机进行，灭菌条件如下。

$$升温\xrightarrow{17\sim18min}87℃\xrightarrow{6\sim8min}100℃\xrightarrow{6\sim8min}116℃\xrightarrow{15min}排气\xrightarrow{5min}冷却$$

② 连续式灭菌可分为三个阶段：预热段、灭菌段和冷却段。封罐后罐内乳温在18℃以下，进入预热区预热到93～95℃，然后进入灭菌区，加热到114～119℃，经一定时间后，进入冷却区，冷却到室温。近年来，新出现的连续灭菌机，可在2min内加热到125～138℃，并保持1～3min，然后急速冷却，全部过程只需6～7min。连续式灭菌法灭菌时间短，操作可实现自动化，适于大规模生产。

11. 振荡

如果灭菌操作不当，或使用热稳定性较差的原料乳，则生产出的淡炼乳往往出现软的凝块。振荡可使凝块分散复原成均一的流体，使用振荡机进行振荡，应在灭菌后2～3d内进行，每次振荡1～2min。

12. 保温检查

淡炼乳出厂之前，一般还要经过保藏试验，即产品在25～30℃保温贮藏3～4周，观察有无膨罐，并开罐检查有无缺陷，必要时可抽取一定数量样品，于37℃保存6～10d加以观察及检查，合格者方可出厂。

三、淡炼乳的质量控制

1. 淡炼乳的质量标准

(1) 感官指标

① 滋味与气味。应具有明显的高温灭菌乳的滋味和气味，无杂味。

② 组织状态。组织细腻、质地均匀、黏度适中、无脂肪游离、无沉淀、无凝块、无机械杂质。

③ 色泽。均匀一致，有光泽，呈乳白（黄）色。

(2) 理化与细菌指标　可参见表5-4。

表5-4　淡炼乳的理化指标

项　目	指　标	项　目	指　标
总乳固体含量/% ≤	26	铜含量(以Cu计)/(mg/kg) ≤	4
脂肪含量/% ≥	8.0	锡含量(以Sn计)/(mg/kg) ≤	50
蔗糖含量/%	45.50	杂质度/(mg/kg) ≤	1.5
酸度/°T ≤	44	细菌指标	不得含有任何杂质或致病菌
铅含量(以Pb计)/(mg/kg) ≤	0.50		

2. 淡炼乳生产和贮藏过程的质量缺陷及控制措施

(1) 脂肪上浮　淡炼乳常常出现脂肪上浮这一缺陷，这是由于黏度下降，或均质不完全而产生的。如适当控制热处理条件，使其保持适当的黏度，并注意均质操作，使脂肪球直径基本上都在2μm以下，即可防止脂肪上浮。解决方法同甜炼乳。

(2) 胀罐　淡炼乳的胀罐分为细菌性胀罐、化学性胀罐及物理性胀罐三种类型。由于细菌生长产气可造成细菌性胀罐，主要原因是污染严重或灭菌不彻底，特别是受到耐热性芽孢杆菌污染。应防止污染和加强灭菌。如果淡炼乳酸度偏高，同时贮存过久，乳中的酸性物质与罐壁的锡、铁等发生化学反应产生氢气，可导致化学性胀罐。此外，如果装罐过满或运到高原、高空、高海拔、低气压的场所，则可能出现物理性胀罐，即所谓的“假胖听”。

(3) 褐变　淡炼乳经高温灭菌颜色变深呈黄褐色。灭菌温度越高、保温时间及贮藏时间越长，褐变现象越突出，其原因是发生了美拉德反应。为防止褐变，要求在达到灭菌效果的前提下尽量避免过度的长时间高温加热处理，同时产品的保存应在5℃以下；稳定剂使用时注意用量和品种，不宜使用碳酸钠，可使用磷酸氢二钠。

（4）黏度降低 淡炼乳在贮藏期间一般会出现黏度降低的趋势。当黏度显著降低时，会出现脂肪上浮和沉淀现象。影响黏度的主要因素是热处理过程，同时在贮藏时也会发生，贮藏温度越高，黏度下降越快，因此在－5℃下贮藏可避免黏度降低，但在0℃以下贮藏易导致蛋白质不稳定。

（5）凝固 一般淡炼乳出现的凝固现象为细菌性凝固和理化性凝固。

① 细菌性凝固。耐热性芽孢杆菌严重污染、灭菌不彻底或封口不严密的淡炼乳，由于微生物的生长产生乳酸或凝乳酶，均可导致淡炼乳产生凝固现象，这时大都伴有苦味、酸味和腐败味等。为了防止淡炼乳受到污染，应严密封罐和严格灭菌，这样可避免淡炼乳凝固。

② 理化性凝固。若使用热稳定性差的原料乳，或生产过程中干物质含量过高、浓缩过度、均质压力过高、灭菌过度等均可能出现凝固。原料乳热稳定性差主要是酸度高、乳清蛋白含量高或盐类平衡失调而造成的。所以需严格控制热稳定性试验。盐类不平衡可通过离子交换树脂处理或适当添加稳定剂来解决。此外，正确地进行浓缩操作和灭菌处理，避免过高的均质压力等操作规程可以避免理化性凝固。

（6）蒸煮味 蒸煮味是由于乳中的蛋白质长时间高温处理而分解，产生硫化物所致，由于淡炼乳要经过高温灭菌，所以常会出现该缺陷。蒸煮味的产生对产品口感有着很大的影响，防止方法主要对热处理工艺的控制，避免长时间高温处理，用超高温瞬时灭菌法处理的淡炼乳一般不会有蒸煮味的产生。

【本章小结】

炼乳可分为两种不同类型，即甜炼乳和淡炼乳。甜炼乳是一种加入糖的浓缩乳。该产品呈淡黄色，看起来像蛋黄酱。甜炼乳的糖分浓度很高因而渗透压也很高，能杀死大部分微生物。甜炼乳可用全脂乳或者脱脂乳粉来进行生产。

淡炼乳是一种经过灭菌处理、外观颜色淡似稀奶油的乳制品。这种产品有很大的市场，在不易获得鲜乳的地方，都用淡炼乳。淡炼乳添加维生素B后，可用作母乳代用品，也可用于烹调和调制牛乳咖啡等。

两种炼乳的生产过程第一道工序是含脂率和固形物含量精确的标准化处理，下一步是热处理，主要是将牛乳中的微生物杀死，使牛乳保持稳定。两种炼乳对原料的要求和初加工的方法基本相同，以后的加工方法则稍有不同。在甜炼乳生产中，经热处理的乳送到蒸发器进行浓缩，将糖制成糖溶液，在蒸发阶段加入到浓缩乳中，浓缩后进行冷却，使乳糖在过饱和溶液中形成非常小的晶体颗粒。在冷却和结晶后，甜炼乳进行包装并送去贮藏。在淡炼乳的生产中经热处理后的牛乳被输送到蒸发器进行浓缩，均质处理后再进行冷却，在包装前检查牛乳的凝结稳定性，如果需要，还可以通过添加磷酸盐来增加凝结稳定性，然后将产品装罐并在杀菌锅中杀菌，冷却后进行贮藏。

【复习思考题】

1. 制造甜炼乳对原料乳有哪些要求？

2. 甜炼乳的预热、杀菌与灭菌乳的杀菌有什么不同？

3. 简述甜炼乳的加工工艺及要求。

4. 加糖量与蔗糖比计算：①含28%总乳固体及45%蔗糖的甜炼乳，其蔗糖比是多少？②总乳固体含量28%的甜炼乳其蔗糖比为62.5%时，蔗糖含量是多少？③用总乳固体含量11.8%的标准化后的原料乳制造总乳固体含量30%及蔗糖含量44%的甜炼乳，在100kg原料乳中应添加多少千克蔗糖？

5. 甜炼乳加糖的方法有哪些？

6. 牛乳浓缩后会有什么变化？

7. 浓缩终点如何确定？

8. 均质的目的有哪些？

9. 晶种是如何制备的？如何添加？

10. 甜炼乳常见的质量缺陷及控制措施有哪些？

11. 甜炼乳与淡炼乳的根本区别是什么？

12. 用于淡炼乳生产的稳定剂的种类有哪些？如何添加？

13. 简述淡炼乳的缺陷及原因。

第六章　乳粉加工技术

学习目标

1. 了解乳粉的概念、分类和质量标准。掌握乳粉的理化特性。

2. 掌握全脂乳粉的加工工艺，重点掌握真空浓缩和喷雾干燥的原理、方法及相关设备。

3. 掌握脱脂乳粉、速溶乳粉和配方乳粉的加工工艺。

4. 了解乳粉生产中可能出现的各种质量问题及产生原因，掌握对其进行质量控制的基本方法。

第一节　乳粉概述

乳粉是一种干燥粉末状乳制品，具有耐保藏、使用方便的特点。生产乳粉的目的在于保留牛乳营养成分的同时，除去乳中大量水分，使牛乳由含水88%左右的液体状态转变成含水2%～5%的粉末状态，既利于包装运输，又便于保藏使用。乳粉随时随地均可冲调饮用，非常便利。乳粉不仅是糖果、饼干、糕点、冷饮等食品工业的重要原料，而且是造纸、皮革、印染、化工、医药等工业的辅助材料。另外，还是某些工厂企业工人的保健食品，定期食用可增强工人体质，防止工业毒物（铅中毒）侵害。

一、乳粉的定义及种类

1. 乳粉的定义

乳粉（milk powder）是以新鲜乳为原料，或以新鲜乳为主要原料，添加一定数量的植物或动物蛋白质、脂肪、维生素、矿物质等配料，经杀菌、浓缩、干燥等加工工艺除去乳中几乎所有的水分，干燥而制成的粉末。

2. 生产制造方法

在乳粉的生产过程中，一般都先将乳浓缩至干物质（固形物）含量达到45%～50%，然后再进行干燥制成粉末状产品。目前国内乳粉生产普遍采用加热法。由于加热的方式不同，分为平锅法、滚筒法和喷雾法三种。平锅法是一种比较古老和原始的方法，这种方法的产品质量不易保证，劳动强度大，难以大量生产，目前已淘汰。滚筒法国内也很少，特别是真空滚筒法则更少。喷雾法的产品质量较好，便于连续化和自动化大量生产，我国各地的乳品加工厂大多采用此种方法。

另外，也可采用冷冻法生产乳粉。冷冻法制乳粉又可以分为离心冷冻法和升华法两种。冷冻法制造乳粉因温度很低，牛乳中的全部营养成分能保留，同时也可避免因加热对产品色泽和风味带来不良影响。冷冻法制造的乳粉，溶解度极高。

3. 乳粉的种类

乳粉的种类分为全脂乳粉和脱脂乳粉；加糖乳粉和不加糖乳粉，但一般只有全脂乳粉加糖和脱脂乳粉不加糖。有根据溶解速度快（颗粉大）而确定的速溶乳粉。还有添加某些必要的维生素和氨基酸的乳粉，以及根据特定的营养成分而制造的专喂养新生婴儿和未成熟婴儿用的软块母乳化乳粉等。

根据所用的原料、原料处理及加工方法不同，一般将乳粉分为如下几种。

(1) 全脂乳粉　用全脂鲜乳为原料，经过杀菌、浓缩、干燥而成。

(2) 脱脂乳粉　所用的原料为将鲜乳中的脂肪分离出去的脱脂乳。

(3) 加糖乳粉　在原料乳中加入一定量的糖或乳糖经干燥加工而成。

(4) 调制乳粉　又叫强化乳粉，在原始乳中加入或补充人体需要的各种营养素加工制得。

(5) 速溶乳粉　经过特殊的干燥工艺制成，溶解性非常好。

(6) 乳清粉　利用制造干酪或干酪素的副产品——乳清为原料，经浓缩、干燥制成。

(7) 酪乳粉　利用奶油加工的副产品——酪乳为原料，经浓缩、干燥制成。

(8) 乳油粉　在稀奶油中添加一部分鲜乳制成。

(9) 冰淇淋粉　在鲜乳中加入适量的脂肪、稳定剂、乳化剂和甜味剂、香料等加工制成。

(10) 麦精乳粉　在鲜乳中添加麦芽、可可、蛋类、饴糖、乳制品等经干燥制成。

近年来随着乳品工业的发展和技术进步，不断涌现出各种类型的乳粉，如干酪粉、嗜酸菌乳粉及双歧杆菌乳粉、加锌乳粉等。总之，凡是最终制成干燥粉末状态的乳制品，都可归于乳粉类。

二、乳粉的理化特性

1. 色泽与风味

正常乳粉的色泽为淡黄色，具有牛乳独特的乳香微甜风味。

2. 乳粉的密度

乳粉密度受板眼孔径、喷雾压力和浓缩乳的浓度等影响。一般浓度越高，乳粉的密度也越大。干燥温度提高时，因颗粒膨胀而中空，结果会使密度降低。乳粉密度通常有三种，它们分别说明了乳粉的品质特性。

(1) 表观密度　单位体积中乳粉的质量（包括颗粒空隙中的空气）。

(2) 容积密度　乳粉颗粒的密度（包括颗粒内的空气）。

(3) 真密度　不包括空气的乳粉本身的密度。

3. 乳粉的成分及其状态

(1) 乳粉的气泡　压力喷雾的全脂乳粉颗粒中含气量为7%～10%（体积分数），脱脂乳粉约13%；离心喷雾的全脂乳粉的含气量为16%～22%，脱脂乳粉约35%。含气泡多的乳粉浮力大，下沉性差，且易氧化变质。

(2) 乳粉的脂肪　喷雾干燥的乳粉的脂肪呈微细球状，存于乳粉颗粒内部。压力喷雾的乳粉脂肪球较小，约1～2μm，离心喷雾粉约为1～3μm。凝聚在乳粉颗粒边缘的游离脂肪(3%～14%) 含量高时，乳粉极易氧化，不耐保存，冲调性差。

(3) 乳粉的蛋白质　乳粉颗粒中蛋白质的状态，特别是酪蛋白的状态，决定了乳粉的复原性。

(4) 乳粉的乳糖　乳糖是乳粉颗粒中的主要成分，全脂淡乳粉约含38%，脱脂乳粉50%，乳清粉70%。普通新生产的乳粉中乳糖呈非结晶的玻璃状态，玻璃态的乳糖极易吸潮，变成含一个分子结晶水的结晶乳糖。

(5) 乳粉的水分　全脂乳粉在2%，脱脂乳粉在4%以下为宜，水分高低直接影响乳粉的质量及保藏性。但水分过低容易引起脂肪氧化，产生氧化臭。

4. 乳粉的溶解度与复原性

溶解度是表示乳粉与水按鲜乳含水比例复原时，评价复原性能的一个指标。影响溶解度的主要因素包括：原料乳的质量、加工方法、操作条件、成品含水量、成品包装及贮藏条件等。

5. 乳粉颗粒的状态与冲调性

冲调性和溶解度都是乳粉复原性能指标，但溶解度表示乳粉的最终溶解程度，冲调性则表示乳粉的溶解速度。乳粉颗粒大小及其颗粒分布对冲调性能有直接影响。冲调性随乳粉颗粒平均直径的增大而提高。

三、乳粉的质量标准

乳粉的质量标准要严格执行国家标准及行业标准和要求。全脂乳粉、脱脂乳粉、全脂加糖乳粉和调味乳粉的质量标准见表 6-1～表 6-3。

表 6-1　各种乳粉的感官特性

项　目	全脂乳粉	脱脂乳粉	全脂加糖乳粉	调味乳粉
色泽	呈均匀一致的乳黄色			具有调味乳粉应有的色泽
滋味和气味	具有纯正的乳香味			具有调味乳粉应有的滋味和气味
组织状态	干燥、均匀的粉末			
冲调性	经搅拌可迅速溶解于水中，不结块			

表 6-2　各种乳粉的理化指标

项　目		全脂乳粉	脱脂乳粉	全脂加糖乳粉	调味乳粉	
					全脂	脱脂
蛋白质含量/%	≥	24.0	18.5	32.0	16.5	22.0
脂肪含量/%		≥26.0	≤2.0	≥20.0	≥ 18.0	—
蔗糖含量/%	≤	—	—	20.0	—	—
复原乳酸度/°T	≤	18.0	20.0	16.0	—	—
水分含量/%	≤	5.0				
不溶度指数/ml	≤	1.0				
杂质度/(mg/kg)	≤	16				

表 6-3　各种乳粉的卫生指标

项　目		全脂乳粉	脱脂乳粉	全脂加糖乳粉	调味乳粉
铅/(mg/kg)	≤	0.5			
铜/(mg/kg)	≤	10			
硝酸盐(以 $NaNO_3$ 计)/(mg/kg)	≤	100			
亚硝酸盐(以 $NaNO_2$ 计)/(mg/kg)	≤	2			
酵母和霉菌/(cfu/g)	≤	50			
黄曲霉毒素 M_1/(μg/kg)	≤	5.0			
菌落总数/(cfu/g)	≤	50000			
大肠菌群/(MPN/100g)	≤	90			
致病菌(指肠道致病菌和致病性球菌)		不得检出			

第二节　全脂乳粉的加工

一、全脂乳粉的加工工艺

全脂乳粉可根据原料乳中加糖与否分为全脂甜乳粉和全脂淡乳粉两种，两种乳粉的加工工艺基本一致。全脂乳粉加工是乳粉加工中最简单且最具代表性的一种方法。工艺中应用了喷雾干燥技术，其它种类的乳粉加工都是在此基础上进行的。以全脂乳粉为例，其加工工艺如下图所示。

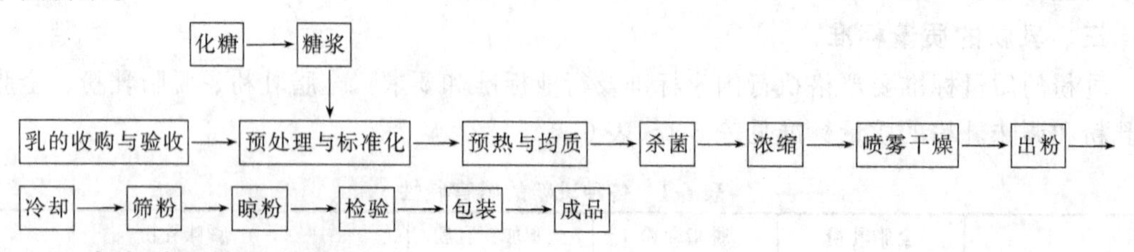

二、全脂乳粉的工艺要求

（一）原料乳验收

只有优质的原料乳才可能生产出优质的乳粉。原料乳必须符合国家标准规定的各项要求，严格地进行感官检验、理化性质检验和微生物检验。

（二）标准化

全脂甜乳粉的原料标准化时包括乳脂肪的标准化和蔗糖的标准化两个部分。

1. 乳脂肪标准化

乳脂肪的标准化是在离心净乳机净乳时同时进行的。如果净乳机没有分离乳油的功能，则要单独设置离心分离机。当原料乳中含脂率高时，可调整净乳机或离心分离机分离出一部分稀乳油；如果原料乳中含脂率低，则要加入稀乳油，使成品中含有25%～30%的脂肪。由于这个含量范围较大，所以生产全脂乳粉时一般不用对脂肪含量进行调整。但要经常检查原料乳的含脂率，掌握其变化规律，便于适当调整。

2. 蔗糖标准化

脂肪标准化以后需进行蔗糖标准化。

（1）加糖量计算　国家标准规定全脂甜乳粉的蔗糖含量为20%以下。生产厂家一般控制在19.5%～19.9%，根据“比值”不变的原则，即原料乳中蔗糖与干物质之比等于乳粉成品中蔗糖与干物质之比，按下式计算：

$$Q=E\times F$$

式中　Q——蔗糖加入量，%；

E——原料乳中干物质含量，%；

F——甜乳粉中蔗糖与干物质之比。

【例】　今有原料乳2680kg，其干物质含量是11.5%，用其制成甜乳粉，要求成品中含蔗糖量为19.8%，水分为2.5%。求原料乳中应加蔗糖多少？

$$F=\frac{19.8\%}{1-19.8\%-2.5\%}=\frac{1}{4}$$

$$E=11.5\%$$

$$Q=11.5\%\times 0.25=2.88\%$$

现有原料乳 2680kg 则 2680kg×2.88%=77.18kg

（2）加糖的方法　常用的加糖方法有：①净乳之前加糖；②将杀菌过滤的糖浆加入浓乳中；③包装前加蔗糖细粉于干粉中；④预处理前加一部分，包装前再加一部分。

加糖方法的选择取决于产品配方和设备条件。当产品中含糖在 20%以下时，最好是在 15%左右，采用方法①、②为宜。方法①加糖主要是为了减少杂质，同时也可以和原料乳一起杀菌，减少了糖浆单独杀菌的工序。因为蔗糖具有热溶性，在喷雾干燥时流动性较差，容易粘壁和形成团块，当产品中含糖在 20%以上时，采用③、④法为宜（现在加工的乳粉中已没有超过 20%蔗糖含量的，后两种方法只适用于速溶豆粉类的加工）。带有二次干燥的设备，以采用加干糖方法为宜。溶解加糖法所制成的乳粉冲调性好于加干糖的乳粉，但体积较大，单位体积的质量小。无论哪种加糖方法，均应做到不影响乳粉的微生物指标和杂质度指标。

（三）均质

加工全脂乳粉的原料一般不经均质。但如果进行了标准化，添加了稀乳油或脱脂乳，则应进行均质，使混合原料乳形成一个均匀的分散体系。即使未进行标准化，经过均质的全脂乳粉质量也优于未经均质的乳粉。制成的乳粉冲调后复原性更好。在加工乳粉过程中，原料乳在离心净乳和压力喷雾干燥时，不同程度地受到离心机和高压泵的机械挤压和冲击，也有一定的均质效果。均质之前，乳温要达到 60～65℃才能达到较好的均质效果。所以标准化后的原料乳可以经冷却后暂贮于冷藏罐中，用于加工乳粉时，再将原料乳预热至 60℃左右进行均质。

（四）杀菌

大规模生产乳粉的工厂，为了便于加工，将均质后的原料乳用片式热交换器进行杀菌后冷却到 4～6℃，返回冷藏罐贮藏，随时取用。小规模乳粉加工厂，将净化、冷却的原料乳直接预热、均质、杀菌后用于乳粉生产。

原料乳的杀菌方法须根据成品的特性进行选择。生产全脂乳粉时，杀菌温度和保持时间对乳粉的品质，特别是溶解度和保藏性有很大影响。一般认为，高温杀菌可以防止或推迟乳脂肪的氧化，但高温长时加热会严重影响乳粉的溶解度，最好是采用高温短时杀菌方法。

高温短时杀菌或超高温瞬时杀菌比低温长时杀菌效果好，乳的营养成分破坏程度小，乳粉的溶解度及保藏性良好，因此得到广泛应用。尤其是高温瞬时杀菌，不仅能使乳中微生物几乎被全部杀灭，还可以使乳中蛋白质达到软凝块化，食用后更容易消化吸收。

（五）真空浓缩

1. 真空浓缩的设备

（1）设备种类　真空浓缩设备种类繁多，按加热部分的结构可分为盘管式、直管式和板式三种；按其二次蒸汽利用与否，可分为单效和多效浓缩设备。

（2）设备特点　盘管式真空浓缩罐属于落后设备，但在甜炼乳生产中还具有一定的应用价值。该设备的缺点为物料受热时间长，不能连续出料，生产效率低，耗汽（蒸发 1kg 水耗汽 11kg 以上）、耗水量大，洗刷不便。

直管外加热式单效真空蒸发器是近几年我国乳品工厂所采用的比较新型的浓缩设备。与盘管式浓缩罐比较，具有结构简单、加工方便、质轻、省钢材、洗刷方便、能连续出料等优点，蒸发 1kg 水需 1.1kg 蒸汽（同盘管式浓缩罐一样）。因此，热利用效率较低，耗汽、耗水量较大。板式蒸发器是一种新型蒸发设备，其特点是循环液体量少；热接触时间短（≤1s）；传热系数高（比上述设备高2～3倍）；结构紧凑，占地面积小；可用增减加热片的办法来调节生产能力；易于清洗和维修，装卸方便。其缺点是制造工艺难度较大。

2. 影响浓缩的因素

(1) 影响乳热交换的因素

① 加热器总加热面积。加热器总加热面积，也就是乳受热面积。加热面积越大，在相同时间内乳所接受的热量亦越大，浓缩速度就越快。

② 加热蒸汽的温度与物料间的温差。温差越大，蒸发速度越快；加大浓缩设备的真空度，可以降低乳的沸点；加大蒸汽压力，可以提高加热蒸汽的温度。但是压力加大容易“焦管”，影响质量。所以，加热蒸汽的压力一般控制在$4.9 \sim 19.6 \times 10^4$Pa之间为宜。

③ 乳的翻动速度。乳翻动速度越大，乳的对流越好，加热器传给乳的热量也越多，乳既受热均匀又不易发生“焦管”现象。另外，由于乳翻动速度大，在加热器表面不易形成能阻碍乳进行热交换的液膜。乳的翻动速度还受乳与加热器之间的温差、乳的黏度等因素的影响。

(2) 乳的浓度与黏度　在浓缩开始时，由于乳浓度低、黏度小，对翻动速度影响不大。随着浓缩的进行，浓度提高，比重增加，乳逐渐变得黏稠，沸腾逐渐减弱，流动性变差。提高温度可以降低黏度，但易导致“焦管”。

3. 浓缩质量控制

(1) 连续式蒸发器　对于连续式蒸发器来说，浓缩过程必须控制各项条件的稳定，诸如：进料流量、浓缩与温度；蒸汽压力与流量；冷却水的温度与流量；真空泵的正常状态等。保证这些条件的稳定，即可实现正常的连续进料与出料。

(2) 间歇式盘管真空浓缩锅　为了适应黏度的变化，宜采用压力由低到高并逐渐降低的方法。不宜采用过高的蒸汽压力，一般不宜超过$1.5 kgf/cm^2$❶（1.5×10^5Pa）。压力过高，加热器局部过热，不仅影响乳质量，而且焦化结垢，影响传热，反而降低蒸发速度。

4. 浓缩终点的确定

连续式蒸发器在稳定的操作条件下，可以正常连续出料，其浓度可通过检测而加以控制；间歇式浓缩锅需要逐锅测定浓缩终点。在浓缩到接近要求浓度时，浓缩乳黏度升高，沸腾状态滞缓，微细的气泡集中在中心，表面稍呈光泽。根据经验观察即可判定浓缩的终点。但为准确起见，可迅速取样，测定其相对密度、黏度或折射率来确定浓缩终点。一般要求原料乳浓缩至原体积的1/4，乳干物质达到45%左右。

(六) 干燥

浓缩后的乳打入保温罐内，立即进行干燥。乳粉常用的干燥方法可以采用滚筒干燥法和喷雾干燥法。由于滚筒干燥生产的乳粉溶解度低，现已很少采用。现在国内外广泛采用喷雾干燥法（spray drying method）。喷雾干燥法包括离心喷雾法和压力喷雾法。

1. 喷雾干燥的原理

浓乳在高压或离心力的作用下，经过雾化器在干燥室内喷出，形成雾状。此刻的浓乳变成了无数微细的乳滴（直径约为10～200μm），大大增加了浓乳表面积。微细乳滴一经与鼓

---

❶ $1kgf/cm^2 = 98.0665kPa$。为方便计算，一般取$1kgf/cm^2 = 100kPa$。

入的热风接触，其水分便在0.01～0.04s的瞬间内蒸发完毕，雾滴被干燥成细小的球形颗粒，单个或数个粘连飘落到干燥室底部，而水蒸气被热风带走，从干燥室的排风口抽出。整个干燥过程包括预热、恒速干燥、降速干燥三个阶段，仅需15～30s。

2. 喷雾干燥的特点

与其它几种干燥方法比较，喷雾干燥方法具有许多优点，因而得以广泛采用并获得了迅速发展。

① 干燥速度快，物料受热时间短。由于浓乳被雾化成微细乳滴，具有很大的表面积。若按雾滴平均直径为50μm计算，则每升乳喷雾时，可分散成146亿个微小雾滴，其总表面积约为54000m^2。这些雾滴中的水分在150～200℃的热风中强烈而迅速地汽化，所以干燥速度快。

② 干燥温度低，乳粉质量好。在喷雾干燥过程中，雾滴从周围热空气中吸收大量热，而使周围空气温度迅速下降，同时也就保证了被干燥的雾滴本身温度大大低于周围热空气温度。干燥的粉末，即使其表面，一般也不超过干燥室气流的湿球温度（50～60℃）。这是由于雾滴在干燥时的温度接近于液体的绝热蒸发温度，这就是干燥的第一阶段（恒速干燥阶段）不会超过空气的湿球温度的缘故。所以，尽管干燥室内的热空气温度很高，但物料受热时间短、温度低、营养成分损失少。

③ 工艺参数可调，容易控制质量。选择适当的雾化器、调节工艺条件可以控制乳粉颗粒状态、大小、容重，并使含水量均匀，成品冲调后具有良好的流动性、分散性和溶解性。

④ 产品不易污染，卫生质量好。喷雾干燥过程是在密闭状态下进行，干燥室中保持约100～400Pa的负压，所以避免了粉尘的外溢，减少了浪费，保证了产品卫生。

⑤ 产品呈松散状态，不必再粉碎。喷雾干燥后，乳粉呈粉末状，只要过筛，团块粉即可分散。

⑥ 操作调节方便，机械化、自动化程度高，有利于连续化和自动化生产。操作人员少，劳动强度低，具有较高的生产效率。

同时，喷雾干燥亦有不足之处。

① 干燥箱（塔）体庞大，占用面积、空间大，而且造价高、投资大。

② 耗能、耗电多。为了保证乳粉中含水量的标准，一般将排风湿度控制到约10%～13%，即排风的干球温度达到75～85℃。故需耗用较多的热风，热效率低。热风温度在150～170℃时，热效率仅为30%～50%；热风温度在200℃时，热效率可达55%。因此，每蒸发1kg水需要蒸汽3.0～3.3kg，能耗大大高于浓缩。

③ 粉尘粘壁现象严重，清扫、收粉的工作量大。如果采用机械回收装置，又比较复杂，甚至又会造成二次污染，且要增加很大的设备投资。

3. 喷雾干燥方法

喷雾干燥对产品质量影响很大，必须严格按操作规程进行。

(1) 压力喷雾干燥法　浓乳借助高压泵的压力，高速地通过压力式雾化器的锐角，连续均匀地呈扇形雾膜状（中空膜）喷射到干燥室内，并分散成微细雾滴，与同时进入的热风接触，水分被瞬间蒸发，乳滴被干燥成粉末。

(2) 离心喷雾干燥法　此法是利用在水平方向作高速旋转的圆盘的离心力作用进行雾化，将浓乳喷成雾状，同时与热风接触而达到干燥的目的。雾化器一般都采用圆盘式、钟式、多盘式或多嘴式等类型。

4. 喷雾干燥工艺及设备

（1）乳粉喷雾干燥工艺流程　喷雾干燥的工艺流程如下。

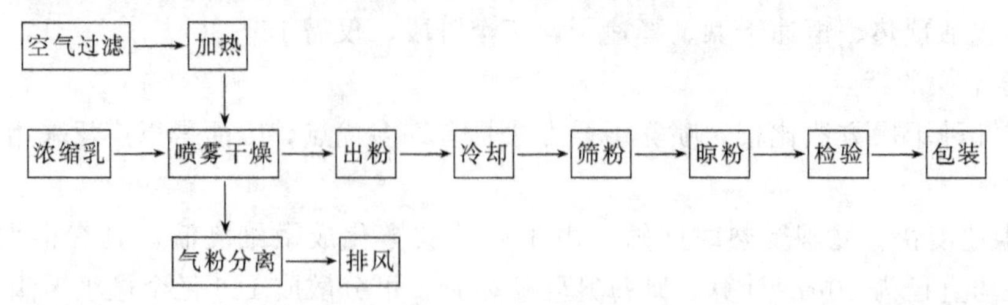

（2）喷雾干燥设备类型　乳粉喷雾干燥设备类型很多，主要有压力喷雾与离心喷雾两大类。这两类设备按热风与物料的流向，又可以分为顺流、逆流、混合流等各种类型。

① 压力式喷雾干燥设备。立式和卧式并流型平底干燥机，多数是人工出粉；立式和卧式并流型尖底干燥机，机械出粉，亦可以人工出粉。

② 离心式喷雾干燥设备。高速旋转的离心盘将浓乳水平喷出，所以，干燥室呈圆柱形。立式并流平底干燥机和立式并流尖底干燥机的出粉方式与压力喷雾设备一致。与压力式比较，离心喷雾干燥机有以下特点。

a. 调整离心盘的转速，就可以增减浓缩乳的处理量；

b. 所得到的乳粉颗粒比较均匀；

c. 可以喷浓度和黏度高的乳，所以乳的浓度可以提高到50%以上；

d. 不需要高压泵，容易自动控制。

（七）出粉、冷却、包装

喷雾干燥结束后，应立即将乳粉送至干燥室外并及时冷却，避免乳粉受热时间过长。特别是对全脂乳粉，受热时间过长会使乳粉的游离脂肪增加，严重影响乳粉的质量，使之在保存中容易引起脂肪氧化变质，乳粉的色泽、滋味、气味、溶解度也会受到影响。

1. 出粉与冷却

干燥的乳粉落入干燥室的底部，粉温可达60℃。出粉、冷却的方式一般有以下几种。

（1）气流输粉、冷却　气流输粉装置可以连续出粉、冷却、筛粉、贮粉、计量包装。其优点是出粉速度快。在大约5s内就可以将喷雾室内的乳粉送走，同时，在输粉管内进行冷却。其缺点是易产生过多的微细粉尘。因气流以20m/s的速度流动，所以，乳粉在导管内易受摩擦而产生大量的微细粉尘，致使乳粉颗粒不均匀。再经过筛粉机过筛时，则筛出的微粉量过多。另外，冷却效率不高，一般只能冷却到高于气温9℃左右，特别是在夏天，冷却后的温度仍高于乳脂肪熔点。如果气流输粉所用的空气预先经过冷却，则会增加成本。

（2）流化床输粉、冷却　流化床出粉和冷却装置的优点为：①可大大减少微细粉；②乳粉不受高速气流的摩擦，故乳粉质量不受损害；③乳粉在输粉导管和旋风分离器内所占比例少，故可减轻旋风分离器的负担，同时可节省输粉中消耗的动力；④冷却床所需冷风量较少，故可使用经冷却的风来冷却乳粉，因而冷却效率高，一般乳粉可冷却到18℃左右；⑤乳粉因经过振动的流化床筛网板，故可获得颗粒较大而均匀的乳粉；⑥从流化床吹出的微粉还可通过导管返回到喷雾室与浓乳汇合，重新喷雾成乳粉。

（3）其它输粉方式　可以连续出粉的几种装置还有搅龙输粉器、电磁振荡器、转鼓型阀、漩涡气封法等。这些装置既保持干燥室的连续工作状态，又使乳粉及时送出干燥室外。但是要立即进行筛粉、晾粉，使乳粉尽快冷却。

采用人工出粉时，乳粉在喷雾干燥结束前一直存放在干燥室内达数小时，待喷雾干燥结束后，再一次性人工出粉。这种方式乳粉受热时间长，操作时劳动强度大，乳粉易受污染。所以，一次性的人工出粉方式目前已很少使用。

2. 筛粉与贮粉

乳粉过筛的目的是将粗粉和细粉（布袋滤粉器或旋风分离器内的粉）混合均匀，并除去乳粉团块、粉渣，并使乳粉均匀、松散，便于晾粉冷却。

（1）筛粉　一般采用机械振动筛，筛底网眼为 40～60 目。在连续化生产线上，乳粉通过振动筛后即进入锥形积粉斗中存放。

（2）贮粉　乳粉贮存一段时间后，表观密度可提高 15%，有利于包装。在非连续化出粉线中，筛粉后的凉粉也达到了贮粉的目的。连续化出粉线上，冷却的乳粉经过一定时间（12～24h）的贮放后再包装为好。

3. 包装

当乳粉贮放时间达到要求后，开始包装。包装规格、容器及材质依乳粉的用途不同而异。小包装容器常用的有马口铁罐、塑料袋、塑料复合纸袋、塑料铝箔复合袋。规格以 500g、454g 最多，也有 250g、150g。大包装容器有马口铁箱或圆筒，12.5kg 装；有塑料袋套牛皮纸袋，25kg 装。包装要求称量准确、排气彻底、封口严密、装箱整齐、打包牢固。每天在工作之前，包装室必须经紫外线照射 30min 灭菌后方可使用。包装室最好配置空调设施，使室温保持在 20～25℃，相对湿度 75%。

第三节　脱脂乳粉的加工

脱脂乳粉是以脱脂乳为原料，经过杀菌、浓缩、喷雾干燥而制成的乳粉。因为脂肪含量很低（不超过 1.25%），所以耐保藏，不易引起氧化变质。脱脂乳粉一般多用于食品工业作为原料，如饼干、糕点、面包、冰淇淋及脱脂鲜干酪等都用脱脂乳粉。目前在食品工业中速溶脱脂乳粉应用广泛，因其在大量使用时非常方便，是食品工业中的一项非常重要的蛋白质来源。脱脂乳粉的生产工艺流程与全脂乳粉一样。一般生产奶油的工厂或生产奶油粉的工厂都可以生产脱脂乳粉。

原料乳验收后，经过滤，加温到 35～38℃后即可进行分离，可同时获得稀奶油和脱脂乳。这时要控制脱脂乳的含脂率不超过 0.1%。脱脂乳经预热杀菌、浓缩、喷雾干燥、冷却过筛、称量包装等过程与全脂乳粉完全相同。脱脂乳粉可以根据其用途的不同采用不同的预热杀菌条件。例如用于食品工业的冰淇淋原料时，要求其溶解性能良好而又没有蒸煮气味，所以在预热杀菌时最好采用高温短时间或超高温瞬间杀菌法进行杀菌。如果脱脂乳粉是用于面包工业，添加于面粉中烘烤面包时，则可以采用 85～88℃、30min 的杀菌条件，因为在这一条件下进行热处理所得的脱脂乳粉，添加于面包中能使面包的体积增大。

一、脱脂乳粉的加工工艺

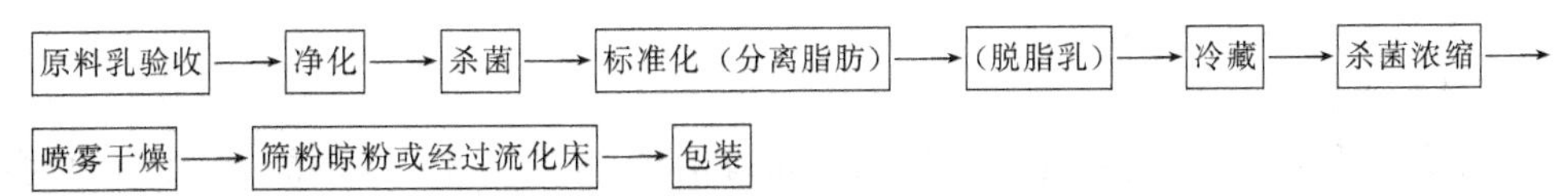

脱脂乳粉的生产工艺流程及设备与全脂乳粉大体相同，但是，整个加工过程中如果温度的调节和控制不适当，将引起脱脂乳中的热敏性乳清蛋白质变性，从而影响乳粉的溶解度。

因此，生产脱脂乳粉时某些工艺条件还需区别于全脂乳粉。

二、脱脂乳粉的工艺要求

1. 乳的预热与分离

如牛乳预热温度达到38℃左右即可分离，脱脂乳的含脂率要求控制在0.1%以下。

2. 预热杀菌

脱脂乳中所含乳清蛋白（白蛋白和球蛋白）热稳定性差，在杀菌和浓缩时易引起热变性，使乳粉制品溶解度降低。乳清蛋白中含有巯基，热处理时易使制品产生蒸煮味。

为使乳清蛋白质变性程度不超过5%，并且减弱或避免蒸煮味，又能达到杀菌抑酶的目的，根据研究确定，脱脂乳的预热杀菌温度以80℃、15s为最佳条件。

3. 真空浓缩

为了不使过多的乳清蛋白质变性，脱脂乳的蒸发浓缩温度以不超过65.5℃为宜，相对密度为15～17°Bé，乳固体含量可控制在36%以上。

4. 喷雾干燥

将脱脂浓乳按普通的方法喷雾干燥，即可得到普通脱脂乳粉。普通脱脂乳粉因其乳糖为呈非结晶性的玻璃状态的α-乳糖和β-乳糖的混合物，具有很强的吸湿性，极易结块。为克服此缺点，并提高脱脂乳粉的冲调性，采取特殊的干燥方法生产速溶脱脂乳粉可获得改善。

第四节　速溶乳粉的加工

速溶乳粉是指采用特殊的工艺和特殊的设备制成的，在温度较低的水中就能迅速溶解而不结块的粉末状产品。它具有以下特点。

① 速溶乳粉的颗粒大，一般为100～800μm。

② 速溶乳粉的溶解性、可湿性、沉降性和分散性得到极大的改善，当用不同温度的水冲调复原时，只需搅拌一下，即迅速溶解，不结块，即使用冷水直接冲调也能迅速溶解，无需先调浆再冲调。

③ 速溶乳粉的乳糖是呈结晶状的含水乳糖，在包装和保存过程中不易吸潮结块。

④ 速溶乳粉的直径大而均匀，减少了制造、包装及使用过程中粉尘飞扬的程度，改善了工作环境，避免了不应有的损失。

⑤ 速溶乳粉的比容大，表观密度低，则包装容器的容积相应增大，所以，在一定程度上增加了包装费用。

⑥ 速溶乳粉的水分含量较高，不利于保藏；对脱脂速溶乳粉而言，易于褐变，并具有一种粮谷的气味。

速溶乳粉制造方法有喷雾干燥法、真空薄膜干燥法和真空泡沫干燥法等。喷雾干燥法主要有二段法（即再润湿法）和一段法（即直通法）等。

一、速溶乳粉的加工工艺

1. 速溶乳粉的机理

速溶乳粉是一种在冷水中轻轻搅拌就能溶解的乳粉。速溶乳粉之所以能够速溶，并能在冷水中溶解，主要是因为乳粉经过二次附聚后，能达到以下效果：①其中的乳糖由非结晶状态变成了结晶状态；②乳粉粒子也附聚成了毛细管作用的空隙，从而使乳粉对水具有很好的分散性，加快了乳粉的溶解速度；③通过附聚也加大了粒子直径，使粒子本身具有可湿性和多孔性，使乳粉有易溶状态。

2. 速溶乳粉的加工工艺流程

全脂速溶乳粉和脱脂速溶乳粉加工工艺流程如下。

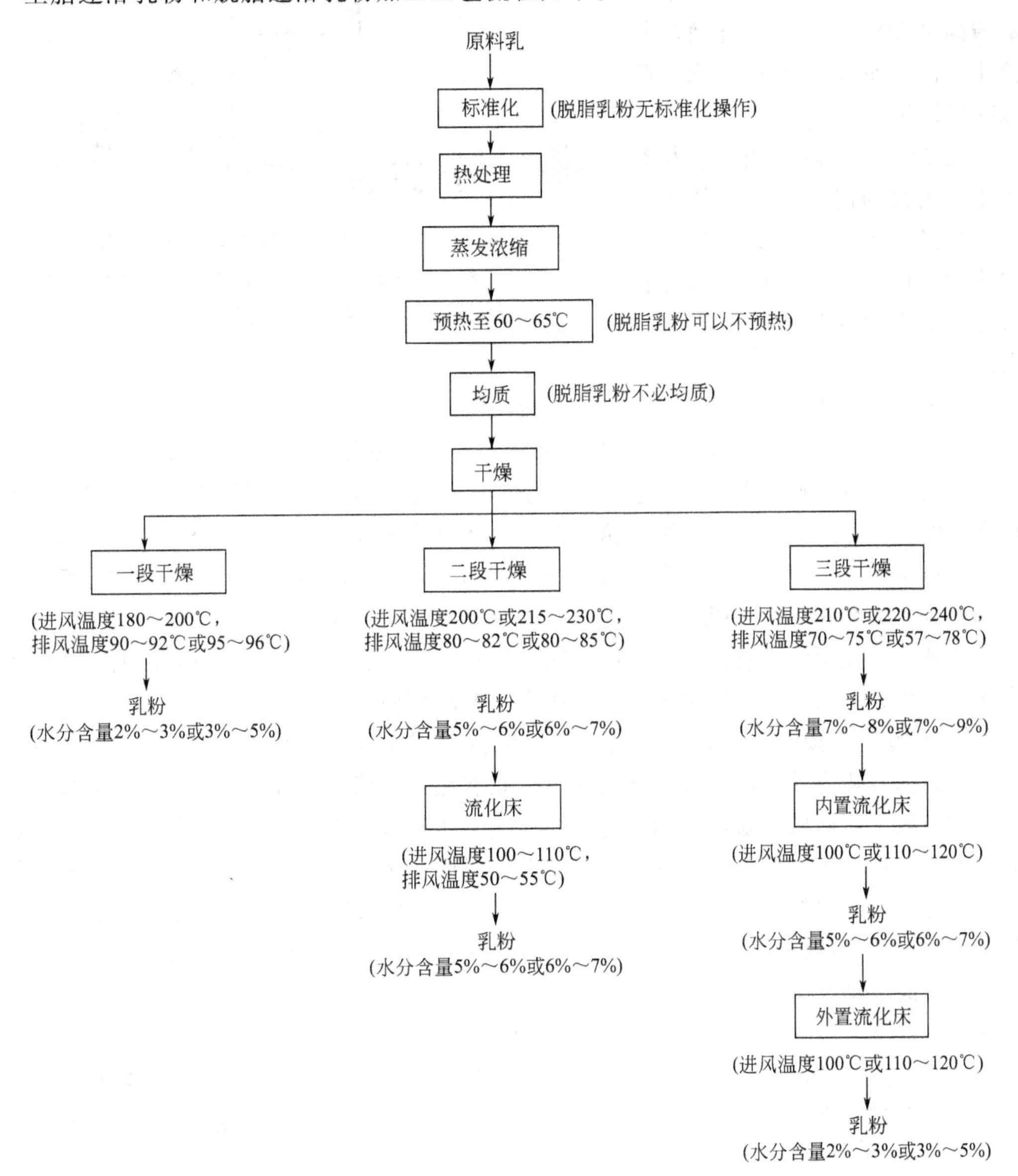

二、速溶乳粉的工艺要求

1. 脱脂速溶乳粉的工艺要求

目前脱脂速溶乳粉的加工主要有两种方法，即一段法和二段法。

（1）二段法　所谓二段法，又称再湿润法，是指用一般喷雾干燥法制得的脱脂乳粉作为基粉，然后再送入再湿润干燥器，喷入湿空气或乳液雾滴与乳粉附聚成团粒（这时乳糖开始结晶），再行干燥、冷却形成速溶产品（干燥—吸湿—再干燥工艺）。

二段法生产脱脂速溶乳粉的流程如图 6-1 所示。先以喷雾干燥法所制得的普通普通脱脂乳粉作为基粉，在经下列工序的处理便可制造成脱脂速溶乳粉。

① 把基粉用螺旋输送机定量地注入加料斗，经震动筛板均匀地撒布于附聚干燥室内，与潮湿空气或低压蒸汽接触，吸潮使基粉的水分含量增高至10%～12%，并使乳粉颗粒相互附聚而颗粒直径增大，随之乳糖便结晶。

② 已结晶及附聚的脱脂乳粉在流化床，或在与附聚室一体的干燥室内，与温度为100～120℃的热空气相接触，再行干燥，使脱脂乳粉的水分含量达到应有的要求（3.8%左右）。

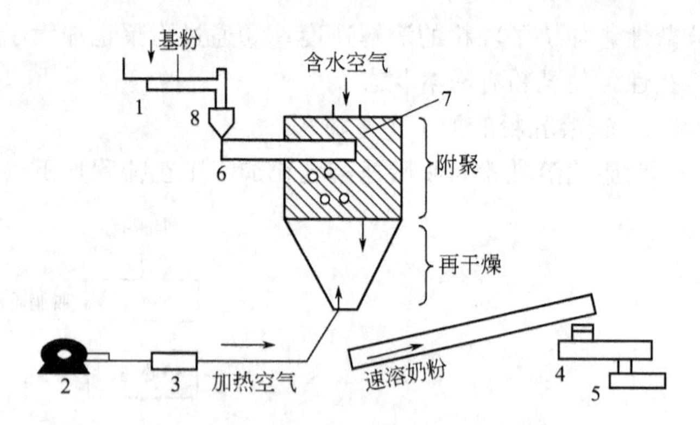

图 6-1 二段法生产脱脂速溶乳粉的流程

1—螺旋输送机；2—鼓风机；3—加热器；4—粉碎和筛选机；5—包装机；6—振动筛板；7—干燥室；8—加料斗

③ 在震动冷却床上以冷风冷却至一定的温度。

④ 用粉碎机、筛选机进行微粉碎并过筛，使乳粉颗粒大小均匀一致。然后进行包装。

二段法生产脱脂速溶乳粉的工艺过程复杂，生产环节多，能源利用不经济，对设备的要求较高，生产成本高，工艺参数要严格控制，但产品质量较好。

（2）一段法　所谓一段法，又称直通法，即不需要基粉，而是在喷雾干燥室下部连接一个直通式速溶乳粉瞬间形成机，连续地进行吸潮并用流化床使其附聚造粒，再干燥而成速溶乳粉。该种方法是用鲜乳直接一次生产而成，克服了二段法的不足，目前采用的一段法生产脱脂速溶乳粉有干燥室内直接附聚法和流化床附聚法两种。

① 干燥室内直接附聚法。是在同一干燥室内完成雾化、干燥、附聚、再干燥等操作，使产品达到标准要求的方法。该种方法的工作原理是：浓缩乳通过上层雾化器分散成微细的液滴，与高温干燥介质接触，瞬间进行强烈的热交换和质交换，雾化的液滴形成比较干燥的乳粉颗粒流。然后另一部分浓缩乳通过下层雾化器形成相当湿的乳粉颗粒流，使湿的乳粉颗粒流与上述比较干燥的乳粉颗粒流保持良好的接触，并使湿颗粒包裹在干颗粒上。这样湿颗粒失去水分，而干颗粒获得水分而吸潮，以达到使乳粉附聚及乳糖结晶的目的。然后附聚颗粒在热介质的推动及本身的重力作用下，在干燥室内继续干燥并持续地沉降于底部卸出，最终得到水分含量为2%～5%的大颗粒多孔状产品。

从设备角度出发，一般采用增高干燥室高度或增大其直径的方法，以延长物料的干燥时间，使物料在较低的干燥温度下，达到预期的干燥目的。通常喷雾器采用上下两层结构布置。

从工艺角度考虑，一般采用提高浓缩乳的浓度，大孔径喷头压力喷雾，并降低高压泵的使用压力的办法，以得到颗粒较大的脱脂速溶乳粉。

这种生产方法简单、经济，但干燥设备必须保证产品有足够的干燥时间，而且两层雾化器的相对位置要求很严，干乳粉颗粒流与湿乳粉颗粒流两者的水分含量应有一定的要求，否则有碍于附聚及乳糖结晶，将直接影响产品的质量。

② 流化床附聚法。浓缩乳在常规干燥室内经喷雾干燥，最终获得水分含量高达10%～12%的乳粉。乳粉在沉降过程中产生附聚，沉降于干燥室底部时仍在继续附聚，然后潮湿的部分与附聚的乳粉自干燥室卸出，进入第一级震动流化床继续附聚成为稳定的团粒，然后进

入二次干燥的流化床及冷却床，最后经过筛成为均匀的附聚颗粒。

2. 全脂速溶乳粉的工艺要求

全脂速溶乳粉的制造较为复杂，其工艺的成熟时间比脱脂速溶乳粉晚了很多年。除了考虑脱脂速溶乳粉的因素外，还得考虑解决脂肪对乳粉速溶性的影响因素。由于全脂速溶乳粉含25%以上的脂肪，其润湿性较差，不易达到速溶的要求。所以，全脂速溶乳粉的生产除使乳粉颗粒进行附聚外，还要改善乳脂肪的可湿性问题。

全脂速溶乳粉的生产近年来取得很大的进展，目前，一般采用附聚—喷涂卵磷脂的新工艺，而且多采用一段法速溶装置的喷雾干燥设备，如图6-2所示。近年来一段法制造全脂速溶乳粉的生产工艺得到重视和发展，使产品质量得到极大的提高。不论采用哪一种生产方法，其工艺过程中均包括下述两个关键性的环节。

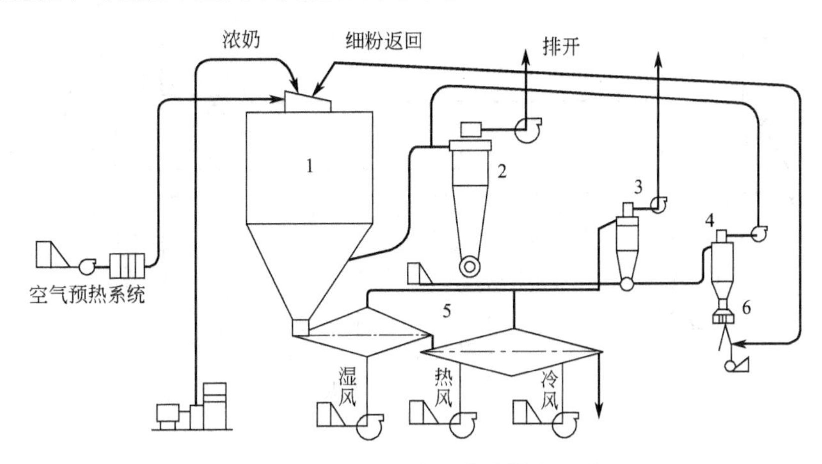

图6-2　一段法生产速溶乳粉流程图

1—干燥室；2—主旋风分离器；3—流化床旋风分离器；4—旋风分离器；5—震动流化床；6—集粉器

① 采用高浓度、低压力、大孔径喷头生产大颗粒的并已附聚的全脂乳粉，以得到颗粒直径较大和颗粒分布频率在一定范围内的乳粉，用以改善乳粉的下沉性。

② 用喷涂卵磷脂来改善乳粉颗粒的润湿性、分散性，使乳粉的速溶性大为提高。

生产全脂速溶乳粉时，基粉对最终产品会产生很大的影响。一般对基粉生产的基本要求如下。

① 基粉中自由脂肪的含量越低越好。将雾化前的浓缩乳进行均质可以达到这一目的。与一段法相比，二段法或三段法干燥室内的温度要低一些，所以自由脂肪的含量也就会低一些。

② 基粉颗粒的密度尽可能高，以改善乳粉的下沉性。在允许的范围内，尽可能提高浓缩乳的乳固体含量，尽可能减少乳粉颗粒中包埋的空气量以及适当降低进风温度至170～180℃，将有助于提高乳粉颗粒的密度。

③ 基粉应该全部由大的疏松颗粒组成，不得含有细粉。大部分粉粒直径应在100～25μm，直径在90μm以下的粉粒不得超过15%～20%。基粉的容积密度应该在0.45～0.50g/cm^{3}之间。采用高浓度、低压力、低转盘转速、大孔径喷头有助于生产出符合上述要求的粉粒。

全脂乳粉脂肪含量高，乳粉颗粒和附聚颗粒表面有许多脂肪球和游离脂肪，由于表面张力的作用，在水中不易润湿和下沉。因而就达不到速溶的要求。如果在游离脂肪表面涂上一层既亲水又亲油的表面活性物质，就可以使乳粉颗粒增加亲水性，从而改善润湿性。而涂布卵磷脂恰巧能达到这样的目的。

喷涂卵磷脂时主要采用卵磷脂-无水脂肪溶液，卵磷脂和脂肪比例为 60∶40。卵磷脂用量一般占乳粉干物质的 0.2%～0.3%，卵磷脂的喷涂厚度一般为 0.1～0.15μm。若乳粉的脂肪比较多时，可以相应增加卵磷脂用量，但是一般不超过 0.5%，否则制造出的全脂速溶乳粉就会有卵磷脂味道。为了达到成品既速溶又没有卵磷脂的味道，应尽量控制乳粉中的脂肪含量，使之不高于总干物质的 0.5%～1.0%。

附聚好的全脂乳粉，经检验合格后，即可喷涂卵磷脂。喷涂卵磷脂的流程如图 6-3 所示。

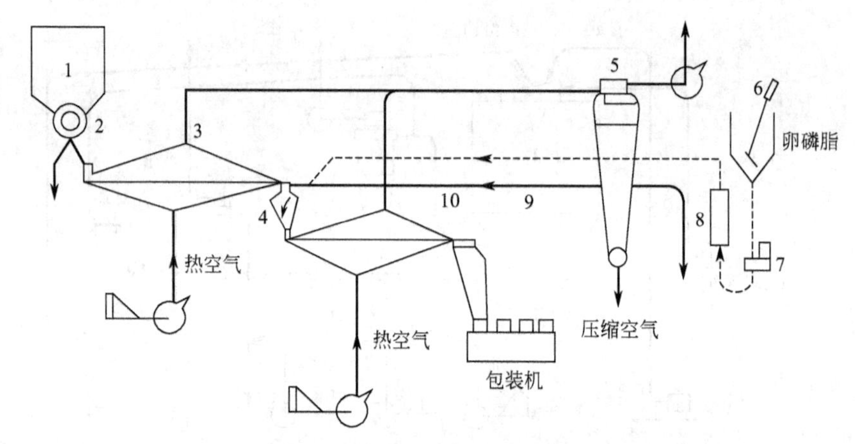

图 6-3 喷涂卵磷脂的流程图

1—储仓；2—鼓形阀；3—第一流化床；4—喷涂装置；5—旋风分离机；6—槽；7—泵；8—流量计；9—管道；10—第二硫化床

附聚好的全脂乳粉，由储仓（1）经鼓形阀（2）进入第一流化床（3），然后进入喷涂装置（4），喷涂卵磷脂。卵磷脂由槽（6）经泵（7）通过流量计（8），溶化好的卵磷脂溶液，被管道（9）内的压缩空气以气流喷雾方式喷入喷涂装置（4）内，完成卵磷脂的喷涂过程。然后进入第二流化床（10）干燥，即为成品。由附聚颗粒掉下的细粉经旋风分离机（5）排出。

喷涂过卵磷脂的成品直接送入包装机。产品应采用充氮气包装，管内含氮量不超过 2%。

三、影响乳粉速溶的因素及改善方法

1. 影响乳粉速溶的因素

① 乳粉应该能够被水润湿，因为水分可以通过虹吸作用被吸在乳粉颗粒之间的空隙中。乳粉的润湿性可以通过乳粉、水、空气三相体系的接触角测定出来，如果接触角小于 90°，那么乳粉颗粒就能够被润湿。干燥的脱脂牛乳的接触角一般是 20°左右，全脂乳粉的接触角为 50°左右，也可能会大于 90°（特别是当一部分脂肪是固体），这时水分不能够渗入到乳粉块的内部或者仅仅能够局部的渗入，解决办法是将乳粉颗粒喷涂卵磷脂，从而减小了有效接触角。

② 水分子与乳粉的渗透率和乳粉颗粒之间的空隙大小有关：乳粉颗粒越小，孔隙就越

小，渗透就越慢。如果乳粉颗粒的直径大小并不均一，小的颗粒可以填在大的颗粒的空隙之间，也会产生小的孔隙。

③ 渗透到乳粉内部的水分也可以因为毛细管作用将乳粉颗粒黏在一起，导致乳粉颗粒之间的空隙变小。毛细管的收缩作用可以将乳粉的体积减少 30%～50%，蛋白质的吸水膨胀也会导致空隙的变小，特别是在蛋白粉中。

④ 乳粉中的一些成分，例如乳糖，溶解后会产生很高的黏度，从而阻碍了水分的渗透。这时乳粉会形成内部干燥、外部湿润高度浓缩的乳块。

⑤ 乳粉的其它性质也会产生一些影响，但通常不会带来什么麻烦。例如连接在一起的乳粉颗粒在彻底润湿后是否能够很快地分开，以及乳粉颗粒的密度是否会使颗粒下沉（这与乳粉颗粒内部空隙的体积有关）。

2. 改善速溶乳粉的速溶方法

速溶乳粉的生产过程一方面是改善乳粉的润湿性，另一方面是改变乳粉颗粒的大小，这可以通过附聚的办法来解决，当乳粉颗粒还没有完全干燥时，它们之间会黏在一起。利用这一特点可以让湿乳粉粒相互碰撞，然后发生附聚，附聚颗粒的直径通常可以达到 1mm，此时乳粉间的空隙也会变大。附聚的乳粉可以很快地在水中分散然后慢慢地溶解，但经过附聚的颗粒必须能够承受乳粉处理过程中的机械性损失。

第五节　配方乳粉的加工

婴儿配方乳粉主要是针对婴儿的营养需要，在乳中添加某些必要的营养成分，经加工干燥而制成的一种乳粉。婴儿配方乳粉改变了牛乳营养成分的含量及比例，使之与人乳成分相近似，是婴儿较理想的代母乳食品。

一、婴儿配方乳粉的加工工艺

婴儿配方乳粉的生产除某一特别的工序外，大致与全脂乳粉相同。婴儿配方乳粉的加工工艺流程如下。

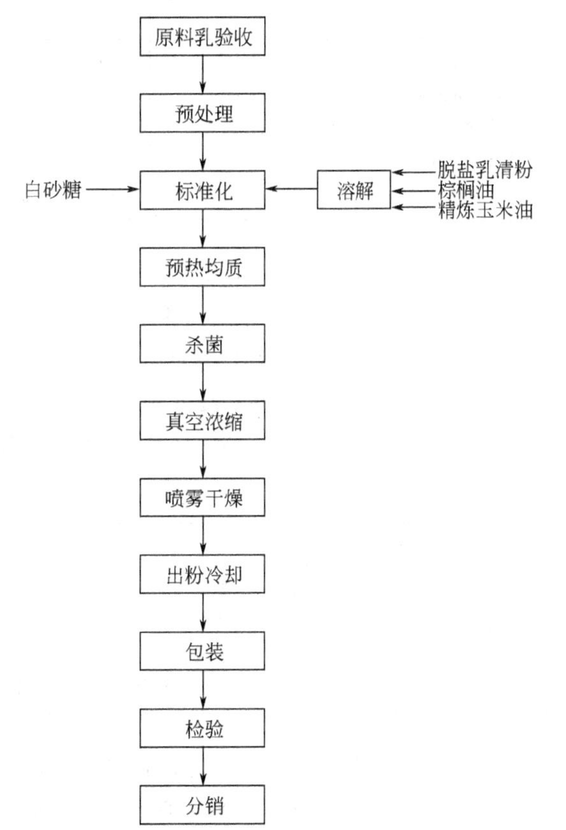

二、婴儿配方乳粉的质量标准

1. 婴儿配方乳粉Ⅰ的质量标准

婴儿配方乳粉Ⅰ是以新鲜牛乳、白砂糖、大豆、饴糖为主要原料，加入适量的维生素和矿物质，经加工制成的供婴儿食用的粉末状产品，其质量标准如下（GB 10765—1997）。

（1）婴儿配方乳粉Ⅰ的感官要求　应符合表 6-4 的规定。

（2）婴儿配方乳粉Ⅰ的理化指标　理化指标应符合表 6-5 的规定。

（3）婴儿配方乳粉Ⅰ的卫生指标　应符合表 6-6 的规定。

表 6-4 婴儿配方乳粉Ⅰ的感官要求

项　目	要　求
色泽	呈均匀一致的乳黄色
滋味、气味	具有乳和大豆的纯香味，甜味纯正，有饴糖味，无其它异味
组织形态	干燥粉末，无结块
冲调性	润湿下沉快，冲调后无团块，无沉淀

表 6-5 婴儿配方乳粉Ⅰ的理化指标

项　目		指标（每 100g）	项　目		指标（每 100g）
热量/kJ(kcal)	≥	1862(445)	钙含量/mg	≥	500
蛋白质含量/g	≥	18.0	磷含量/mg	≥	400
脂肪含量/g	≥	17.0	镁含量/mg		30～80
灰分/g	≤	5.0	铁含量/mg		6～10
水分含量/g	≤	5.0	锌含量/mg		2.5～7.0
维生素 A 含量/IU		1250～2500	铜含量/μg		270～750
维生素 D 含量/IU		200～400	碘含量/μg		30～150
维生素 E 含量/IU	≥	4.0	钠含量/mg	≤	300
维生素 B_1 含量/μg	≥	400	钾含量/mg		400～1000
维生素 B_2 含量/μg	≥	500	氯含量/mg	≤	600
烟酸含量/μg	≥	4000	复原乳①酸度/°T	≤	16.0
维生素 C 含量/mg	≥	40	溶解度/%	≥	99

① 复原乳系指干物质 12%的复原乳汁。

表 6-6 婴儿配方乳粉Ⅰ的卫生指标

项　目		指　标	项　目		指　标
铅含量/(mg/kg)	≤	0.5	酵母和霉菌数/(个/g)	≤	50
砷含量/(mg/kg)	≤	0.5	脲酶定性		阴性
硝酸盐含量(以 $NaNO_3$ 计)/(mg/kg)	≤	100	细菌总数/(个/g)	≤	30000
亚硝酸盐含量(以 $NaNO_2$ 计)/(mg/kg)	≤	2	大肠菌群(最近似值)/(个/100g)	≤	40
黄曲霉菌毒素 M_1		不得检出	致病菌(指肠道致病菌和致病性球菌)		不得检出

2. 婴儿配方乳粉Ⅱ、Ⅲ的质量标准

婴儿配方乳粉Ⅱ、Ⅲ是以新鲜牛乳（或乳粉）、脱盐乳清粉（配方Ⅱ）、麦芽糊精（配方Ⅲ）、精炼植物油、乳油、白砂糖为主要原料，加入适量的维生素和矿物质，经加工制成的供 6 个月以内婴儿食用的粉末状产品。婴儿配方乳粉Ⅱ、Ⅲ的质量标准如下（GB 10766—1997）。

（1）婴儿配方乳粉Ⅱ、Ⅲ的感官要求　应符合表 6-7 的规定。

表 6-7 婴儿配方乳粉Ⅱ、Ⅲ的感官要求

项　目	要　求
色泽	呈均匀一致的乳黄色
滋味、气味	具有婴儿配方乳粉Ⅱ（或Ⅲ）特有的香味，有轻微的植物油香味
组织形态	干燥粉末，无结块
冲调性	湿润下沉快，冲调后无团块，杯底无沉淀

（2）婴儿配方乳粉Ⅱ、Ⅲ的理化指标　应符合表 6-8 的规定。

（3）婴儿配方乳粉Ⅱ、Ⅲ的卫生指标　应符合表 6-9 的规定。

表 6-8　婴儿配方乳粉Ⅱ、Ⅲ的理化指标

项　　目	指标(每 100g)	项　　目	指标(每 100g)
热量/kJ(kcal)　≥	2046(489)	乳糖占碳水化合物量(配方Ⅱ)/%　≥	90
蛋白质含量/g	12.0～18.0	灰分/g	4.0
其中乳清蛋白质量(配方Ⅱ)/%　≥	60	水分/g	5.0
脂肪含量/g	25.0～31.0	维生素 A 含量/IU	1250～2500
亚油酸含量/mg　≥	3000	镁含量/mg　≥	30
维生素 D 含量/IU	200～400	铁含量/mg	7～11
维生素 E 含量/IU　≥	5.0	锌含量/mg	2.5～7.0
维生素 K_1 含量/μg	22	锰含量/μg　≥	25
维生素 B_1 含量/μg　≥	400	铜含量/μg	320～650
维生素 B_2 含量/μg　≥	500	碘含量/μg	30～150
维生素 B_6 含量/μg　≥	189	钠含量/mg　≤	300
维生素 B_{12} 含量/μg　≥	1.0	钾含量/mg　≤	1000
烟酸含量/μg　≥	4000	氯含量/mg	275～750
叶酸含量/μg　≥	22	牛黄酸含量/mg　≥	30
泛酸含量/μg　≥	1600	复原乳①酸度/°T　≤	14.0
生物素含量/μg　≥	8.0	不溶度指数/ml　≤	0.2
维生素 C 含量/mg　≥	40	杂质度②/(mg/kg)　≤	12
胆碱含量/mg　≥	38	钙磷比值	1.2～2.0
钙含量/mg　≥	300		
磷含量/mg　≥	220		

① 复原乳系指干物质 12%的复原乳汁。

② 杂质度包括焦粉颗粒。

表 6-9　婴儿配方乳粉Ⅱ、Ⅲ的卫生指标

项　　目	指　　标	项　　目	指　　标
铅含量/(mg/kg)　≤	0.5	酵母菌和霉菌量/(个/g)　≤	50
砷含量/(mg/kg)　≤	0.5	细菌总数/(个/g)　≤	3000
硝酸盐含量(以 $NaNO_3$ 计)/(mg/kg)　≤	100	大肠菌群(最近似值)/(个/100g)　≤	40
亚硝酸盐含量(以 $NaNO_2$ 计)/(mg/kg)　≤	2	致病菌(指肠道致病菌和致病性球菌)	不得检出
黄曲霉菌毒素 M_1	不得检出		

第六节　乳粉的质量控制

在乳粉的生产过程中，如果操作不当，就有可能出现各种质量问题。目前，乳粉常见的质量问题主要有水分含量过高、溶解度偏低、易结块、颗粒形状和大小异常、有脂肪氧化味、色泽较差、细菌总数过高、杂质度过高等。

一、乳粉的水分含量

1. 乳粉的水分含量对乳粉质量的影响

乳粉都具有一定的水分含量，大多数乳粉的水分含量在 2%～5%。乳粉中的水分含量不应过高，否则将会促进乳粉中残存的微生物生长繁殖产生乳酸，使乳粉中酪蛋白变性而变得不可溶。但同时乳粉的水分含量也不易过低，否则易引起乳粉变质而产生氧化味，一般喷雾干燥生产的乳粉水分含量低于 1.88%时就易引起这种缺陷。

2. 乳粉水分含量过高的主要原因

① 喷雾干燥过程中，进料量、进风温度、进风量、排风温度、排风量控制不当。

② 乳粉包装间的空气相对湿度偏高，使乳粉吸湿而水分含量上升。包装间的空气相对湿度应该控制在50%～60%。

③ 乳粉冷却过程中，冷风湿度太大，从而引起乳粉水分含量升高。

④ 乳粉包装封口不严，或包装材料本身不密闭。

⑤ 雾化器因阻塞等原因使雾化效果不好，导致雾化后的乳滴太大而不易干燥。

二、乳粉的溶解度

1. 乳粉溶解度的定义

乳粉的溶解度是指乳粉与一定量的水混合后，能够复原成均一的新鲜牛乳状态的性能。这一概念与一般意义上的溶解度是不同的，因为牛乳是由溶液、悬浮液、乳浊液三种体系构成的一种均匀稳定的胶体性液体，而不是纯粹的溶液，所以乳粉的溶解度也只是一个习惯称呼而已。乳粉的溶解度的高低反映了乳粉中蛋白质的变性程度，溶解度低，说明乳粉中蛋白质变性的量大，冲调时变性的蛋白质就不可能溶解，或黏附于容器的内壁，或沉淀于容器的底部。

2. 导致乳粉溶解度下降的因素和原因

① 原料乳的质量差，混入了异常乳或酸度高的牛乳，蛋白质热稳定性差，受热容易变性。

② 喷雾干燥时雾化效果不好，使乳滴过大，干燥困难。

③ 牛乳在杀菌、浓缩或喷雾干燥过程中温度偏高，或受热时间过长，引起牛乳蛋白质受热过度而变性。

④ 牛乳或浓缩乳在较高的温度下长时间放置会导致蛋白质变性。

⑤ 不同的干燥方法生产的乳粉溶解度亦有所不同。一般来讲，滚筒干燥法生产的乳粉溶解度较差，仅为70%～85%，而喷雾干燥法生产的乳粉溶解度可达99.0%以上。

⑥ 乳粉的贮存及时间对其溶解度也有影响。当乳粉贮存于温度高、湿度大的环境中，其溶解度会有所下降。

三、乳粉颗粒的形状和大小

1. 乳粉颗粒的形状对乳粉质量的影响

乳粉颗粒的形状随干燥方法的不同而不同，滚筒干燥法生产的乳粉颗粒呈不规则的片状，且不含有气泡，而喷雾干燥法生产的乳粉呈球状，可单个存在或几个黏在一起呈葡萄状。

2. 乳粉颗粒的大小对乳粉质量的影响

乳粉颗粒的大小随干燥方法的不同而不同。压力喷雾法生产的乳粉直径较离心喷雾法生产的乳粉颗粒直径小。一般来说，压力喷雾干燥法生产的乳粉，其颗粒直径为10～100μm，而离心喷雾干燥法生产的乳粉，其颗粒直径为30～200μm，平均为100μm。目前，立式压力喷雾干燥法正在尝试高塔及大孔径喷头干燥法，以及采用二次干燥技术，这将在一定程度上增大乳粉颗粒的直径。

乳粉颗粒大小及分布率对产品质量的也会产生一定的影响。乳粉颗粒直径大，色泽好，则冲调性能及润湿性能好。如果乳粉颗粒大小不一，而且有少量黄色焦粒，则乳粉的溶解度就会较差，且杂质度高。

3. 影响乳粉颗粒形状及大小的因素

① 雾化器如果出现故障，就有可能影响到乳粉颗粒的形状。

② 压为喷雾干燥中，高压泵压力的大小是影响乳粉颗粒直径大小因素之一，使用压力低，则乳粉颗粒直径大，但前提是不能影响干燥效果。

③ 干燥方法的不同，影响着乳粉颗粒的形状和大小。即使是同一干燥方法，不同类型的干燥设备，所生产的乳粉颗粒直径亦不同。例如，在压力喷雾干燥法中，立式干燥塔较卧式干燥塔生产的乳粉颗粒直径大。

④ 浓缩乳的干物质含量对乳粉颗粒直径有很大的影响。在一定范围内，干物质含量越高，则乳粉颗粒直径就越大，所以在不影响产品溶解度的前提下，应尽量提高浓缩乳的干物质含量。

⑤ 离心喷雾干燥中，转盘的转速也会影响乳粉颗粒直径的大小。转速越低，乳粉颗粒的直径就越大。

⑥ 喷头的孔径大小及内孔表面的光洁度状况，也影响乳粉颗粒直径的大小及分布状况。喷头孔径大，内孔光洁度高，则得到的乳粉颗粒直径大，且颗粒大小均一。

四、乳粉中的脂肪变化

由于脂肪导致的质量缺陷主要是脂肪分解产生的酸败味和脂肪氧化味。脂肪分解味具有一种类似丁酸的酸性刺激味，是由于牛乳中的脂酶将乳粉中的脂肪水解而产生游离的挥发性脂肪酸。乳粉出现脂肪氧化味的反应历程比较复杂，而且影响因素也很多。卵磷脂、亚油酸、花生四烯酸等不饱和脂肪酸氧化后，形成氢过氧化物，这种氢过氧化物即为出现脂肪氧化味的主体。

1. 乳粉中的脂肪状态

乳粉颗粒中脂肪的状态因干燥的方法不同而有所差异。在喷雾干燥过程中，脂肪球在机械力或离心力的作用下直径变小。压力喷雾干燥制得的乳粉脂肪球直径一般为1～2μm，离心喷雾干燥制得的乳粉脂肪球直径一般为1～3μm，滚筒干燥的乳脂肪球直径大多为1～7μm，但大小范围幅度较大，少量脂肪球直径可达几十微米。

喷雾干燥制得的乳粉脂肪呈球状，且存在于乳粉颗粒内部。而滚筒干燥法生产的乳粉由于脂肪球受到机械力的摩擦作用，脂肪球彼此聚积成大团块，大多集中在乳粉颗粒的边缘。喷雾干燥乳粉中游离脂肪占脂肪总量的3.0%～14.0%，而滚筒干燥乳粉中游离脂肪占总脂肪含量的91%～96%。

2. 影响乳粉游离脂肪含量的因素

① 喷雾干燥前浓缩乳若采用二级均质法，可使乳粉中游离脂肪含量下降。

② 在出粉及乳粉输送过程中，应避免高速气流的冲击和机械擦伤。干燥后的乳粉应迅速冷却，采用真空包装或抽真空灌惰性气体的密封包装。产品应贮存于适宜的温度下，这样可防止游离脂肪的增加。否则即使是质量较好的乳粉，由于处理和贮存不当，也会使游离脂肪的含量大大增加。

③ 当乳粉水分含量增加到8.5%～9.0%时，因乳糖的结晶促使游离脂肪增加。

3. 乳粉脂肪氧化味产生的原因及控制措施

(1) 乳粉脂肪氧化味产生的原因

① 乳粉的游离脂肪酸含量高，易引起乳粉的氧化变质而产生氧化味。

② 乳粉中的脂肪在解脂酶及过氧化物酶的作用下，产生游离的挥发性脂肪酸，使乳粉产生刺激性的气味。

③ 乳粉贮存环境温度高、湿度大或暴露于阳光下，易产生氧化味。

（2）控制乳粉脂肪氧化味产生的防止措施

① 严格控制乳粉生产的各种工艺参数，尤其是牛乳的杀菌温度和保温时间，必须使解脂酶和过氧化物酶的活性丧失。

② 严格控制产品的水分含量在2.0%左右。

③ 保证产品包装的密封性。

④ 产品贮存在阴凉、干燥的环境中。

4. 防止脂肪分解产生酸败味的措施

① 必须将牛乳中的脂酶在预热杀菌时彻底破坏，否则在其后的浓缩、喷雾干燥时的受热程度不足以将脂酶破坏。

② 喷雾干燥前浓缩乳经过二级均质，可使乳粉中游离脂肪含量降低。

③ 干燥后的乳粉应迅速冷却，以减少游离脂肪的产生。

④ 防止乳粉水分含量大于8.5%～9.0%，否则因乳糖的结晶会促使游离脂肪增加。

⑤ 在出粉及乳粉的输送过程中，应避免高速气流的冲击和机械擦伤。

五、乳粉结块

1. 乳粉结块的原理

乳粉之所以极易吸潮而结块，这主要与乳粉中含有的乳糖及其结构有关。乳糖是乳粉的主要成分之一，乳粉中乳糖呈非结晶的玻璃态，其中α-乳糖与β-乳糖之比为1∶1.5，两者保持一定的平衡状态。非结晶状态的乳糖具有很强的吸湿性，吸湿后则生成含1分子结晶水的结晶乳糖。

2. 造成乳粉结块的原因

① 由于在整个乳粉干燥过程中操作不当使乳粉水分含量普遍偏高或部分产品水分含量过高。

② 在产品包装和贮存过程中，乳粉吸收水分也会导致产品结块。

六、乳粉的色泽

正常的乳粉一般呈淡黄色，当乳粉出现异常颜色可能受以下因素影响。

① 原料乳酸度过高而加入碱中和后，所制得的乳粉色泽较深，呈褐色。

② 空气过滤器过滤效果不好，或布袋过滤器长期不更换，会导致乳粉呈暗灰色。

③ 乳粉生产过程中，物料热处理过度或乳粉在高温下存放时间过长，会使产品色泽加深。

④ 牛乳中脂肪含量较高，则乳粉颜色较深。

⑤ 乳粉颗粒较大，则颜色较黄；乳粉颗粒较小，则呈灰黄色。

⑥ 乳粉水分含量过高或贮存环境的温度和湿度较高，易使乳粉色泽加深，严重的甚至产生褐色。

七、细菌总数过高

乳粉中细菌总数过高主要与下列因素有关。

① 原料乳污染严重，细菌总数过高，导致杀菌后残留量太多。

② 杀菌温度和时间没有严格按照工艺条件的要求进行。

③ 板式换热器垫圈老化破损，使生乳混入杀菌乳中。

④ 生产过程中，受到二次污染。

八、杂质度过高

造成乳粉杂质度过高的可能原因如下。

① 原料乳净化不彻底。

② 生产过程中，受到二次污染。

③ 干燥室热风温度过高，导致风筒周围产生焦粉。

④ 分风箱热风调节不当，产生涡流，使乳粉局部过度受热而产生焦粉。

【本章小结】

乳粉是以新鲜乳为原料，或以新鲜乳为主要原料，添加一定数量的植物或动物蛋白质、脂肪、维生素、矿物质等配料，经杀菌、浓缩、干燥等加工工艺除去乳中几乎所有的水分，干燥而制成的粉末。

乳粉是一种干燥粉末状乳制品，具有耐保藏、使用方便的特点。目前国内乳粉生产普遍采用加热法。乳粉的种类分为全脂乳粉和脱脂乳粉；加糖乳粉和不加糖乳粉，但一般只有全脂乳粉加糖，脱脂乳粉不加糖。有根据溶解速度快（颗粉大）而确定的速溶乳粉。还有添加某些必要的维生素和氨基酸的乳粉，以及根据特定的营养成分而制造的专喂养新生婴儿和未成熟婴儿用的软块母乳化乳粉等。

全脂乳粉加工是乳粉加工中最简单且最具代表性的一种方法。工艺中应用了喷雾干燥技术，其它种类的乳粉加工都是在此基础上进行的。其主要工艺流程为：乳的收购与验收、预处理与标准化、预热与均质、杀菌、浓缩、喷雾干燥等。

脱脂乳粉是以脱脂乳为原料，经过杀菌、浓缩、喷雾干燥而制成的乳粉。因为脂肪含量很低（不超过1.25％），所以耐保藏，不易引起氧化变质。脱脂乳粉一般多用于食品工业作为原料，如饼干、糕点、面包、冰淇淋及脱脂鲜干酪等都用脱脂乳粉。目前在食品工业中速溶脱脂乳粉应用广泛，因其在大量使用时非常方便。

速溶乳粉是一种在冷水中轻轻搅拌就能溶解的乳粉。速溶乳粉之所以能够速溶，并能在冷水中溶解，主要是因为乳粉经过二次附聚后，使其中的乳糖由非结晶状态变成了结晶状态；乳粉粒子也附聚成了毛细管作用的空隙，从而使乳粉对水具有很好的分散性，加快了乳粉的溶解速度；通过附聚也加大了粒子直径，使粒子本身具有可湿性和多孔性，使乳粉有易溶状态。

婴儿配方乳粉主要是针对婴儿的营养需要，在乳中添加某些必要的营养成分，经加工干燥而制成的一种乳粉。婴儿配方乳粉改变了牛乳营养成分的含量及比例，使之与人乳成分相近似，是婴儿较理想的代母乳食品。

在乳粉的生产过程中，如果操作不当，就有可能出现各种质量问题。目前，乳粉常见的质量问题主要有水分含量过高、溶解度偏低、易结块、颗粒形状和大小异常、有脂肪氧化味、色泽较差、细菌总数过高、杂质度过高等。

【复习思考题】

1. 乳粉的优点有哪些？
2. 乳粉中绝对不含水分吗？
3. 乳粉的种类有哪些？
4. 简述全脂乳粉的生产过程。
5. 什么叫速溶乳粉？其机理为何？
6. 如何制备婴儿配方乳粉？
7. 简述全脂速溶乳粉喷涂卵磷脂的目的和基本原理。
8. 简述脱脂速溶乳粉的生产过程。
9. 简述影响乳粉速溶的因素及改善方法。
10. 乳粉的质量控制措施有哪些？

第七章　冷冻饮品加工技术

学习目标

1. 了解冷冻饮品的原辅料要求。
2. 掌握冰淇淋、雪糕、冰棒的生产工艺及质量控制。

第一节　冰淇淋的加工

一、冰淇淋概述

1. 冰淇淋的概念及特点

冰淇淋（ice cream）又称冰激凌，是以饮用水、牛奶、乳粉、奶油（或植物油脂）、食糖等为主要原料，加入适量食品添加剂，经混合、灭菌、均质、老化、凝冻、硬化等工艺而制成的体积膨胀的冷冻饮品。

冰淇淋是一种冻结的乳制品，属于固体冷饮食品类。它以其轻滑而细腻的组织、紧密而柔软的形体、醇厚而持久的风味，以及营养丰富、冷凉甜美等特点，有“冷饮之王”之美称，深受广大消费者欢迎。

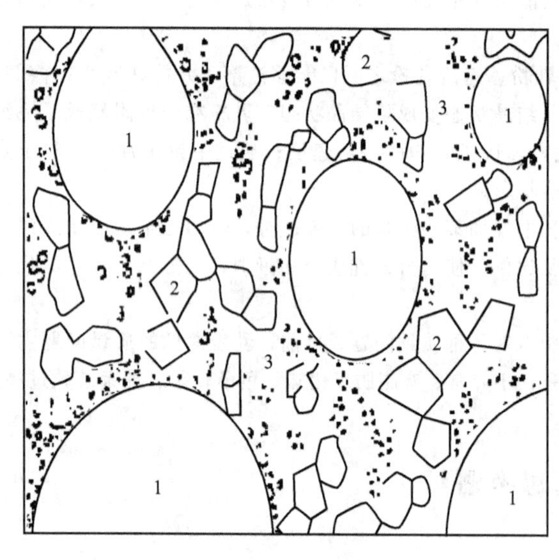

图 7-1　冰淇淋的物理结构
1—空气泡 50～200μm；2—冰结晶 10～50μm；3—脂肪球 0.5～3μm

冰淇淋的物理结构（图 7-1）是一个复杂的物理化学系统，空气泡分散于连续的带有冰晶的液态中，这个液态中包含有脂肪微粒、乳蛋白质、不溶性盐、乳糖晶体、胶体态稳定剂和蔗糖、乳糖、可溶性的盐，如此有气相、液相和固相构成的三相系统，可视为含有40%～50%体积空气的部分凝冻的泡沫。

冰淇淋的组成根据各个地区和品种不同而异。一般较好的冰淇淋组成：脂肪12%，非脂乳固体（MSNF）11%，蔗糖15%，稳定剂和乳化剂 0.3%，总固体(TS)38.3%。一般冰淇淋的组成范围是：脂肪 8%～12%，非脂乳固体 8%～15%，糖 13%～20%，稳定剂和乳化剂 0～0.7%，总固体 36%～43%。

随着人们消费水平的提高，冰淇淋已成为人们四季都能享用的冷食。特别是在炎热的夏季，冰淇淋越来越受到欢迎，冰淇淋的消费已成了人们日常消费的一部分。如今的冰淇淋产品，早已不是单纯的奶油或巧克力雪糕，而是在用料上不断创新，选用了果仁、果酱，还添加了多种水果口味及其它口味（如啤酒、果酒等）。

2. 冰淇淋的分类

冰淇淋的种类很多，并且随着技术的发展其种类会越来越多。冰淇淋的分类方法各异，现将几种常用分类方法简介如下。

(1) 按含脂率高低分类

① 高级奶油冰淇淋。一般其脂肪含量为14%～16%，总固形物含量为38%～42%。按其成分不同又可分为香草、巧克力、草莓、核桃、鸡蛋、夹心等冰淇淋。

② 奶油冰淇淋。奶油冰淇淋脂肪含量在10%～12%，为中脂冰淇淋，总固形物含量在34%～38%。按其成分不同又可分为香草、巧克力、草莓、果味、咖啡、夹心等冰淇淋。

③ 牛奶冰淇淋。牛奶冰淇淋脂肪含量在6%～8%，为低脂冰淇淋，总固形物含量在32%～34%。按其成分不同又可分为香草、可可、草莓、果味、夹心、咖啡等冰淇淋。

(2) 按冰淇淋的形态分类　可分为冰淇淋砖（冰砖）、杯状冰淇淋、锥状冰淇淋、异形冰淇淋、装饰冰淇淋等。

(3) 按使用不同香料分类　分为香草冰淇淋、巧克力冰淇淋、咖啡冰淇淋和薄荷冰淇淋等。其中以香草冰淇淋最为普遍，巧克力冰淇淋其次。

(4) 按所加的特色原料分类　分为果仁冰淇淋、水果冰淇淋、布丁冰淇淋、豆乳冰淇淋、酸味冰淇淋、糖果冰淇淋、蔬菜冰淇淋、巧克力脆皮冰淇淋、黑色冰淇淋、啤酒冰淇淋、果酒冰淇淋等。

(5) 按冰淇淋的硬度分类　可分为软质冰淇淋、硬质冰淇淋。

(6) 按冰淇淋的颜色分类　可分为单色冰淇淋、双色冰淇淋、三色冰淇淋。

3. 冰淇淋的发展趋势

(1) 冰淇淋向天然、保健、功能化发展　未来食品总的发展趋势是要适合人们对营养的要求。近年来提出“三低一高”即低脂肪、低糖、低盐、高蛋白，这也是冰淇淋产品的发展趋势。无脂肪、低热量、不含糖的冰淇淋会得到发展。如不含乳的莎贝特（sorbet）和含少量乳制品的雪贝特（sherbet）是当今国外流行的冷冻饮品。大豆蛋白冰淇淋、蔬菜冰淇淋、含乳酸菌（包括双歧杆菌）冰淇淋、强化微量元素和维生素冰淇淋、螺旋藻冰淇淋、海带冰淇淋以及加有中药提取液等保健效果的产品也将流行。

(2) 冰淇淋向系列化、多样化发展　为了适应消费者的消费取向不断变化，冰淇淋产品正逐步向系列化发展，如果味冰淇淋，不仅保存现有香草型，还有草莓、奇异果、椰子、香芋、哈密瓜等型；夹心冰淇淋不但有草莓夹心，还将出现青梅夹心、甜橙汁夹心、西番莲夹心甚至蔬菜夹心等；涂衣类冰淇淋现有普通巧克力涂衣、还有白巧克力涂衣、芝麻酱涂衣、花生酱涂衣，在此基础上逐步开发出各种粘有花生、芝麻、核桃仁、葡萄干、瓜子仁、水果布丁等果仁的涂衣冰淇淋。

目前，冰淇淋口味趋向多样化，普遍以甜味为主，不久将出现多样口味的冰淇淋，不但有纯甜味，而且还有甜味、酸味组合，甜味、咖啡味组合，甜味、薄荷味组合，甜味、啤酒味组合以及味觉怪异的多味冰淇淋。

(3) 冰淇淋的消费群体不断扩大和消费季节不断拓宽　冰淇淋的消费队伍不断扩大，它不再是孩子们的专利，成年人的消费比例也在不断递增，冰淇淋的消费群体有了不断壮大的趋势。随着生活水平的提高，冰淇淋也不只是夏季的产品，从过去的降温防暑作用逐步转变为嗜好、享受为主，从夏季集中销售逐渐走向四季销售方向发展，近几年出现了冬季不淡的势头。

二、冰淇淋的质量标准

冰淇淋的质量标准包括冰淇淋的感官要求、理化指标和卫生指标三部分，具体质量标准参照 SB/T 10013—1999。

1. 冰淇淋的感官要求

冰淇淋的感官要求如表 7-1 所示。

表 7-1 冰淇淋的感官要求

项目	要求		
	清型	混合型	组合型
色泽	色泽均匀,具有品种应有的色泽	具有品种应有的色泽	
形态	形态完整,大小一致,无变形,无软塌,无收缩		形态完整,大小一致,无变形
组织	细腻润滑,无凝粒及明显粗糙的冰晶,无空洞	含水果、干果等不溶性颗粒(块),无明显粗糙的冰晶	冰淇淋部分符合清型,混合型要求
滋味气味	滋味协调,有奶脂或植脂香味,香味纯正,具有该品种应有的滋味、气味、无异味		
杂质	无肉眼可见的杂质		
单件包装	包装完整,不破损,封口严密,内容物无裸露现象		

2. 冰淇淋的理化指标

冰淇淋的理化指标见表 7-2。

表 7-2 冰淇淋的理化指标

项目	指标								
	清型			混合型			组合型		
	全乳脂	半乳脂	植脂	全乳脂	半乳脂	植脂	全乳脂	半乳脂	植脂
总固形物含量/% ≥	30			30			30		
脂肪含量/% ≥	8	6		8	5		8	6	
蛋白质含量/% ≥	2.5			2.2			2.5	2.2	
膨胀率/%	80～120	60～140	≤140	≥50			—		

注：组合型的全乳脂、半乳脂、植脂冰淇淋的总固形物、脂肪、蛋白质指标均指冰淇淋主体。

3. 冰淇淋的卫生指标

冰淇淋的卫生指标应符合 GB 2759—1996 的规定。细菌总数（cfu/ml)≤30000；大肠菌群（cfu/100ml)≤450；致病菌（指肠道致病菌、致病性球菌）不得检出。

三、原料和辅料

生产冰淇淋的主要原料有：乳与乳制品、油脂、蛋与蛋制品、甜味剂、稳定剂、乳化剂、香料和着色剂等。冰淇淋产品要求具有色泽鲜艳、风味独特、滋味纯正及组织细腻、柔软、光滑、润口等特点。除了应具有完善的设备和制定一定的工艺操作规程外，其质量的优劣还与原辅料的质量要求及其作用有密切的关系。为此，必须对原辅料的质量要求及其作用有所了解。

1. 乳与乳制品

乳与乳制品是生产冰淇淋的主要原料之一，是冷饮中脂肪和非脂乳固体的主要来源。配制冷饮用的乳与乳制品，主要有鲜牛乳、脱脂乳、乳脂、稀奶油、炼乳、乳粉等。

冰淇淋用脂肪最好是鲜乳脂。若乳脂缺乏，则可用奶油或人造奶油代替。乳脂肪在冰淇淋中，一般用量为 6%～12%，最高可达 16%左右。其作用能增进风味，并使成品有柔软细腻的感觉。脂肪球经过均质处理后，比较大的脂肪球被破碎成许多细小的颗粒。由于这一作用，可使冰淇淋混合料的黏度增加，在凝冻搅拌时增加膨胀率。

冰淇淋中的非脂乳固体主要来源于全脂乳粉、脱脂乳粉、酪蛋白酸盐、干酪乳蛋白、浓缩乳清蛋白和乳替代品等。非脂乳固体是指脱脂牛乳中的总固体数，主要有蛋白质、乳糖和矿物质组成。其中蛋白质能促使冰淇淋质地更加紧密和口味润滑，从而防止冰淇淋质地的松软和粗糙；乳糖对于糖类所产生的甜味有轻微的促进作用；而矿物质使冰淇淋增添隐约的咸味。它们赋予产品显著的风味特征。在一定范围之内，非脂乳固体添加越多，冰淇淋的品质越好。但若过量，就会产生一种咸味或炼乳味，而乳脂肪所特有的奶油香味将会大大消弱。

2. 植物油脂

植物脂肪是植脂冰淇淋配方的重要组成部分，它除了能给予人体以糖类 2 倍以上的热量外，还含有几种人体营养所必需的不饱和脂肪酸。它在冰淇淋中能改善其组织结构，给予可口的滋味。生产植脂冰淇淋要根据工艺的加工要求选择合适的专用脂肪。冰淇淋用脂肪一般有奶油、人造奶油、硬化油和其它植物脂肪，如棕榈油、椰子油等。

3. 蛋与蛋制品

蛋与蛋制品不仅能提高冷饮的营养价值，改善其结构、组织状态，而且还能产生好的风味。由于鸡蛋富含卵磷脂，能使冰淇淋或雪糕形成永久性的乳化能力，也可起稳定剂的作用，所以适量的蛋品使成品具有细腻的“质”和优良的“体”，并有明显的牛奶蛋糕的香味。

在冰淇淋中广泛地使用蛋黄粉来保持凝冻搅拌的质量，其用量一般为 0.3%～0.5%，含量过高则有蛋腥味产生。鲜鸡蛋常用量为 1%～2%。

4. 饮用水

水是冰淇淋生产中不可缺少的一种重要原料，包括添加水和其它原料水。水质的好坏，直接影响冰淇淋的质量，因此，要求冰淇淋用水必须达到国家生活饮用水的卫生标准。

5. 甜味料

冰淇淋使用的甜味料有蔗糖、淀粉糖浆、葡萄糖、果糖及糖精、甜蜜素、阿斯巴甜、木糖醇、山梨糖醇、纽甜、三氯蔗糖等，这些不同的甜味料具有不同的甜味和功能特性，对产品的色泽、香气、滋味、形态、质构和保藏起着极其重要的作用。

蔗糖为最常用的甜味剂，一般用量为 12%～16%，过少会使制品甜味不足，过多则缺乏清凉爽口的感觉，并使料液冰点降低（一般增加 2%的蔗糖则其冰点降低 0.22℃），凝冻时膨胀率不易提高，易收缩，成品容易融化。蔗糖还能影响料液的黏度，控制冰晶的增大。较低 DE 值的淀粉糖浆能使乳品冷饮玻璃化转变温度提高，降低制品中冰晶的生成速率。鉴于淀粉糖浆的抗结晶作用，乳品冷饮生产厂家常以淀粉糖浆部分代替蔗糖，一般以代替蔗糖的 1/4 为好，蔗糖与淀粉糖浆两者并用时，则制品的组织、贮运性能将更好。

6. 果品和果浆

冷饮中的果品以草莓、柑橘、酸橙、柠檬、香蕉、菠萝、杨桃、樱桃、葡萄、黑加仑、甜橙、荔枝、杨梅、椰子、山楂、西瓜、蜜瓜、苹果、芒果、杏仁、核桃和花生等较常见。果品能赋予冰淇淋天然果品香味，提高产品档次。

由于水果的种类、成熟度不同，果浆的黏度也不同，由此，一般将果浆分为三类：具有黏稠的组织结构的果浆，如草莓、芒果、树莓、苹果等果浆；具有流动的组织结构的果浆；具有酸的滋味的果浆，如柠檬等果浆。一般冰淇淋工业应选用深度冻结果浆、巴氏杀菌果浆或冷冻干燥粉。

7. 稳定剂、乳化剂和复合乳化稳定剂

（1）稳定剂　又称安定剂，具有亲水性，因此能提高料液的黏度及乳品冷饮的膨胀率，防止大冰结晶的产生，减少粗糙的感觉，对乳品冷饮产品融化作用的抵抗力亦强，使制品不易融化和重结晶，在生产中能起到改善组织状态的作用。稳定剂的种类很多，较为常用的有明胶、琼脂、果胶、CMC、瓜尔豆胶、黄原胶、卡拉胶、海藻胶、藻酸丙二醇酯、魔芋胶、变性淀粉等。稳定剂的添加量依原料的成分组成而变化，尤其是依总固形物含量而异，一般在0.1%～0.5%。主要稳定剂的添加量及特性如表7-3所示。

表7-3　稳定剂的添加量及特性

名　称	类　别	来　源	特　性	参考用量/%
明胶	蛋白质	牛猪骨、皮	热可逆性凝胶、可在低温时融化	0.5
CMC	改性维生素	植物纤维	增稠、稳定作用	0.2
海藻酸钠	有机聚合物	海带、海藻	热可逆性凝胶、增稠、稳定作用	0.25
卡拉胶	多糖	红色海藻	热可逆性凝胶、稳定作用	0.08
角豆胶	多糖	角豆树	增稠、和乳蛋白相互作用	0.25
瓜尔豆胶	多糖	瓜尔豆树	增稠作用	0.25
果胶	聚合有机酸	柑橘类果皮	胶凝、稳定、在pH较低时稳定	0.15
微晶纤维	纤维素	植物纤维	增稠、稳定作用	0.5
魔芋胶	多糖	魔芋块茎	增稠、稳定作用	0.3
黄原胶	多糖	淀粉发酵	增稠、稳定作用、pH变化适应性强	0.2
淀粉	多糖	玉米制粉	提高黏度	3

（2）乳化剂　乳品冷饮混合料中加入乳化剂除了有乳化作用外，还有其它作用：①使脂肪呈微细乳浊状态，并使之稳定化。②分散脂肪球以外的粒子并使之稳定化。③增加室温下产品的耐热性，也就是增强了其抗融性和抗收缩性。④防止或控制粗大冰晶形成，使产品组织细腻。

乳品冷饮中常用的乳化剂有甘油一酸酯（单甘酯）、蔗糖脂肪酸酯（蔗糖酯）、聚山梨酸酯（tween）、山梨糖醇脂肪酸酯（span）、丙二醇脂肪酸酯（PG酯）、卵磷脂、大豆磷脂、三聚甘油硬脂酸单甘酯等。乳化剂的添加量与混合料中脂肪含量有关，一般随脂肪量增加而增加，其范围在0.1%～0.5%，复合乳化剂的性能优于单一乳化剂。不同乳化剂的性能及添加量如表7-4所示。

表7-4　乳化剂的性能及添加量

名　称	来　源	性　能	参考添加量/%
单甘酯	油脂	乳化性强、并抑制冰晶生成	0.2
蔗糖酯	蔗糖脂肪酸	可与单甘酯(1∶1)合用于冰淇淋	0.1～0.3
吐温(tween)	山梨糖醇脂肪酸	延缓融化时间	0.1～0.3
斯盘(span)	山梨糖醇脂肪酸	乳化作用，与单甘酯合用有复合效果	0.2～0.3
PG酯	丙二醇、甘油	与单甘酯合用，提高膨胀率，保形性	0.2～0.3
卵磷脂	蛋黄粉中含10%	常与单甘酯合用	0.1～0.5
大豆磷脂	大豆	常与单甘酯合用	0.1～0.5

（3）复合乳化稳定剂

① 特点。冰淇淋生产中常采用复合乳化稳定剂，它具有以下优点：a. 复合乳化稳定剂经过高温处理，确保了该产品微生物指标符合国家标准；b. 避免了单体稳定剂、乳化剂的缺陷，得到整体协同效应；c. 充分发挥了每种亲水胶体的有效作用；d. 可获得良好的膨胀率、抗融性、组织结构及良好口感的冰淇淋；e. 提高了生产的精确性，并能获得良好的经

济效益。

② 复合乳化稳定剂的复配技术。国外的复合乳化稳定剂一般由单体乳化剂和稳定剂按一定的质量比经过混合、杀菌、均质、喷雾干燥而制成，其细小的颗粒外层是复合乳化剂，内层是复合稳定剂，其内在结构不同于干拌型的复合乳化稳定剂，所以这种复合乳化稳定剂均匀一致，性能效果较好。而国内复合乳化稳定剂大多为干拌型，其加工方法简单，成本较低。干拌型复合乳化稳定剂目前已被很多冰淇淋生产厂家所接受，其使用效果也较令人满意。

以下为几种复合乳化稳定剂的配合用量比。

a. 明胶（0.3%～1.2%）＋单甘酯（0.2%）；

b. 明胶（0.3%～1.2%）＋卵磷脂（0.2%）＋单甘酯（0.1%）；

c. 海藻胶（0.1%～0.2%）＋明胶（0.2%～0.7%）＋CMC(0.05%～0.1%)＋单甘酯（0.2%）；

d. CMC(0.5%)＋单甘酯（0.15%）＋大豆磷脂（0.2%）；

e. 琼脂（0.2%）＋果胶（0.5%）＋单甘酯（0.2%）；

f. 明胶（0.3%～1.2%）＋琼脂（0.2%）＋单甘酯（0.2%）；

g. 明胶（0.3%～1.2%）＋卡拉胶（0.05%）＋卵磷脂（0.2%）＋单甘酯（0.2%）；

h. 明胶（0.4%）＋魔芋胶（0.2%）＋单甘酯（0.2%）；

i. CMC(0.01%～0.1%)＋瓜尔豆胶（0.2%）＋单甘酯（0.2%）。

③ 复合乳化稳定剂的使用。

a. 用量。复合乳化稳定剂的用量，取决于配料中的脂肪含量和总固形物含量，同时要考虑冰淇淋的形体特性和对稳定度、加工工艺的要求及凝冻设备的特性等因素，使用量一般为 0.3%～0.6%。

b. 使用方法。将复合乳化稳定剂与砂糖按 1∶5 的质量比干混，加入一定量的热水（不高于 60℃）高速拌匀（高速混料泵或胶体磨）后倒入配料中。也可将与白砂糖混拌的干粉添加剂徐徐均匀地撒入配料缸中，搅匀至完全溶解。配料缸浆料的温度必须控制在 75～78℃之间。温度过高，会使部分稳定剂水解，导致浆料的稠度降低，影响产品品质；温度太低，会影响乳化稳定剂的分散能力，使部分乳化剂从浆料中析出，凝结在混料缸壁上，导致乳化剂的用量不足，影响产品品质。在酸性冰淇淋、果汁棒冰中，须选用耐酸型乳化稳定剂，且要严格控制浆料的调酸温度，一般控制在 30～50℃以下，防止蛋白质变性沉淀、稳定剂水解、降低料液黏度而影响产品品质。复合乳化稳定剂中含有许多植物胶、微生物胶，必须将其存放在低温、干燥、通风的仓库中。开包后要尽快使用，以避免潮解、降低料液黏度而影响使用效果。

8. 香料

目前，在冰淇淋中使用最多的是橘子、柠檬、香蕉、菠萝、杨梅等果香型香精。香味剂能赋予冰淇淋以醇和的香味，增进其食用价值。按其风味种类分为：果蔬类、干果类、奶香类。按其溶解性分为：水溶性和油溶性。

要使冰淇淋具有清雅醇和的香味，除了香料本身的品质必须优良外，其用量及调配也很重要。香料过量，食用时有刺鼻的感觉；若用量过少，则达不到呈香效果。

生产冰淇淋时，可在凝冻时添加香精。当凝冻机内的料液在搅拌下开始凝冻时，可加入香精、色素等添加剂，凝冻完毕就可以成型。冰淇淋中使用香精的量因香精的种类不同而各异，一般在 0.05%～0.1%。

9. 食用色素

冷冻饮品一般需要配合其品种及香气口味进行着色。常用的着色剂有以下几种。

(1) 食用天然色素　焦糖色、胡萝卜素、叶绿素、姜黄素、核黄素、红曲色素、虫胶色素等。

(2) 食用合成色素　苋菜红、胭脂红、柠檬黄、靛蓝等。

(3) 其它着色剂　如熟化赤豆、熟化绿豆、可可粉、速溶咖啡、黑糯米等。

10. 酸味调节剂

在冷饮中常用的酸度调节剂有柠檬酸、酒石酸、乳酸，以柠檬酸较为常用。柠檬酸酸味柔和、爽口，入口后即达到最高酸感，后味延续时间短，被广泛用于各种冷饮，特别适合于柑橘类冷饮；其为白色透明晶体或白色结晶性粉末，无臭，易溶于水，20℃时在水中的溶解度为59%；与柠檬酸钠复配使用，酸味更为柔美；易于各种香料配合而产生清爽的酸味；用于冰淇淋可加强乳化作用。在冷饮中一般用量为0.5～0.65g/kg。酒石酸为无色透明棱柱状结晶或白色结晶性粉末；易溶于水及乙醇；对金属离子有螯合作用。其酸味具有稍涩的收敛味，后味长，在冷饮中很少单独使用，常与柠檬酸配合使用增加冷却后味，特别适合于葡萄型冷饮。乳酸为无色至浅黄色糖浆状液体，有吸湿性，味酸，可与甘油、水、乙醇等任意混溶。其有微弱涩味，常用于乳酸饮品。

四、冰淇淋加工工艺

（一）冰淇淋的生产工艺流程

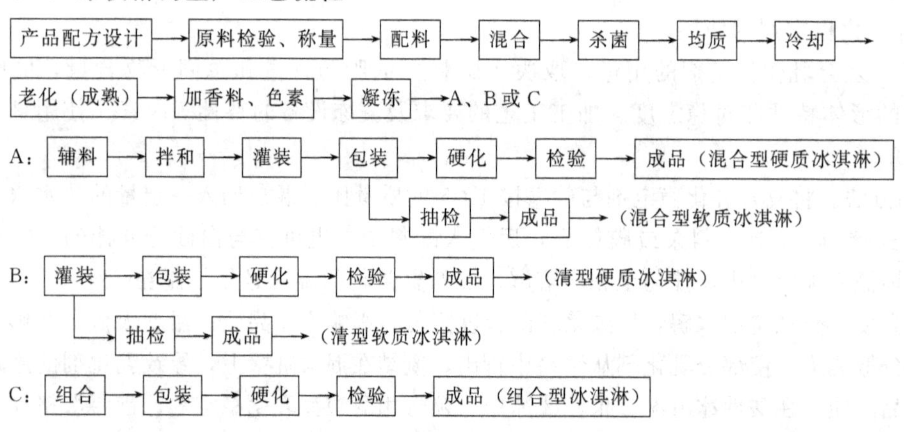

（二）冰淇淋的生产工艺操作

1. 产品配方设计与计算

(1) 冰淇淋混合料的标准组成　以制造冰淇淋为目的所调和的各种混合原料称为冰淇淋混合料或简称混料。其组成用所含脂肪、非脂乳固体、砂糖及稳定剂的比例表示。由于冰淇淋的种类多，故所选用的原料亦十分复杂，但在配制混合料时务必将各种原料做适当调配。不同品种的冰淇淋，有不同的配料组合。冰淇淋的配料组成如表7-5所示。

表7-5　冰淇淋的配料组成　　单位：%

组成成分	最　低	最　高	平　均
乳脂肪	6.0	16.0	8.0～14.0
非脂乳固体	7.0	14.0	8.0～11.0
糖	13.0	18.0	14.0～16.0
稳定剂	0.3	0.7	0.3～0.5
乳化剂	0.1	0.4	0.2～0.3
总固体	30.0	41.0	34.0～39.0

（2）混合料配合比例计算　冰淇淋的原料选定后，即可依据原料成分（表 7-6）计算各种原料的配合。

表 7-6　生产冰淇淋用各种原料的成分含量　　单位：%

原料名称	组成		
	脂肪	无脂干物质	总干物质
牛乳	3.2	8.2	11.4
脱脂乳	0.1	8.5	8.6
稀奶油	20.0	7.1	27.1
奶油	30.0	5.9	35.9
奶油（无盐）	83.0	1.0	84.6
乳脂	100.0	—	100.0
无糖炼乳	8.0	18.1	26.1
浓缩脱脂乳	0.2	30.0	30.2
加糖炼乳	8.4	22.1	74.5①
脱脂加糖炼乳	0.2	27.8	71.0②
全脂乳粉	26.5	71.0	97.5
脱脂乳粉	1.0	94.8	95.8
全蛋	12.7	14.2	26.9
全蛋粉	51.0	44.0	96.0

注：1. 含蔗糖 44.0%。
2. 含蔗糖 43.0%。

（3）配方计算　由于冰淇淋所用的原料很多，共有八大类数百种之多，而能提供某种成分的原料又有多种，这无疑给配方计算带来难度。通常在进行配方设计时，只能对混合料中的主要成分，如脂肪、非脂乳固体、糖类、稳定剂、乳化剂和总固形物等进行控制。

在实际生产中，各配方成分往往不是由单一原料提供，可由两种或更多种原料中获得，这种配料计算即称为复杂配料计算。现举例说明。

【例】 先备有脂肪含量40%，非脂乳固体5.4%的稀奶油；含脂率3.2%，非脂乳固体8.3%的牛乳；脂肪含量8%，非脂乳固体20%，含糖量45%的甜炼乳及蔗糖等原料。拟配制1000kg脂肪含量10%，非脂乳固体11%，蔗糖含量16%，明胶稳定剂0.5%，乳化剂0.4%，香味料0.1%的冰淇淋混合原料，试计算各原料的用量。

解： ① 列出配方成分表及需用量（kg）（表 7-7）。

表 7-7　配方成分表

成分名称	含量/%	需用的数量/kg	成分名称	含量/%	需用的数量/kg
脂肪	10	1000×10%=100	明胶稳定剂	0.5	1000×0.5%=5
非脂乳固体	11	1000×11%=110	乳化剂	0.4	1000×0.4%=4
蔗糖	16	1000×16%=160	香味料	0.1	1000×0.1%=1

② 列出原料成分表（表 7-8）。

表 7-8　原料成分表

原料名称	配方成分	含量/%	原料名称	配方成分	含量/%
稀奶油	脂肪	40	甜炼乳	糖	45
稀奶油	非脂乳固体	5.4	蔗糖	糖	100
牛乳	脂肪	3.2	稳定剂	明胶	0.5
牛乳	非脂乳固体	8.3	乳化剂	乳化剂	0.4
甜炼乳	非脂乳固体	20	香味剂	香味剂	0.1
甜炼乳	脂肪	8			

③ 计算原料用量。

a. 依据表 7-7，稳定剂、乳化剂和香味料的需用量分别为 5kg、4kg 和 1kg。

b. 计算乳与乳制品及蔗糖的需要量。设稀奶油的需要量为 A(kg)，牛乳的需要量为 B(kg)，甜炼乳的需要量为 C(kg)，蔗糖的需要量为 D(kg)。列方程组如下。

$$A+B+C+D+5+4+1=1000 \text{（混合料总量）}$$
$$0.4A+0.032B+0.08C=100 \text{（脂肪总量）}$$
$$0.054A+0.083B+0.2C=110 \text{（非脂乳固体量）}$$
$$0.45C+D=160 \text{（蔗糖总量）}$$

解方程得：

$$A=150\text{kg} \quad B=518\text{kg} \quad C=294\text{kg} \quad D=28\text{kg}$$

c. 本配方需要稀奶油 150kg，牛乳 518kg，甜炼乳 294kg，蔗糖 28kg。

④ 根据上述计算结果，列出所需原料数量表（表 7-9）。

表 7-9 配料数量表

原料名称	配料数量/kg	成分含量/%			
		脂 肪	非脂乳固体	糖	总 固 体
稀奶油	150	60	8.1	—	68.1
牛乳	518	16.58	43	—	59.58
甜炼乳	294	23.42	58.8	132	214.32
蔗糖	28	—	—	28	28
明胶	5	—	—	—	5
乳化剂	4	—	—	—	4
香味料	1	—	—	—	1
合计	1000	100	110	160	380

2. 配料混合

(1) 原辅料处理　原辅材料的种类很多，其性状也各异，在配料之前一般要进行预处理，现将各种原辅料的处理方法分述如下。

鲜牛奶在使用前应经过滤除杂处理，可用 120 目筛进行过滤除杂；冰牛乳应先击碎成小块，然后加热溶解，过滤，再泵入杀菌缸；乳粉先加温水溶解，有条件的可用均质机均质一次，使乳粉充分溶解；奶油（包括人造奶油和硬化油）应先检查其表面有无杂质，若无杂质时，再用刀切成小块，加到灭菌缸中；稳定剂（明胶或琼脂）先将其浸入水中 10min，再加热至 60～70℃，配制 10%溶液；蔗糖先加适量水，加热溶解成糖浆，并经 100 目筛过滤；液体甜味剂先加 5 倍左右的水稀释、混匀，再经 100 目筛过滤；鲜蛋可与鲜乳一起混合，过滤后均质，冰蛋要先加热溶化后使用；蛋黄粉先与加热到 50℃的奶油混合，再用搅拌机使其混匀分散在油脂中；果汁在使用前应搅匀或经均质处理。

(2) 配料基本顺序　由于配方所要求的原辅料种类较多，在配制时的顺序是十分重要的，其基本顺序如下。

① 先往配料缸中加入鲜牛乳、脱脂乳等黏度低的原料及半量左右的水。

② 加入黏度稍高的原料，如糖浆、乳粉液、稳定剂和乳化剂等。

③ 加入黏度高的原料，如稀奶油、炼乳、果葡糖浆、蜂蜜等。

④ 对于一些数量较少的固体料，如可可粉、非脂乳固体等，可用细筛洒入配料缸内。

⑤ 最后以水或牛乳作容量调整，使混合料的总固体在规定的范围内。

(3) 注意事项

① 配料温度对混合料的配制效率和质量关系很大，通常温度要控制在 40～50℃。

② 为使各种原料尽快地混合在一起，在配料时，应不停地搅拌。

3. 混合料的杀菌

通过杀菌可以杀灭料液中的一切病原菌和绝大部分的非病原菌，以保证产品的安全性和卫生指标，延长冰淇淋的保质期。通常间歇式杀菌在杀菌缸内进行，杀菌温度和时间分别为 75～77℃、20～30min；连续式杀菌的杀菌温度和时间分别为 83～85℃、15s。

4. 混合料的均质

均质是冰淇淋生产中必不可少的工序之一，其对冰淇淋的质量有极为重要的作用。均质前需要进行预热，一般冰淇淋混合料最适宜的预热温度为 65～70℃；均质方法一般采用二段式，即第一段均质使用较高的压力（16.7～20.6MPa），目的是破碎脂肪球。第二段均质使用低压力（3.4～4.9MPa），目的是分散已破碎的小脂肪球，防止粘连。

5. 冷却与老化（成熟）

混合料经杀菌、均质处理后，温度在 60℃以上，应迅速冷却至老化温度（2～4℃）。

(1) 老化的目的　冰淇淋老化是将经均质、冷却后的混合料置于老化缸中，在 2～4℃的低温下使混合料进行物理成熟的过程，亦称为“成熟”或“老化”。其实质是脂肪、蛋白质和稳定剂的水合作用，稳定剂充分吸收水分，使料液黏度增加，有利于凝冻搅拌时膨胀率的提高。老化时，由于混合料中游离的水分减少，可防止在混合料凝冻时形成较大的冰结晶体；料液黏度的增加与凝冻搅拌时膨胀率的提高，可缩短凝冻操作的时间，起到改善冰淇淋组织的作用。

(2) 老化的工艺条件　老化操作的参数主要为温度和时间。随着温度的降低，老化的时间也将缩短。如在 2～4℃时，老化时间需 4h；而在 0～1℃时，只需 2h。若温度过高，如高于 6℃，则时间再长也不会有良好的效果。混合料的组成成分与老化时间有一定的关系，干物质越多，黏度越高，老化时间越短。一般说来，老化温度控制在 2～4℃，时间以 6～12h 为最佳。

为提高老化效率，也可将老化分两步进行。首先，将混合料冷却至 15～18℃，保温 2～3h，此时混合料中的明胶溶胀比在低温下更充分；然后，将其冷却到 2～4℃，保温 3～4h，这可大大提高老化速度，缩短老化时间，还能使明胶的耗用量减少 20％～30％。

6. 凝冻

(1) 冰淇淋料液的凝冻过程　大体分为以下三个阶段。

① 液态阶段。料液经过凝冻机凝冻搅拌一段时间（2～3min）后，料液的温度从进料温度（4℃）降低到 2℃。由于此时料液的温度尚高，未达到使空气混入的条件，故称为这个阶段为液态阶段。

② 半固态阶段。继续将料液凝冻搅拌 2～3min，此时料液的温度降至－2～－1℃，料液的黏度也显著提高，使空气得以大量混入，料液开始变得浓厚而体积膨胀，这个阶段为半固态阶段。

③ 固态阶段。此阶段为料液即将形成软质冰淇淋的最后阶段。经过半固态阶段以后，继续凝冻搅拌料液 3～4min，此时料液的温度已降低到－6～－4℃。在温度降低的同时，空气继续混入，并不断的被料液层层包围，这时冰淇淋料液内的空气含量已接近饱和。整个料液体积的不断膨胀，料液最终成为浓厚、体积膨大的固态物质，此阶段即是固态阶段。

(2) 影响凝冻的因素　凝冻的好坏，对冰淇淋质量有十分重要的影响。影响凝冻的因素主要有以下几点。

① 混合料的含糖量。在所有的固形物中，含糖量是影响凝冻的最主要的因素。含糖量越高，冰点越低。混合料在凝冻过程中的水分冻结是逐渐形成的，而随着水分的冻结，剩余液体中糖的浓度越来越高。混合料温度越低，则有更多的水结成冰。凝冻时混合料含水量越多，硬化则越困难。一般来说，温度每降低 1℃，其硬化所需的持续时间可缩短 10%～20%。但温度不能无限制的降低，若凝冻温度低于－6℃，冰淇淋难以从凝冻机中放出。凝冻温度与含糖量的关系如表 7-10 所示。

表 7-10 凝冻温度与含糖量的关系

含糖量/%	12	14	16	17.5	19	20
冻结温度/℃	－2	－2.4	－2.7	－3	－3.6	－4.1

② 混合料和制冷剂的温度　混合料的温度较低和控制制冷剂的温度较低时，凝冻操作时间可缩短，但会给冰淇淋带来如下缺点：所制冰淇淋的膨胀率较低，空气不易混入；空气混合不匀，组织不疏松，缺乏持久性。

混合料温度高、制冷剂温度控制较高时，会使凝冻时间过长，这样会给冰淇淋带来如下缺点：产品组织粗糙并有脂粒存在；冰淇淋组织易发生收缩现象。

③ 凝冻设备。凝冻和凝冻设备有很大关系。连续式凝冻机比间歇式的凝冻快；转速快的搅拌器可以产生足够的离心力使冰淇淋的料浆能展及凝结桶的四壁，提高凝冻速度；刮刀的锋利与否和刮刀与筒壁的间距大小对凝冻速度也有影响，其间隙以不超过 0.3mm 为宜。

（3）膨胀率

① 膨胀率的概念。冰淇淋的膨胀是指混合料在凝冻操作时，空气被混入冰淇淋中，形成微小的气泡，而使冰淇淋的容积增加，这一现象称为增容。此外，因凝冻的关系，混合料中绝大部分水分的体积亦稍有膨胀。冰淇淋的膨胀率，即指冰淇淋体积增加的百分率。

② 计算方法

a. 体积计算法

$$B=\frac{V_2-V_1}{V_1}\times 100\%$$

式中　B——膨胀率，%；

V_1——混合料的体积，L；

V_2——冰淇淋的体积，L。

b. 质量计算法

$$B=\frac{M_2-M_1}{M_1}\times 100\%$$

式中　B——膨胀率，%；

M_1——1L 冰淇淋的质量，kg；

M_2——1L 混合料的质量，kg。

冰淇淋制造时应控制一定的膨胀率，以便使其具有优良的组织和形体。奶油冰淇淋最适宜的膨胀率为 90%～100%，果味冰淇淋则为 60%～70%。膨胀率过低则冰淇淋风味过浓，在口中溶解不良，组织也粗糙；过高则变成海绵状组织，气泡大，保形性和保存性不良，在口中溶解很快，风味感觉弱，凉的感觉少。

7. 成型灌装

凝冻后的冰淇淋必须立即成型灌装（和硬化），以满足贮藏和销售的需要。冰淇淋的成型有冰砖、纸杯、蛋筒、锥形、巧克力涂层冰淇淋、异形冰淇淋切割线等多种成型灌装机。

8. 硬化

硬化是将成型灌装机灌装和包装后的冰淇淋迅速置于－25℃以下的温度，经过一定时间的速冻，再保持在－18℃以下，使其组织状态固定、硬度增加的过程。

硬化的目的是固定冰淇淋的组织状态、完成形成细微冰晶的过程，使其组织保持适当的硬度以保证冰淇淋的质量，便于销售与贮藏运输。速冻硬化可用速冻库（－25～－23℃）、速冻隧道（－40～－35℃）或盐水硬化设备（－27～－25℃）等。一般硬化时间为：速冻库10～20h、速冻隧道30～50min、盐水硬化设备20～30min。影响硬化的条件有：包装容器的形状与大小、速冻室的温度与空气的循环状态、室内制品的位置以及冰淇淋的组成成分和膨胀率等因素。

9. 贮藏

硬化后的冰淇淋产品，在销售前应将制品保存在低温冷藏库中。冷藏库的温度为－20℃，相对湿度为85%～90%，贮藏库温度不可忽高忽低，贮藏温度及贮存中温度变化往往导致冰淇淋中冰的再结晶，使冰淇淋质地粗糙，影响冰淇淋的品质。

第二节　雪糕的加工

一、雪糕概述

雪糕（ice cream bar）是以饮用水、乳品、食糖、食用油脂等为主要原料，添加适量增稠剂、香料、着色剂等食品添加剂，经混合、灭菌、均质或轻度凝冻、注模、冻结等工艺制成的冷冻产品。

根据产品的组织状态分为清型雪糕、混合型雪糕和组合型雪糕。清型雪糕是不含颗粒或块状辅料的制品，如橘味雪糕；混合型雪糕是含有颗粒或块状辅料的制品，如葡萄干雪糕、菠萝雪糕等；组合型雪糕是指与其它冷冻饮品或巧克力等组合而成的制品，如白巧克力雪糕、果汁冰雪糕等。

二、雪糕的质量标准

1. 雪糕的感官要求

雪糕的感官要求应符合表7-11的规定。

表7-11　雪糕的感官要求

项目	要求		
	清型	混合型	组合型
色泽	色泽均匀，具有品种应有的色泽	具有品种应有的色泽	
形态	形态完整，大小一致，表面起霜，插杆整齐，无断杆，无多杆，无空头		
组织	冻结坚实，细腻润滑，无明显大冰晶	粒状辅料分布均匀，无明显大冰晶	雪糕部分具有清型或混合型的组织特性
滋味、气味	滋味协调，香味纯正，具有该品种应有的滋味、气味、无异味		
杂质	无外来可见杂质		
单件包装	完整、不破损，内容物不外露，包装图案端正		

2. 雪糕的理化指标

雪糕的理化指标见表 7-12。

表 7-12　雪糕的理化指标

项　目		指　标		
		清　型	混　合　型	组　合　型
总固形物含量/%	≥	16	18	16(雪糕主体)
总糖含量(以蔗糖计)/%	≥	14	14	14(雪糕主体)
脂肪含量/%	≥	2		

注：组合型指标均指雪糕主体。

3. 雪糕的卫生指标

雪糕的卫生指标应符合 GB2759.1—2003 的规定。细菌总数（cfu/ml）≤30000；大肠菌群（cfu/100ml）≤450；致病菌（指肠道致病菌、致病性球菌）不得检出。

三、雪糕的加工工艺

1. 雪糕的生产工艺流程

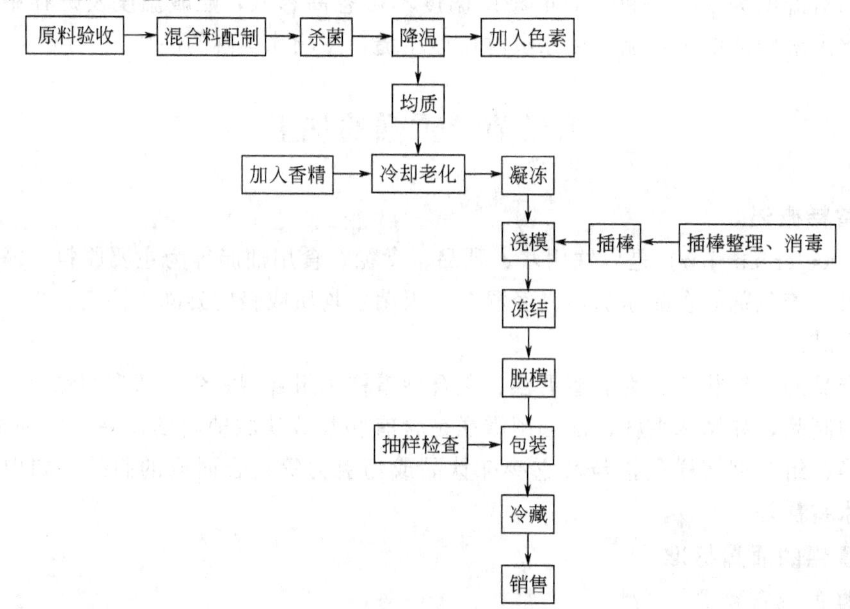

2. 雪糕的配方

（1）一般普通雪糕配方　牛乳，32%左右；淀粉，1.25%～2.5%；砂糖，13%～14%；糖精，0.01%～0.013%；精炼油脂，2.5%～4.0%；麦乳精及其它特殊原料，1%～2%；香料适量；着色剂适量。

（2）各种花色雪糕配方

a. 可可雪糕。白砂糖，87.5kg；甜炼乳，145.8kg；淀粉，12.5kg；糯米粉，12.5kg；可可粉，10kg；精油，30.8kg；糖精，0.14kg；精盐，0.125kg；香草香精，0.75kg；饮用水，704kg。

b. 菠萝雪糕。白砂糖，145kg；蛋白糖，0.4kg；全脂奶粉，30kg；乳清粉，40kg；人造奶油，35kg；鸡蛋，20kg；淀粉，25kg；明胶，2kg；CMC，2kg；菠萝香精，1kg；栀子黄，0.3kg；饮用水，699kg。

c. 咖啡雪糕。白砂糖，150kg；蛋白糖，0.6kg；鲜牛乳，320kg；乳清粉，38kg；棕榈油，30kg；鸡蛋，20kg；淀粉，22kg；麦精，8kg；明胶，2kg；CMC，2kg；焦糖色素，0.4kg；速溶咖啡，2kg；水，405kg。

d. 草莓雪糕。白砂糖，100kg；葡萄糖浆，50kg；甜蜜素，0.5kg；全脂奶粉，30kg；棕榈油，15kg；复合乳化稳定剂，3.5kg；草莓香精，0.8kg；红色素，0.02kg；草莓汁，15kg；水，785kg。

e. 香蕉雪糕。白砂糖，88.3kg；甜炼乳，145.8kg；淀粉，12.5kg；糯米粉，12.5kg；精油，33.3kg；鸡蛋，30.8kg；糖精，0.125kg；精盐，0.125kg；香蕉香精，0.5kg；水，680kg。

f. 柠檬雪糕。白砂糖，87.5kg；甜炼乳，145.8kg；淀粉，12.5kg；糯米粉，12.5kg；精油，33.3kg；鸡蛋，30.8kg；糖精，0.125kg；精盐，0.125kg；柠檬，0.95kg；水，682kg。

g. 橘子雪糕。白砂糖，112.5kg；全脂奶粉，18.8kg；甜炼乳，83.3kg；，淀粉，12.5kg；糯米粉，12.5kg；精油，33.3kg；鸡蛋，30.8kg；糖精，0.125kg；精盐，0.125kg；橘子香精，1.25kg；水，697kg。

3. 操作要点

雪糕生产时，原料配制、杀菌、冷却、均质、老化等操作技术与冰淇淋基本相同。普通雪糕不需经过凝冻工序，直接经浇模、冻结、脱模、包装而成，膨化雪糕则需要进行凝冻工序。

（1）凝冻　首先对凝冻机进行清洗和消毒，而后加入料液。第一次约加入机体容量的1/3，第二次则为1/2～2/3。膨化雪糕要进行轻度凝冻，膨化率为30%～50%，所以要控制好凝冻时间以调节凝冻程度。出料温度一般控制在－3℃左右。

（2）浇模　从凝冻机内放出的料液直接放进雪糕模盘，浇模时模盘要前后左右晃动，以便混合料在模内分布均匀。然后盖上带有扦子的模盖，轻轻放入冻结槽内进行冻结。浇模前要将模盘、模盖、扦子等进行彻底消毒，一般用沸水煮或用蒸汽喷射消毒10～15min。

（3）冻结　雪糕的冻结有直接冻结法和间接冻结法。直接冻结法就是直接将模盘浸入盐水槽内进行冻结，间接冻结法就是速冻库（管道半接触式冻结装置）和隧道式（强冷风冻结装置）速冻。进行直接速冻时，先将冷冻盐水放入冻结槽至规定高度，开启冷却系统，待盐水温度降到－30～－24℃时，放入模盘，大约10～12min后模盘内混合料液全部冻结即可取出模盘。冻结缸内的盐水要有专人负责，每天至少测4次盐水浓度和温度，并在生产前0.5h测1次，生产后每2h测1次，做好原始记录。

（4）脱模　所谓的脱模就是使冻结硬化的雪糕经瞬时加热由模盘脱下的过程。脱模时，在烫盘槽内注入加热用的盐水至规定高度后，开启蒸汽阀将蒸汽通入蛇形管控制烫盘槽内水的温度在48～54℃。将模盘置于烫盘槽中，轻轻晃动使其受热均匀，浸数秒钟后（以雪糕表面稍融为度），立即脱模。然后，便可进行包装。

（5）包装　包纸、装盒、装箱、放入冷库。

第三节　棒冰的加工

一、棒冰概述

棒冰也称冰棍、冰棒和雪条，是以饮用水、甜味剂为主要原料，添加增稠剂及酸味剂、着色剂、香料等食品添加剂，或再添加豆品、乳品等，经混合、杀菌、冷却、浇模、插扦、冻结、脱模等工艺制成的带扦的冷饮品。

棒冰按其组织成分和风味可分为以下几类。

(1) 果味棒冰　是用甜味剂、稳定剂、食用酸、香精及食用色素等配制冻结而成。有橘子、柠檬、香蕉、菠萝、苹果、杨梅、牛奶、咖啡、沙司等品种。

(2) 果汁棒冰　系用甜味剂、稳定剂、各种新鲜果汁或干果汁以及食用色素等配制冻结而成。有橘子、柠檬、菠萝、杨梅、山楂等品种。

(3) 果泥棒冰　系用甜味剂、稳定剂、果泥、香料以及食用色素等配制冻结而成。

(4) 果仁棒冰　系用甜味剂、稳定剂、磨碎的果仁、香料以及食用色素等配制冻结而成。有咖啡、可可、杏仁、花生等品种。

(5) 豆类棒冰　系用甜味剂、稳定剂、豆类、香料以及食用色素等配制冻结而成。有赤豆、绿豆、青豌豆等品种。

(6) 盐水棒冰　系在豆类或果味棒冰混合原料中，加入适量的精盐（一般为0.1%～0.3%）冻结而成，适用于夏季高温作业工人的消暑解渴用。

棒冰按其加工工艺的不同，可分为清型棒冰、混合型棒冰、夹心型棒冰、拼色型棒冰、涂布型棒冰等。

二、棒冰的质量标准

1. 棒冰的感官要求

棒冰的感官要求应符合表7-13的规定。

表7-13　棒冰的感官要求

项目	要求		
	清型	混合型	组合型
色泽	色泽均匀，具有品种应有的色泽	具有品种应有的色泽	
形态	形态完整，大小一致，表面起霜，插杆端正，无断杆，无多杆，无空头		
组织	冻结坚实，无二次冻结形成的较大冰晶	冻结坚实，粒状辅料混合较匀	棒冰主体部分应具有清型或混合型的组织特性
滋味、气味	滋味协调，香味纯正，具有该品种应有的滋味、气味、无异味		
杂质	无外来可见杂质		
单件包装	包装完整、不破损，内容物不外露，包装图案端正		

2. 棒冰的理化指标

棒冰的理化指标见表7-14。

表7-14　棒冰的理化指标

项目		指标		
		清型	混合型	组合型
总固形物含量/%	≥	11.0	15.0	15.0（棒冰主体）
总糖含量（以蔗糖计）/%	≥	9.0	9.0	10.0（棒冰主体）

注：组合型指标均指棒冰主体。

3. 棒冰的卫生指标

棒冰的卫生指标同冰淇淋、雪糕。

三、棒冰的加工工艺

1. 棒冰生产工艺流程

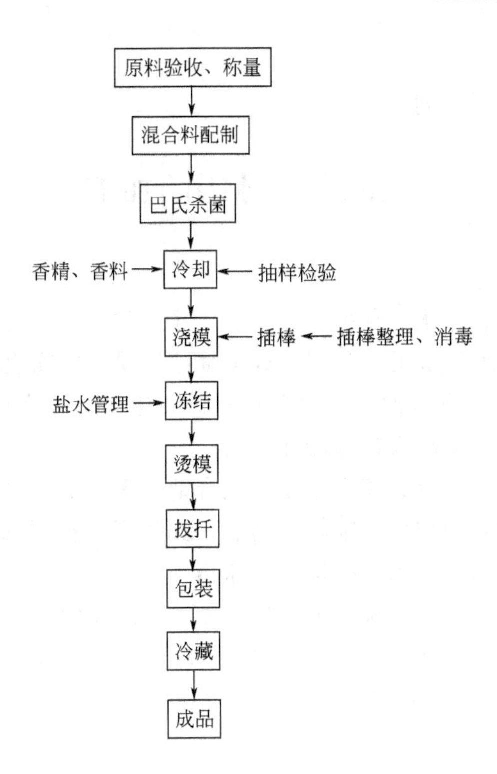

2. 棒冰的配方

几种主要棒冰的配方见表 7-15。

表 7-15 几种主要棒冰的配比（配料量 100kg）

原料名称	果汁棒冰			果味棒冰			豆类棒冰		果仁棒冰		盐水棒冰
	菠萝棒冰	橘子棒冰	柠檬棒冰	橘子棒冰	香蕉棒冰	菠萝棒冰	赤豆棒冰	绿豆棒冰	花生棒冰	芝麻棒冰	盐水棒冰
牛奶	19	19		5	5	—	—	—	26	30	—
白砂糖	9.5	9.5	23	8	8	—	13	12	13	13	12
精制淀粉	3	5.6	—	3	3	—	2	1	2.4	2.4	1.5
橘子香精	—	—	—	20g		—	—	—	—	—	—
香蕉香精	—	—	—	—	18g	—	—	—	—	—	—
菠萝香精	—	—	—	—	—	17g	—	—	—	—	—
香草香精	适量	微量	—	—	—	—	—	—	—	—	—
薄荷香精	—	—	—	—	—	—	—	40g	—	—	—
柠檬香精	—	—	—	—	—	—	—	—	—	—	80g
桂花	—	—	—	—	—	—	70g	—	—	—	—
糖精	—	—	—	15g	15g	15g	—	—	适量	适量	—
阿斯巴甜	—	—	—	—	—	—	15g	15g	—	—	10g
着色剂	—	—	—	适量	适量	适量	—	—	—	—	—
菠萝汁	19	—	—	—	—	—	—	—	—	—	—
橘子汁	—	19	—	—	—	—	—	—	—	—	—
柠檬汁	—	—	38	—	—	—	—	—	—	—	—
赤豆	—	—	—	—	—	—	4	—	—	—	—
绿豆	—	—	—	—	—	—	—	4.5	—	—	—
花生仁	—	—	—	—	—	—	—	—	16	—	—
芝麻	—	—	—	—	—	—	—	—	—	3	—
糯米粉	—	—	—	—	—	—	—	1	—	—	1.5
精盐	—	—	—	—	—	—	—	—	—	—	15g

3. 棒冰的工艺要点

棒冰的制作要点与雪糕相同。

第四节　冰霜的加工

一、冰霜概述

冰霜又称雪泥，是以饮用水、食糖、果汁、果品、香精、少量牛奶、淀粉等为原料，经混合、杀菌、凝冻等工艺而制成的一种泥状或细腻冰屑状的冷冻饮品。它与冰淇淋的不同之处在于含油脂量极少，甚至不含油脂，糖含量较高，组织比冰淇淋粗糙，但比刨冰颗粒细小，是夏季不可缺少的一种清凉爽口的冷冻饮品。

冰霜按其产品的组织状态分为清型冰霜、混合型冰霜与组合型冰霜三种。

(1) 清型冰霜　不含颗粒或块状辅料的制品，如橘子（橘子味）冰霜、香蕉（香蕉味）冰霜、苹果（苹果味）冰霜、柠檬（柠檬味）冰霜等。

(2) 混合型冰霜　含有颗粒或块状辅料的制品，如巧克力刨花冰霜、菠萝冰霜等。

(3) 组合型冰霜　与其它冷饮品或巧克力、饼坯等组合而成的制品，主体冰霜所占比例不低于50%，如冰淇淋冰霜、蛋糕冰霜、巧克力冰霜等。

二、冰霜的质量标准

1. 冰霜的感官要求

冰霜的感官要求见表7-16。

表7-16　冰霜的感官要求

项目	要求		
	清型	混合型	组合型
色泽	色泽均匀,具有品种应有的色泽	具有品种应有的色泽	
形态	冰雪状,不软塌		
组织	疏松,霜晶微细,入口即溶化	疏松,霜晶微细,入口即溶化,含有干果、水果等颗粒(块)	冰霜部分应符合清型或混合型的组织特性
滋味、气味	有砂质感,香味纯正与品种相符,无异味		
杂质	无外来可见杂质		
单件包装	包装完整、严密,不破损,内容物无裸露现象		

2. 冰霜的理化指标

冰霜的理化指标见表7-17。

表7-17　冰霜的理化指标

项目		指标		
		清型	混合型	组合型
总固形物含量/%	≥	16	18	16(冰霜主体)
总糖含量(以蔗糖计)/%	≥	13	13	13(冰霜主体)

注：组合型指标均指冰霜主体。

3. 冰霜的卫生指标

冰霜的卫生指标同冰淇淋、雪糕。

三、冰霜的加工工艺

1. 冰霜的生产工艺流程

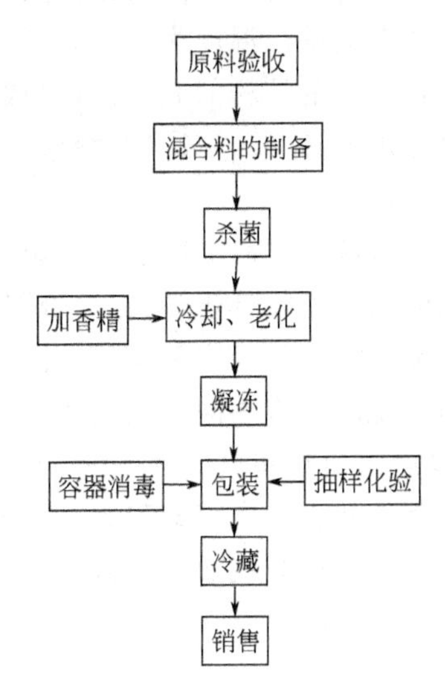

2. 冰霜的配方

几种主要的冰霜配方见表 7-18。

表 7-18　几种主要冰霜的配比（配料量 100kg）

原料名称	果料冰霜			果味冰霜			牛奶冰霜		
	草莓冰霜	苹果冰霜	山楂冰霜	柠檬味冰霜	香蕉味冰霜	芒果味冰霜	可可牛奶冰霜	草莓牛奶冰霜	芒果牛奶冰霜
牛奶	—	—	—	—	—	—	20	—	20
全脂奶粉	—	—	—	—	—	—	—	2.2	—
白砂糖	24	20	20	13	13	13	11	12	10
浓缩芒果汁	—	—	—	—	—	—	—	—	800g
草莓酱	—	—	—	—	—	—	—	10	—
草莓	24		—	—	—	—	—	—	—
苹果	—	30	—	—	—	—	—	—	—
山楂	—	—	45	—	—	—	—	—	—
玉米淀粉	—	—	2.5	1.5	1.5	1.5	1	1.5	1
马铃薯淀粉	—	—	—	1.5	—	—	—	1	1.5
小麦淀粉	—	—	—	—	1.5	1.5	1.5	—	—
琼脂	—	—	500g	—	—	—	—	—	—
明胶	—	—	—	200g	200g	200g	200g	200g	200g
CMC-Na	—	—	—	200g	200g	200g	200g	200g	200g
香蕉香精	—	—	—	—	100g	—	—	—	—
柠檬香精	—	—	—	100g	—	—	—	—	—
芒果香精	—	—	—	—	—	100g	—	—	100g
奶油香精	—	—	—	—	—	—	80g	—	—
叶绿素	—	—	—	0.5g		—	—	—	—
栀子黄色素	—	—	—	—	50g	50g	—	—	—
麦芽糊精	—	—	—	—	—	—	500g	500g	500g
阿斯巴甜	—	—	—	—	—	—	20g	21g	20g
焦糖色素	—	—	—	—	—	—	40g	—	—
可可粉	—	—	—	—	—	—	1	—	—

3. 冰霜的工艺要点

冰霜的原料检验、预处理、配料方法与冰淇淋操作相同。

(1) 杀菌与添加色素　冰霜料液的杀菌温度为80～85℃、10～15min，此杀菌条件不但达到了杀菌的目的，也保证了混合料中的淀粉的充分糊化与黏度增加。

添加色素时，应先将色素事先配制成1%～2%的溶液，在料液保温时徐徐加入，而不是直接将色素加入料液中。

(2) 冷却与添加香精及果汁　杀菌保温后的料液，迅速冷却至2～5℃。冷却温度越低，则冰霜的凝冻时间越短，但料液的温度不能低于－2℃，否则温度过低会造成料液输送困难。冷却后及时在搅拌的前提下徐徐加入香精及经预杀菌的果汁。

(3) 凝冻与加入果肉　冰霜的凝冻多采用间歇式凝冻机。凝冻操作时，第一次的料液加入量为机容量的80%，第二次以后为机容量的70%。凝冻时间为12～18min。如果生产果肉冰霜，要先对果肉进行杀菌处理，并将果肉冷却到2～5℃时，再添加到凝冻机中。

(4) 包装贮藏　凝冻后的冰霜通过灌装机灌注，包装形式为冰砖或杯型。包装好的冰霜产品及时送入－18～－20℃的冷库内贮藏。

第五节　冷冻饮品的质量控制

冷冻饮品的生产如果控制不当，就可能出现种种缺陷，造成成品感官状态的缺陷或成品污染。这里就常见的质量问题分述如下。

一、冷冻饮品的感官质量缺陷

冷冻饮品的感官质量缺陷如表7-19所示。

二、冰淇淋的收缩

冰淇淋的体积之所以能膨胀扩大，主要是由于混合料在凝冻机中受到搅拌器的高速搅拌，将空气搅拌成细小的空气泡并均匀地混合在冰淇淋组织中，最后成为松软的冰淇淋。但是，如果空气气泡受到破坏，空气会从冰淇淋组织中逸出，使其体积缩小，也就造成了冰淇淋体积的缩小。

1. 冰淇淋收缩的原因

冰淇淋的收缩是影响其品质的重要因素，而产生收缩的原因主要有以下几个。

(1) 原料组成及用量

① 蛋白质及其稳定性。乳与乳制品是组成冰淇淋的主要原料，其中富含蛋白质。但是，若蛋白质不稳定，其所构成的组织一般缺乏弹性，容易泄出水分，因其收缩而变得坚硬，这主要是由于乳固体采用高温脱水处理，或牛乳及乳脂的酸度过高等。

② 糖类的含量及其品种。在凝冻时，如混合料的凝固点高，则操作时间短，且收缩性也小。糖类是冰淇淋的主要组分，其对凝固点的影响较大，糖分含量高，凝固点随之降低，在冰淇淋中，蔗糖含量每增加2%，则凝固点降低约0.22℃。蔗糖含量一般不超过16%。而相对分子质量小的糖类，如蜂蜜、淀粉糖浆等，又比相对分子质量大的蔗糖凝固点低。因此，要慎用分子量小的糖类。

(2) 操作

① 凝冻是使冰淇淋体积膨胀的重要操作，合适的膨胀率使冰淇淋具有优良的组织。但是膨胀率过高，气泡含量过多，易使组织陷落，冰淇淋也就发生收缩。

表 7-19　冷冻饮品的感官质量缺陷及预防措施

	质量缺陷	引起原因	预防措施	产品
风味缺陷	香味不正	加入香料或香精过多或过少，或香精质量不良	按照配方加香料或香精，检查香料或香精的质量，设专人负责检查原料质量工作	冰淇淋、雪糕、棒冰
	香味不纯，有异味	使用原料不新鲜或香料、香精质量有问题	检查所用原料的质量	冰淇淋、雪糕、棒冰
	甜味不足或过甜	未按规定的配方要求加入甜味剂	抽样化验总糖量与总干物质含量，加强配方管理工作	冰淇淋、雪糕、棒冰
	氧化味（哈味）	所用原料如奶粉、奶油、蛋粉、甜炼乳有哈味，或硬化油融化时间过长或贮藏日久变质	抽样对乳制品与蛋制品进行感官鉴定，如有问题禁止使用，并做到先来的原料先使用	冰淇淋
	酸败味	原料中混有部分酸败的，或在贮存时由于温度影响所致	抽样化验，发现有酸败的原料不能使用，注意原料的保管条件	冰淇淋、雪糕、棒冰
	金属或锈斑	装在马口铁听内的冰淇淋贮存过久，或因罐头已腐蚀，或用贮藏日久的乳品罐头做原料，如甜、淡炼乳引起	马口铁听装冰淇淋贮藏时间不宜过久，不得用腐蚀的马口铁灌装冰淇淋，不能用有金属味的乳品罐头做原料	冰淇淋
	焦化味	杀菌时由于温度过高，时间过长或未开动搅拌器引起；使用酸度过高的牛乳	严格执行杀菌操作规程，把好原料检验关	冰淇淋
	陈旧味	使用不新鲜原料或贮放日久的原料而引起	做到原料先来先用，不新鲜的原料不用	冰淇淋
	煮熟味	加入了经高温处理的含有较高非脂乳固体的乳制品，或混合料经过长时间的热处理	严格掌握杀菌条件，切勿长时间加热杀菌	冰淇淋
	咸苦味	加盐量过高，凝冻操作不当溅入盐水或浇注模具漏损	调整配方加盐量，注意操作，检查冻结模具是否有漏损	雪糕、棒冰
	油哈喇味	使用了已氧化发哈喇的动植物油脂或乳制品	加强原料检验，禁用发哈原料	雪糕、棒冰
	发酵味	果汁存放时间过长，已发酵起泡	使用新鲜果汁，加强原料检验	棒冰
组织缺陷	组织粗糙	配方不合理，总干物质含量过低，稳定剂的质量差，均质压力或均质温度不良，或均质压力失控，料液进入凝冻机的温度过高，硬化时间太长，冷藏库温度不稳定	调整配方，提高总干物质含量，尤其是非脂干物质与砂糖的比例，使用质量好的稳定剂，掌握好均质压力与温度，经常抽样检验均质效果，修好均质机	冰淇淋
	组织过于坚实	配方不当，总干物质含量过高，膨胀率低	适当降低总干物质的含量，降低料液黏度，提高膨胀率	冰淇淋
	组织松软	混合料中干物质量不足或混料未经均质及膨胀率太高	严格按照配方配料，料液进行均质	冰淇淋
	面团状组织	稳定剂用量多，硬化过程掌握不好，均质压力过高	适当降低稳定剂用量，掌握好均质压力	冰淇淋
	组织粗糙	使用的乳制品、豆制品溶解度差、酸度高、均质压力不适当，淀粉的品质较差或填充剂质地较粗糙	把好原料检验关	雪糕、棒冰
	组织松软	干物质少、油脂用量过多、稳定剂用量不足、凝冻不够以及贮藏温度过高	调整配方，适当延长凝冻时间以及降低贮藏温度	雪糕、棒冰
形体缺陷	有较大奶油粒出现	含脂量过高，老化冷却不及时，或搅拌方法不当而引起	适当降低含脂量，老化、冷却要及时，搅拌方法要改进，老化时温度控制要适当	冰淇淋
	有较大的冰屑（冰结晶）出现	老化冷却过度，包装过程中冰淇淋有融化现象或未及时送入速冷室	包装要及时，包装后的产品要及时送入速冷室，老化温度控制在5℃	冰淇淋
	质地过黏	使用稳定剂过多，总干物质含量太高	适当减少稳定剂与总干物质的含量	冰淇淋
	融化较快	稳定剂与总干物质含量低	适当增加稳定剂与总干物质的含量，选用品质好的稳定剂	冰淇淋
	融化后成细小凝块	混料的酸度较高或钙盐含量过高	做好混料的酸碱度调节	冰淇淋
	融化后成泡沫状	稳定剂用量不足或选用不当	正确选用稳定剂或适当增加其用量	冰淇淋
	空头	制造时冷量供应不足或片面追求产量	要规范生产，加强盐水管理	雪糕、棒冰
	歪扦与断扦	由于棒冰模盖扦子夹头不正或模盖不正，扦子质量较差以及包装、装盒、贮藏不妥	对模盖、扦子及时检查，包装贮运过程加强管理	雪糕、棒冰

② 空气气泡的压力与气泡本身的直径成反比。因此，气泡小者其压力反而大，故细小的空气气泡易于破裂从其组织中逸出，而使组织收缩。因此，要控制气泡直径。

③ 在凝冻时，冰淇淋混合料中会产生数量极多、且极细小的冰晶，它们能使其组织致密、坚硬，并可抑制空气气泡的逸出，避免组织的收缩。若是冰晶粗大，则难以有效保护气泡。

(3) 温度　空气气泡是以微细状态存留在冰淇淋组织中，其气泡内的压力一般比外界的空气压力大，而温度的变化，将对冰淇淋组织产生重要的影响。当温度上升或下降时，气泡内的空气压力亦相应地随着温度的变异而变化；若压力差足以使气泡冲破组织而逸出，或外界压力能压破气泡，则冰淇淋组织会陷落而形成收缩。

2. 冰淇淋收缩的防止

冰淇淋的收缩，大大影响了产品外观和商品价值，应尽力避免。要防止冰淇淋的收缩，应从多方面进行全面控制，方能取得较好效果，一般可从以下几方面考虑。

(1) 采用合格原料　合格的原料有助于防止冰淇淋的收缩，有些原料对冰淇淋的收缩影响较大，更应多加注意，如乳与乳制品，应选质量较好、酸度较低的。糖度也是一项重要指标，糖分含量不宜过高，不宜采用淀粉糖浆、蜂蜜等相对分子质量小的糖类，以防凝固点降低。

(2) 严格控制膨胀率　膨胀率过高是引起冰淇淋收缩的重要原因，影响膨胀率的因素很多。在混合料的组分上，脂肪、非乳脂固体、糖类等对膨胀率均有较大影响；而杀菌、均质、老化等操作也对膨胀率的高低起很大作用。但影响膨胀率最大的还是凝冻操作。

(3) 采用快速硬化　冰淇淋经凝冻、成型后，即进入冷冻室进行硬化，若冷冻室中温度低，硬化迅速，组织中冰的结晶细小，融化慢，产品细腻、轻滑，能有效地防止空气气泡的逸出，减小冰淇淋的收缩。

(4) 硬化室中应保持恒定低温　凝冻后的冰淇淋应尽快进入硬化室，避免高温融化。在硬化室中，要特别注意保持温度的恒定。冰淇淋一旦融化，即会产生收缩，这时即使再降低温度也无法恢复原状，尤其是当冰淇淋的膨胀率较高时更要注意，因其更易产生收缩。

三、卫生指标的控制

冷冻饮品的卫生指标是质量控制的重要内容之一，它包括细菌总数和大肠菌群的控制。

1. 个人卫生制度的要求

做好进入车间前脚穿胶鞋的消毒工作（即浸入氯水池中），凡经过消毒的手除因工作需要必须接触器具外，切勿接触身体、头发、皮肤、工作台，否则必须重新清洗、消毒。

每个操作人员必须是经体检健康者。操作时不得戴首饰、手表，必须将头发全戴入帽内，工作场地不得带个人物品及非生产用品。

2. 设备卫生制度的要求

凡车间的设备、器具应做到刷净、消毒。清洗工作比消毒工作更为重要。具体要求如下。

① 凡是使用的设备、器具都必须随时注意遮盖，以防污染。凡不使用时都应将盖子打开，通风干燥。

② 凡因设备器具、管道装配不善、衔接不严密而溢出的料液须及时用干净的容器盛接，重新消毒后使用。

③ 包装台用前须用热水冲洗、再用氯水彻底擦台面，以后每小时再擦一次。

④ 所有的器具用完后置于规定的地点，不得任意乱放。

3. 车间卫生制度的要求

① 生产车间的墙壁及天花板都应铺上奶白色或奶黄色的瓷砖，地面应铺上红钢砖或水磨石。

② 车间的下水道要求是明沟，以利刷洗和畅通。

③ 车间的地面不得乱扔杂物并保持清洁。

④ 车间应备有消毒水及消毒设备，并要经常保持清洁。

⑤ 车间内不得发现苍蝇与蚊子或其它害虫。

⑥ 车间内消毒后的氯水废液要倒在车间外面。

4. 环境卫生制度的要求

① 车间四周要经常保持清洁，要有专人负责打扫。

② 楼梯入口处地面要保持清洁干燥。

③ 严禁随地吐痰与乱扔杂物等。

5. 工艺卫生制度要求

工艺卫生要求系指工艺流程中所规定原料的消毒温度及保温时间，各种设备与器具的消毒温度与方法以及漂白水的浓度等。

工艺卫生消毒方法很多，大致分为以下三类。

① 湿热法。湿热法又分为沸水杀菌、蒸汽杀菌与高压蒸汽杀菌。

② 干热杀菌法（烘箱或烘房）。

③ 氯水杀菌法，又称冷杀菌法。

6. 冷库卫生制度要求

冷库是冷饮贮藏的地方，因此加强库房卫生管理是保证冷饮品质量的中心环节，一般要做到以下几点。

① 棉工作服要定期更换，外罩衣、帽子、手套要定期洗换。

② 手推车或其它运货设备都要保持清洁。

③ 木垫板应光滑并保持洁净。

④ 冷库、穿堂、走廊、楼梯、地面要经常打扫，保持清洁。

【本章小结】

本章主要阐述了各冷冻饮品的概念、冰淇淋的原辅料、质量标准、工艺要点及质量控制措施。

冰淇淋以饮用水、牛奶、乳粉、奶油（或植物油脂）、食糖等为主要原料，加入适量食品添加剂，经混合、灭菌、均质、老化、凝冻、硬化等工艺而制成的体积膨胀的冷冻饮品。其加工工艺为产品配方设计与计算、配料混合、混合料的杀菌、均质、冷却与老化（成熟）、凝冻、成型灌装、硬化、贮藏。

雪糕以饮用水、乳品、食糖、食用油脂等为主要原料，添加适量增稠剂、香料、着色剂等食品添加剂，经混合、灭菌、均质或轻度凝冻、注模、冻结等工艺制成的冷冻产品。其加工工艺为原料配制、杀菌、冷却、均质、老化等，操作技术与冰淇淋基本相同。普通雪糕不需经过凝冻工序，直接经浇模、冻结、脱模、包装而成，膨化雪糕则需要进行凝冻工序。

棒冰也称冰棍、冰棒和雪条，以饮用水、甜味剂为主要原料，添加增稠剂及酸味剂、着色剂、香料等食品添加剂，或再添加豆品、乳品等，经混合、杀菌、冷却、浇模、插扦、冻结、脱模等工艺制成的带扦的冷饮品。其加工工艺与雪糕相同。

冰霜（雪泥）以饮用水、食糖、果汁、果品、香精、少量牛奶、淀粉等为原料，经混合、杀菌、凝冻等工艺而制成的一种泥状或细腻冰屑状的冷冻饮品。其加工工艺为杀菌与添加色素、冷却与添加香精及果汁、凝冻与加入果肉、包装贮藏。

【复习思考题】

1. 冷冻饮品有哪些原辅料？
2. 冰淇淋的配料顺序如何掌握？
3. 试述制作冰淇淋的操作要点。
4. 什么是冰淇淋的老化？其工艺条件是什么？
5. 什么是冰淇淋的凝冻？并简述冰淇淋凝冻的要求。
6. 冰淇淋生产常出现哪些感官缺陷？并分析原因。
7. 影响冰淇淋收缩的因素有哪些？
8. 试述雪糕及棒冰的工艺要点。
9. 冰淇淋生产对个人卫生有哪些要求？
10. 简述冰霜的质量标准。

第八章　奶油加工技术

学习目标

1. 掌握奶油的概念、分类、特点、质量标准及其影响因素。
2. 掌握普通奶油的加工工艺、要求及其质量控制。

第一节　奶油概述

一、奶油的定义及种类

奶油又称白脱油，它是将乳分离后得到的稀奶油经杀菌、冷却、物理成熟及搅拌等一系列加工过程而制成的含脂肪高的乳制品。目前我国主要以生产全脂乳制品为主，且标准化可分离的乳脂肪不多，加之乳糖、干酪素销售量不大，因此，奶油产量较低。但由于奶油风味好、营养高，添加到其它产品中可提高食品的营养价值，并能赋予制品良好柔软的组织质地。因此，奶油仍为我国乳制品中不可缺少的品种。

奶油根据制造方法、选用原料、生产地区的不同，可以分成不同的种类。如甜性奶油、酸性奶油、重制奶油、无水奶油（黄油）、加盐奶油、无盐奶油、人造奶油、花色奶油以及含乳脂肪30%～35%的发泡奶油、惯奶油。另外，我国少数民族还有传统产品“奶皮子”、“乳扇子”等。奶油的主要种类和特征见表8-1。

表8-1　奶油的主要种类及其特征

种　类	特　征
甜性奶油	以杀菌的甜性奶油制成，分为加盐和不加盐的，具有特有的乳香味，含乳脂肪80%～85%
酸性奶油	以杀菌的稀奶油用纯乳酸菌发酵后加工制成，有加盐和不加盐的，具有微酸和较浓的乳香味，含乳脂肪80%～85%
重制奶油	以稀奶油或甜性、酸性奶油经过熔融除去蛋白质和水分制成，具有特有的脂香味，含乳脂肪98%以上
无水奶油	杀菌的稀奶油制成奶油粒后经熔化，用分离机脱水和脱蛋白，再经过真空浓缩而制成，含乳脂肪达99.9%
连续式机制奶油	用杀菌的甜性或酸性稀奶油，在连续式操作制造机内加工制成，其水分及蛋白质含量有的比甜性奶油高，乳香味较好

二、一般奶油的特点

一般奶油的主要成分为脂肪82%，最大允许水分16%，蛋白质、钙和磷2%左右，以及丰富的脂溶性维生素A、维生素D、维生素E，少量的水溶性维生素。奶油应呈现均匀一致的颜色、稠密而味道纯正。水分应分散成微滴，从而使奶油外观干燥，硬度均匀，易于涂抹，入口即化。

三、影响奶油性质的因素

奶油中主要是乳脂肪，因此，乳中脂肪的性质决定了奶油的性状。

1. 乳脂肪性质与乳牛的品种、泌乳期季节的关系

有些乳牛（如荷兰牛、爱尔夏牛）的乳脂肪中，由于油酸含量高，因此制成的奶油比较

软；而绢姗牛的乳脂肪由于油酸含量比较低，制成的奶油比较硬。在泌乳初期，挥发性脂肪酸较多，而油酸较少，随着泌乳时间的延长，这种性质变得相反。至于季节的影响，春夏季由于青饲料多，因此油酸的含量高，奶油也比较软，熔点也比较低。由于这种关系，夏季的奶油很容易变软。为了要得到较硬的奶油，在稀奶油成熟、搅拌、水洗及压炼过程中，应尽可能在低温下进行。

2. 奶油的色泽

奶油的颜色从白色到淡黄色，深浅各有不同。这种颜色主要是由于其中含有胡萝卜素的关系。而胡萝卜素存在于牧草和青饲料中，冬季因缺乏青饲料，所以通常冬季的奶油为白色。为了使奶油的颜色全年一致，秋冬之间往往加入色素以增加其颜色。奶油长期暴晒于日光下时，自行褪色。

3. 奶油的芳香味

奶油有一种特殊的芳香味，这种芳香味道主要由于丁二酮、甘油及游离脂肪酸等综合而成。其中丁二酮主要来自发酵时细菌的作用。因此，酸性奶油比新鲜奶油芳香味更浓。

4. 奶油的物理结构

奶油的物理结构为水在油中的分散系（固体系）。即在脂肪中分散有游离的脂肪球与细微水滴、气泡。水滴中融有乳中除脂肪外的其它物质及食盐，因此也称为乳浆小滴。

四、奶油的质量标准

1. 奶油的原料要求

（1）原料　应符合相应的国家标准或行业标准的规定。

（2）感官特性　奶油的感官特性见表 8-2。

表 8-2　奶油的感官特性

项　　目	感　官　要　求
滋味及气味	有该种奶油特有的纯香味，无异味
组织状态（10～20℃）	组织均匀，稠度及展性适宜，边缘与中部一致，微有光泽，水分分布均匀，切开不发现水点，重制奶油呈粒状，在熔融状态下完全透明，无任何沉淀
色泽	呈均匀一致的微乳黄色
食盐	食盐分布均匀一致，无食盐结晶
成型及包装	包装紧密，切开的断面无空隙

（3）理化指标　奶油的理化指标见表 8-3。

表 8-3　奶油的理化指标

成　　分		无盐奶油	加盐奶油	连续式机制奶油	重制奶油
水分含量/%	≤	16	16	20	1
脂肪含量/%	≤	82	80	78	98
盐含量/%	≤	—	2.0	—	—
酸度/°T	≤	20	20	20	—

（4）卫生指标　奶油的卫生指标见表 8-4。

表 8-4　奶油的卫生指标

项目 ＼ 等级		特　级　品	一　级　品	二　级　品
杂菌数/(cfu/g)	≤	20000	30000	50000
大肠菌群/(cfu/g)	≤	40	90	90
致病菌		不得检出	不得检出	不得检出

(5) 食品添加剂和食品营养强化剂的添加量　应符合 GB 2760 和 GB 14880 的规定。

2. 标签

① 产品标签按 GB 7718 的规定标示。还应标明产品的种类和脂肪含量。

② 产品的外包装箱标志应符合 GB 191 的规定。

第二节　稀奶油的加工

一、稀奶油的加工工艺

稀奶油（cream）是牛乳中乳脂肪的浓缩产品，可以通过分离牛乳中脂肪和非脂乳固形物得到不同脂肪含量的稀奶油。稀奶油是一种呈味物质，它可以赋予食品美味，比如甜点、蛋糕和一些巧克力糖果，也可用在一些饮料中，例如咖啡和奶味甜酒。

稀奶油的黏度、稠度及功能特性如搅拌性都随脂肪含量而有所变化。稀奶油的特性因加工方法而异，加工工艺不同，得到的最终产品也不同。然而，牛乳中化学成分和乳脂中脂肪酸的量是随季节变化的，这些也会影响产品的品质。

生产稀奶油的一般工艺流程如下。

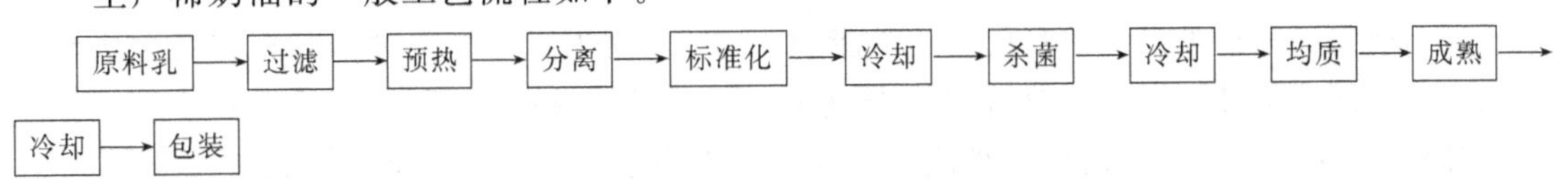

二、稀奶油的工艺要求

1. 原料乳的验收及质量要求

原料乳的验收标准及质量要求可参见第二章相关内容。

2. 工艺要点

(1) 过滤　生产奶油用的乳必须及时进行过滤。过滤器具、介质必须清洁卫生，需及时用温水清洗，并用 0.5%的碱水洗涤，然后再用清洁的水冲洗，最后煮沸 10～20min 杀菌。

(2) 净化　目前大型工厂采用自动排渣净乳机或三用分离机，对提高乳的质量和产量起了重要的作用。

(3) 分离　稀奶油分离方法一般有“重力法”和“离心法”，现在工厂采用的都是“离心法”，即通过高速旋转的离心分离机将牛乳分离成含脂率为 35%～45%的稀奶油和含脂率非常低的脱脂乳。

从牛乳中分离出的稀奶油的量取决于分离机的种类，牛乳在分离机的流速及脂肪球的大小，当然也与进乳量的多少有直接关系。具体影响分离效率的因素有以下三点。

① 分离机的性能。分离机中分离钵直径越大，分离效率越好，分离机转速越快，分离效果越好。

② 牛乳流入量。进乳量要掌握在比分离机所规定的流量稍低些为宜，这样将大部分乳脂肪转移至稀奶油中，提高了成品率。

③ 牛乳的温度。一般要将进入分离机前的牛乳预热到 35～40℃，不能过高，以防止蛋白质变性。

(4) 标准化　稀奶油的含脂率直接影响奶油的质量和产量。如含脂率低时，可以获得香气较浓的奶油，这种奶油较适合于乳酸菌的发酵；当稀奶油过浓时，则容易堵塞分离机，乳脂肪的损失量较多。为了在加工时减少脂肪的损失和保证产品的质量，在加工时需进行标准化。根据我国食品卫生标准规定，消毒乳的含脂率为3.0%，不符合者应进行标准化处理。

(5) 杀菌　稀奶油杀菌的目的有以下两点。

① 杀死稀奶油中的病原菌及其它有害菌，保证食用奶油的安全。

② 破坏稀奶油中的脂肪酶，以防止脂肪分解产生酸败，提高奶油的保藏性。

稀奶油杀菌的方法一般分为间歇式和连续式两种。小型工厂多采用间歇式，其方法是将盛有稀奶油的桶放到热水槽内，水槽再用蒸汽等加热，使稀奶油温度达到85～90℃，保持10s。加热过程中要注意搅拌。大型工厂则多采用板式高温或超高温瞬时杀菌器，连续进行杀菌，高压的蒸汽直接接触稀奶油，瞬时加热至88～116℃后，再进入减压室冷却。此法有助于使稀奶油脱臭，改善风味。

(6) 冷却、均质　杀菌后，冷却至5℃。再均质一次，可以提高黏度，保持口感良好，改善稀奶油的热稳定性，避免奶油加入咖啡中出现絮状沉淀。均质的温度和压力，必须根据稀奶油的质量进行仔细的实验和选择。一般均质温度45～60℃，均质压力范围为8～18MPa。

(7) 稀奶油的发酵　经杀菌、冷却的稀奶油泵入发酵槽内，温度调到18～20℃后添加相当于稀奶油5%的发酵剂。添加时要搅拌，使其混合均匀。发酵温度保持18～20℃，每隔1h搅拌5min。

(8) 成熟　稀奶油的成熟目的是使乳脂肪中的大部分甘油酯由乳浊液状态转变为结晶固体状态，结晶成固体相越多，在搅拌和压炼过程中乳脂肪损失就少。一般稀奶油应在2～5℃的温度下保持12～24h进行物理成熟，使脂肪由液态变为固态（脂肪结晶）。

(9) 稀奶油的冷却与包装　物理成熟后，冷却至2～5℃后进行包装，在5℃下贮存24h后再出厂。稀奶油包装规格有15ml、50ml、125ml、250ml、500ml、1000ml等。小包装容器可采用玻璃瓶或瓷器、无毒无味的塑料瓶或复合膜等，如多层复合纸制成的无菌利乐砖型或屋顶型包装；大包装容器主要采用无毒、无味的塑料桶和不锈钢桶等。

第三节　甜性和酸性奶油的加工

一、甜性和酸性奶油的加工工艺

1. 甜性奶油的加工工艺

甜性奶油的加工工艺如下。

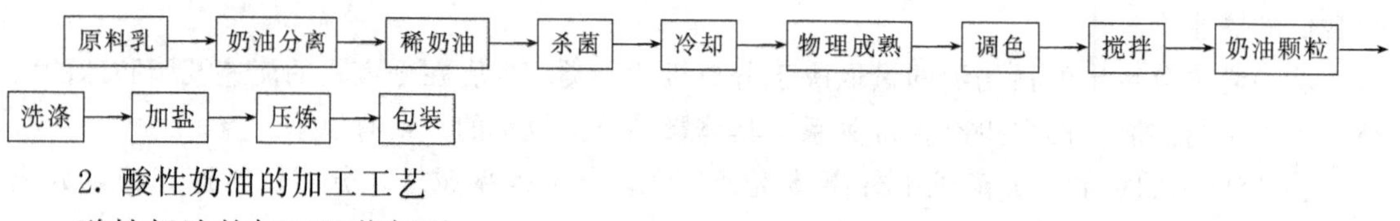

2. 酸性奶油的加工工艺

酸性奶油的加工工艺如下。

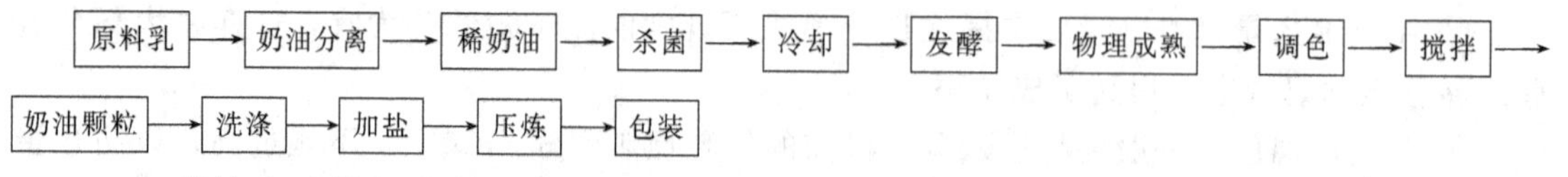

二、甜性和酸性奶油的工艺要求

1. 原料稀奶油的制备

乳中脂肪的相对密度为0.93，乳脂肪以外的其它成分的相对密度为1.043。乳在静置过程中，因重力作用脂肪球会逐渐上浮，最后在上层形成含脂率很高的部分，称为“稀奶油”；

而下面含脂率很低的部分称为“脱脂乳”。人们把这种原料乳分成稀奶油和脱脂乳的过程叫乳的分离。

乳的分离的原理是根据乳脂肪与乳中其它成分密度的差异，利用静置或离心的方法使密不可分的两部分分开。目前，绝大部分企业都使用专用的离心分离机来分离稀奶油。

奶油分离机种类很多，按对原料乳温度的要求，可分为普通分离机和低温分离机；按排除残渣的方式分为间歇排渣分离机和自动除渣分离机；按出料的方式分为开放式分离机、半开放式分离机和封闭式分离机，目前最先进的分离机通过电脑可以自动完成进乳、预热、分离、杀菌、冷却和排渣过程。

原料奶的温度过高或过低都会影响分离效果，低温、黏度大分离效率低；高温，会导致脂肪球破裂而严重影响脂肪的分离率。脂肪要么几乎全部凝固，要么全部处于液态，这样均能减少游离脂肪的形成，因此 20～40℃进行乳的分离是最危险的。此外，分离钵的转速、分离碟片的间距、乳的流量、原料乳脂肪球的大小等都会影响分离的效果。

2. 稀奶油的中和

稀奶油的强度直接影响奶油的质量和保藏性。生产甜性奶油时，稀奶油水基 pH 应保持在近中性（6.4～6.8），滴定酸度为 16～18°T；生产酸性奶油时，中和后酸度可略高（水基酸度 20～22°T）。如果稀奶油的酸度过高，杀菌时会导致酪蛋白的凝固，部分脂肪包在凝块中随酪乳流失，从而影响奶油的产量。同时若甜性奶油的酸度过高，贮藏中易引起水解、促进氧化、影响风味，加盐时尤其如此。生产中一般使用的中和剂为熟石灰或碳酸钠。前者不仅价格低廉，同时还可增加奶油中钙的含量，提高营养价值。但石灰难溶于水，添加时须首先调成 20%的乳剂，经计算后再行加入。用碳酸钠中和时，边搅拌边加入 10%的碳酸钠溶液，不宜加入过多；否则，会产生不良气味。

3. 稀奶油的杀菌及物理成熟

（1）杀菌及冷却　稀奶油杀菌的目的有以下三个。

① 杀灭病原菌，极大地破坏其它腐败菌、杂菌和酵母等。

② 钝化各种酶，增加奶油的保藏性和风味。

③ 杀菌可去除原料中某些特有的异味物质，提高改善奶油的香味。杀菌的温度直接影响产品的风味，为了使酶完全破坏，采用 85～90℃巴氏杀菌。当稀奶油含金属气味时，就应将温度降低到 75℃/10min，以减轻金属味在产品中的显著程度。如果有其它异味，应将温度提高到 93～95℃，以减轻其缺陷。

稀奶油杀菌后应迅速进行冷却，这样既能保持无菌，又可减少芳香物质的损失。生产甜性奶油时，可以直接冷却到物理成熟要求的温度；生产酸性奶油时，则应冷却到发酵剂要求的最适温度。

（2）酸性奶油的生化成熟　在生产酸性奶油时，向杀菌并冷却好的稀奶油中加入乳酸菌发酵剂，使其适当发酵的过程叫奶油的生化成熟。发酵后可抑制腐败菌的繁殖，明显改善产品的风味。所采用的菌种有乳酸链球菌、乳油链球菌、嗜柠檬酸链球菌、丁二酮乳链球菌等多种菌，以上细菌前两种以产酸为主，后一种菌以产香为主。生产中一般选用两种菌或两种以上的混合发酵剂。菌种的制作方法与酸奶、干酪发酵剂的制作相似。发酵时，将经过杀菌、冷却到 18～20℃的稀奶油注入发酵成熟槽内，添加相当于稀奶油量 3%～5%的生产发酵剂。搅拌均匀后，18～20℃下发酵。发酵最终酸度：对于加盐的稀奶油应达到 24～26°T，对于不加盐的稀奶油应控制在 30～33°T。

(3) 稀奶油的物理成熟 经过杀菌或者发酵的稀奶油，必须进行冷却，在低温下经过一段时间的物理成熟。物理成熟必须采用比液态脂肪凝固温（17～26℃）更低的温度。其目的是为了使乳脂肪中的大部分甘油酯由乳状液状态转变为结晶的固体状态，以利于下一步的加工。成熟时温度愈低，所需的时间愈短。生产上一般采用8～10℃、8～12h。在夏季，当乳脂肪中易于溶解的甘油酯含量增加时，就要求稀奶油的物理成熟度更加深透。

4. 添加色素

为了使奶油颜色全年一致，当产品颜色太淡时，即需要添加色素，最常用的一种色素叫安那妥（Annatto），这是一种天然的植物色素。其通常用量为稀奶油的0.01%～0.05%。调色时可以利用“奶油标准色”的标本，添加色素通常在搅拌前，直接加到奶油搅拌器内的稀奶油中。

5. 稀奶油的搅拌

稀奶油的搅拌是奶油制造中一个最重要的过程。将稀奶油置于搅拌器中，利用机械的冲击力使其在物理成熟过程中变性的脂肪球膜破坏而形成脂肪团粒，这过程叫做搅拌。搅拌时分离出的液体叫酪乳。搅拌时应注意以下几点。

① 稀奶油的脂肪含量应在30%～40%，过高时则会影响成品率。

② 物理成熟的程度直接影响搅拌时间和成品率。

③ 搅拌的最初温度，夏季为8～10℃，冬季为11～14℃。

④ 搅拌机中稀奶油的装满程度。搅拌时，搅拌机中装的量过多或过少，均会延长搅拌时间，一般小型搅拌机装入其容积的30%～35%；大型电动搅拌机可装入50%，如果装得过多，则因形成泡沫困难而延长搅拌时间，但最少不得低于20%。

⑤ 搅拌时的转速。间歇法生产时，一般采用40rpm左右的转速，转速过快或过慢都会延长搅拌时间。实际操作时，先将冷却成熟的稀奶油的温度调整到要求的范围，然后装入搅拌器中，开始搅拌时，旋转搅拌机3～5圈，停止旋转排除空气，再按规定的转速搅拌到奶油颗粒形成为止。在按照要求的条件下，一般完成搅拌所需的时间为30～60min，奶油粒的形成情况可从搅拌器的窥视孔处看到，形成大豆粒大小的奶油颗粒时，搅拌结束。

6. 奶油粒的洗涤

稀奶油经搅拌形成奶油粒后，即可放出酪乳，并进行洗涤。洗涤的目的是为了除去残余的酪乳，提高奶油的保存性。酪乳中合有蛋白质及乳糖，有利于微生物的滋生，因此要尽量减少这些成分。操作时将酪乳放出后，用经过杀菌冷却的清水在搅拌机中对奶油粒进行洗涤，加水量为稀奶油量的50%左右，或者与排放的酪乳的量相当。水温应根据奶油颗粒的软硬程度而定，奶油粒软时，应使用比稀奶油温度低1～3℃的水，注入水后慢速搅拌3～5转，停止旋转，将水放出，有异味时可进行2～3次洗涤。

7. 奶油的加盐及压炼

酸性奶油一般不加盐，甜性奶油有的地区喜欢加盐。加盐是为了增加风味并抑制微生物的繁殖，提高其保藏性。加盐量一般不超过奶油总量的2%，所用的盐必须符合国家特级或一级的标准。加盐时，先将原料盐在120～130℃下烘熔3～5min，然后通过30目的筛子。待奶油洗涤完成后，在奶油表面均匀加上烘焙过的盐，加盐后静置10min左右，食盐溶解，然后再旋转搅拌机使其混合均匀，又静止10min后即可进行压炼。

奶油压炼是为了调节产品中水分的含量，并使水滴及盐分分布均匀，奶油粒变为组织细腻的团块。压炼的方法有奶油机内压炼和专门压炼机压炼。大型工厂多采用前一种方法。无论如何都要求压炼完后，奶油水分含量保持在16%以下，水滴应达到极微小的分散状态，奶油切面上不允许有流出的水滴。

8. 奶油的成型与包装

奶油一般根据其用途分为餐桌用奶油、烹调用奶油和食品工业用奶油。前两者必须是优质的小包装。一般采用硫酸纸、塑料夹层纸、铝箔纸等材料包装，也有用小型马口铁罐真空包装或塑料盒、涂塑复合纸盒包装的。食品工业用奶油一般都用较大型的马口铁罐、塑料捅、木桶、复合纸箱等包装。小包装可从几十克到几百克，大包装右25～50kg，根据不同要求可有多种规格。奶油包装时应特别注意以下两点：①包装时应进行无菌操作，所有器具应进行严格消毒；②包装时切勿留有空隙，以防在贮藏时发生氧化或产生霉斑。

9. 奶油的贮存

奶油包装好后，要尽快送入冷库贮存，当贮存期只需2～3周时，可以放在0℃的冷库中；当贮存6个月以上时，应放在－15℃的冷库中；当贮存期超过1年时，应放入－20～－25℃的低温冷库中。

三、奶油连续化加工

自1937年发明连续奶油制造机以来，经过不断改进，现已成为乳业发达国家奶油制造的主要设备。连续式奶油制造机可分为两大类：一是以普通含脂率的稀奶油为原料连续制造出奶油；二是以高含脂率（80%～90%）稀奶油为原料生产出奶油。该类设备型号和制造厂家很多，但因我国奶油产量有限，该类设备在我国较为少见。

第四节 重制奶油和无水奶油的加工

一、重制奶油生产方法

重制奶油指的是一般用质量较次的奶油进一步加工制成的水分含量低、不含蛋白质的奶油。这种奶油在我国牧区手工制造的较多，也可工厂化大规模生产。由于是利用质量较次的原料可以制造出不用冷藏也可以较长时间保存、不易变质的奶油，所以，这是一种充分利用奶源并提高奶油保存期的一种方法，尤其在交通不便的偏远地区更为适用。这种奶油在少数民族地区又叫做黄油，或者叫酥油。

重制奶油的生产方法有煮沸法、熔融静置法和熔融离心分离法三种。第一种用于小型生产，方法是：稀奶油搅拌分出奶油粒后，将其放入锅内或者把稀奶油直接放入锅内，用慢火较长时间煮沸，使其中水分蒸发，随着水分的减少和温度的升高，蛋白质逐渐析出，油越来越清，煮至油面上的泡沫减少时，即可停止加热。注意不要煮过，否则油色变深。停止加热后，静止降温，待蛋白质沉淀后趁热将上部澄清的油装入马口铁木桶中，经密封冷却即为成品。

其它两种方法可用于较大规模的工业化生产，即把奶油在夹层锅内加热熔融直至达到水相沸点。如用的是稍变质而有异味的奶油，则保持一段沸腾时间，使异味在水分蒸发的同时被带走，停止加热，冷却静止，使水分、蛋白质分层沉淀在下部或者用离心分离机将奶油与水和蛋白质分开，将奶油装入容器包装密封即为成品。

二、无水奶油生产方法

无水奶油是水分含量不超过0.1%的深度脱水的奶油。其生产方法是；用稀奶油搅拌出来的奶油颗粒，经熔融后通过离心机将油与水、蛋白质分开，再把油吸入真空蒸发器，使油在真空蒸发的状态下浓缩至其水分含量到0.1%以下为止。这种奶油的保藏性比其它任何奶油都好，主要用于长期保存。

第五节　奶油的质量控制

奶油的质量除了理化指标和微生物指标必须符合国家标准规定以外，还应具备良好的风味、正常的组织状态和色泽。但往往因原料、加工和贮藏等因素造成一些缺陷。现就常见的缺陷及其产生的原因概述如下。

1. 风味缺陷

正常的奶油应该具有乳脂肪特有香味和乳酸菌发酵的芳香味（酸性奶油），但有时出现下列异味。

（1）鱼腥味　这是奶油贮藏时很容易出现的异味，其原因是卵磷脂水解，生成三甲胺造成的。如果脂肪发生氧化，这种缺陷更易发生，这时应提前结束贮存，生产中应加强杀菌和卫生措施。

（2）脂肪氧化与酸败味　脂肪氧化味是空气中氧气和不饱和脂肪酸反应造成的。酸败味是脂肪在解脂酶的作用下生成低分子游离脂肪酸造成的。奶油在贮存中，往往首先出现氧化味接着便会出现脂肪氧化味。这时应该提高杀菌温度，既杀死有害微生物，又要破坏脂肪酶，在贮藏中应该防止奶油长霉。霉菌不仅能使奶油产生土腥味，也能产生酸败味。

（3）干酪味　奶油呈干酪味是生产卫生条件差、霉菌污染或原料稀奶油的细菌污染导致蛋白质分解造成的。生产时应加强稀奶油杀菌、设备及生产环境的消毒。

（4）肥皂味　是稀奶油中和过度或者中和过快，局部发生皂化反应引起的。应减少碱的用量或改进工艺操作。

（5）金属味　由于奶油接触铜、铁设备而产生的金属味。应该防止奶油接触生锈的铁器或铜器。

（6）苦味　产生的原因是使用泌乳末期的牛乳或奶油被酵母污染。

2. 组织状态的缺陷

（1）软膏状或黏胶状　压炼过度，洗涤水温过高或稀奶油酸度过低和成熟不足等。当液态油过多，脂肪结晶少则形成黏性奶油。

（2）奶油组织松散　压炼不足、搅拌温度低等造成液态油过少，出现松散状奶油。

（3）砂状奶油　此缺陷出现于加盐奶油中，盐粒粗大未能溶解所致。有时出现粉状并无盐粒存在，原因是中和时蛋白质凝固，混合于奶油中。

3. 色泽缺陷

（1）条纹状　此缺陷容易出现在干法加盐的奶油中，盐加的不匀、压炼不足等造成。

（2）色暗而无光泽　压炼过度或稀奶油不新鲜造成。

（3）色淡　此缺陷经常出现在冬季生产的奶油中，由于奶油中胡萝卜素含量太少使奶油色淡，甚至白色。可以添加胡萝卜素或其它天然色素加以调整。

（4）表面褪色　奶油暴露在阳光下，发生光氧化造成。

【本章小结】

奶油是将乳分离后得到的稀奶油经杀菌、冷却、物理成熟及搅拌等一系列加工过程而制成的含脂肪高的乳制品，营养丰富，可直接食用或作为其它食品的原料。根据制造方法、选用原料、生产地区的不同，可以分成不同的种类，如甜性奶油、酸性奶油、重制奶油、无水奶油（黄油）、加盐奶油、无盐奶油、人造奶油、花色奶油以及含乳脂肪30%～35%的发泡奶油、惯奶油。

稀奶油是牛乳中乳脂肪的浓缩产品，通过分离牛乳中脂肪和非脂乳固形物得到不同脂肪含量的稀奶油。稀奶油的黏度、稠度及功能特性如搅拌性都随脂肪含量而有所变化，稀奶油的特性因加工方法而异，生产稀奶油的主要要点在奶油分离、标准化、杀菌、均质和物理成熟等操作上。

甜性奶油是以杀菌的稀奶油制成，分为加盐和不加盐的，具有特有的乳香味，含乳脂肪80%～85%；酸性奶油是以杀菌的稀奶油用纯乳酸菌发酵后加工制成，有加盐和不加盐的，具有微酸和较浓的乳香味，含乳脂肪80%～85%。这两种奶油制备都是以稀奶油为原料，经过杀菌、物理成熟、调色、搅拌、洗涤、加盐、压炼等操作后包装而得成品。

重制奶油是以稀奶油或甜性、酸性奶油经过熔融除去蛋白质和水分制成，具有特有的脂香味，含乳脂肪98%以上，一般用质量较次的奶油进一步加工制成的水分含量低、不含蛋白质的奶油。无水奶油是水分含量不超过0.1%的深度脱水的奶油。其生产方法是用稀奶油搅拌出来的奶油颗粒，经熔融后通过离心机将油与水、蛋白质分开，再把油吸入真空蒸发器，使油在真空蒸发的状态下浓缩至其水分含量到0.1%以下为止。

【复习思考题】

1. 简述奶油的定义及种类。一般奶油的特点有哪些？
2. 影响奶油质量的因素有哪些？
3. 稀奶油的生产过程中为什么要进行标准化？
4. 试述稀奶油的加工工艺及工艺要求。
5. 稀奶油搅拌时需注意的问题有哪些？
6. 试述酸性奶油的加工工艺及工艺要求。
7. 奶油粒洗涤的目的是什么？
8. 如何控制奶油的质量？

第九章　干酪加工技术

学习目标

1. 了解干酪的概念、种类及营养价值。
2. 掌握干酪用发酵剂的种类及作用，了解制备方法。
3. 掌握皱胃酶活力测定方法及影响凝乳的因素，了解皱胃酶的制备方法。
4. 掌握天然干酪的一般加工方法。
5. 了解常见干酪的加工方法。
6. 掌握再制干酪的制作原理及加工方法。

第一节　干酪概述

一、干酪的概念

干酪（cheese）是指在乳（也可以用脱脂乳或稀奶油等）中加入适量的乳酸菌发酵剂和凝乳酶，使乳蛋白（主要是酪蛋白）凝固后，排除乳清，将凝块压成所需形状而制成的产品。制成后未经发酵成熟的产品称为新鲜干酪（fresh cheese），经长时间发酵成熟而制成的产品称为成熟干酪（ripped cheese）。国际上将这两种干酪统称为天然干酪（natural cheese）。

目前，乳业发达国家六成以上的鲜乳用于干酪的加工，在世界范围内干酪也是耗乳量最大的乳制品。干酪在西方国家是一种非常普遍的食品，消费量很大。世界主要干酪生产国包括美国、加拿大、澳大利亚和新西兰等，近年来干酪的产量和消费量一直保持着增长势头。

二、干酪的种类

干酪种类繁多，目前尚未有统一且被普遍接受的分类方法，一般可依据干酪的原产地、制造方法、外观、理化性质或微生物学特性来进行划分。国际上通常把干酪划分为三大类：天然干酪、再制干酪（processed cheese）和干酪食品（cheese food），这三类干酪的主要规格及要求见表 9-1。

表 9-1　天然干酪、再制干酪和干酪食品的主要规格

名　称	规　格
天然干酪	以乳、稀奶油、部分脱脂乳、酪乳或混合乳为原料，经凝固后，排出乳清而获得的新鲜或成熟的产品，允许添加天然香辛料以增加香味和滋味
再制干酪	用一种或一种以上的天然干酪，添加食品卫生标准所允许的添加剂（或不加添加剂），经粉碎、混合、加热溶化、乳化后而制成的产品，含乳固体 40％以上。此外，还有下列两条规定：①允许添加稀奶油、奶油或乳脂以调整脂肪含量；②为了增加香味和滋味，添加香料、调味料及其它食品时，必须控制在乳固体的 1/6 以内，但不得添加脱脂奶粉、全脂奶粉、乳糖、干酪素以及不是来自乳中的脂肪、蛋白质及碳水化合物
干酪食品	用一种或一种以上的天然干酪或再制干酪，添加食品卫生标准所规定的添加剂（或不加添加剂），经粉碎、混合、加热融化而成的产品。产品中干酪数量须占 50％以上。此外，还规定：①添加香料、调味料或其它食品时，须控制在产品干物质的 1/6 以内；②添加不是来自乳中的脂肪、蛋白质、碳水化合物时，不得超过产品的 10％

国际乳品联合会（IDF）还曾提出以含水量为标准，将干酪分为硬质、半硬质、软质三大类，并根据成熟的特征或固形物中的脂肪含量来分类的方案。现习惯以干酪的软硬度及与成熟有关的微生物来进行分类和区别。依此标准，世界上主要干酪的分类如表 9-2 所示。

表 9-2　干酪的分类

种　类		与成熟有关的微生物	水分含量/%	主　要　产　品
软质干酪	新鲜	—	40～60	稀奶油干酪(cream cheese) 里科塔干酪(ricotta cheese)
	成熟	细菌		比利时干酪(limburger cheese) 手工干酪(hand cheese)
		霉菌		法国浓味干酪(camembert cheese) 布里干酪(brie cheese)
半硬质干酪		细菌	36～40	砖状干酪(brick cheese)
		霉菌		法国羊乳干酪(roquefort cheese) 青纹干酪(blue cheese)
硬质干酪	实心	细菌	25～36	荷兰干酪(gouda cheese) 荷兰圆形干酪(edam cheese)
	有气孔	细菌		埃门塔尔干酪(emmentaler cheese) 瑞士干酪(swiss cheese)
特硬干酪		细菌	＜25	帕尔玛干酪(parmesan cheese) 罗马诺干酪(romano cheese)

现将几种比较著名的干酪及特性介绍如下。

1. 农家干酪（cottage cheese）

农家干酪是以脱脂乳、浓缩脱脂乳或脱脂乳粉的还原乳为原料加工制成的一种不经成熟的新鲜软质干酪。成品水分含量 80%以下（通常 70%～72%）。成品中常加入稀奶油、食盐、调味料等作为佐餐干酪。以美国产量最大，法国、英国也有生产。

2. 契达干酪（cheddar cheese）

契达干酪原产于英国的 Cheddar，是以牛乳为原料，经细菌成熟的硬质干酪。现在美国大量生产，故又称“美国干酪”。成品含水量 39%以下，脂肪 32%，蛋白质 25%，食盐 1.4%～1.8%。

3. 荷兰干酪（gouda cheese）

荷兰干酪原产于荷兰的 gouda，是以全脂牛乳为原料，经细菌成熟的硬质干酪。目前各干酪生产国都有生产，其口感、风味良好，组织均匀。成品水分含量在 45%以下（通常 37%左右），脂肪 26%～30.5%，蛋白质 25%～26%，食盐 1.5%～2%。

4. 荷兰圆形干酪（edam cheese）

荷兰圆形干酪是荷兰北部的 edam 所生产的一种硬质干酪。目前许多国家都有生产。它是以全脂牛乳和脱脂牛乳等量混合而生产的一种细菌成熟硬质干酪，成熟期在半年以上，成品水分含量 35%～38%。

5. 法国浓味干酪（camembert cheese）

法国浓味干酪原产于法国 Camembert，是世界上最著名的干酪品种之一，属于表面霉菌成熟的软质干酪，内部呈黄色，根据不同的成熟度，干酪呈蜡状或稀奶油状。产品细腻，咸味适中，具有浓郁的芳香风味。成品中水分 43%～54%，食盐 2.6%。

6. 法国羊乳干酪（roquefort cheese）

法国羊乳干酪原产于法国的Roquefort，是以绵羊乳为原料制成的半硬质干酪。属于霉菌成熟的青纹干酪。美国、加拿大、英国、意大利等也生产类似产品。

7. 瑞士干酪（swiss cheese）

瑞士干酪是以牛奶为原料，经细菌发酵成熟的一种硬质干酪。产品富有弹性，稍带甜味，是一种大型干酪。由于丙酸菌的作用，成熟期间产生大量的CO_2，在内部形成许多孔眼。含水量41%以下，脂肪27.5%，脂肪27.4%，食盐1.0%～1.6%。在美国产量很大，另外在丹麦、瑞典都有生产。

8. 帕尔玛干酪（parmesan cheese）

帕尔玛干酪原产于意大利Parmesan，是一种细菌成熟的特硬质干酪。一般为2次成熟，需要3年左右的时间。水分25%～30%，保存性良好。

9. 稀奶油干酪（cream cheese）

稀奶油干酪以稀奶油或稀奶油与牛乳混合物为原料而制成的一种浓郁、醇厚的新鲜非成熟软质干酪。成品中添加食盐、天然稳定剂和调味料等。一般水分48%～52%，脂肪33%以上，蛋白质10%，食盐0.5%～1.2%。可以用来涂布面包或配制色拉和三明治等，主要产于英国、美国等。

10. 比利时干酪（limburger cheese）

比利时干酪具有特殊的芳香味，是一种细菌表面成熟的软质干酪。成品水分含量在50%以下，脂肪26.5%～29.5%，蛋白质20%～24%，食盐1.6%～3.2%。

11. 修道院干酪（trappist cheese）

修道院干酪原产于南斯拉夫，以新鲜全脂牛乳制造，有时也混入少量的绵羊乳或山羊乳，是以细菌成熟的半硬质干酪。成品内部呈淡黄色，风味温和。水分45.9%，脂肪26.1%，蛋白质23.3%，食盐1.3%～2.5%。

12. 砖型干酪（brick cheese）

砖型干酪起源于美国，是以牛乳为原料的细菌成熟的半硬质干酪，成品内部有许多圆形或不规则形状的孔眼。水分44%以下，脂肪31%，蛋白质20%～23%，食盐1.8%～2.0%。

三、干酪的组成及营养价值

干酪中含有丰富的蛋白质、脂肪等有机成分和钙、磷等无机盐类，并有多种维生素和微量元素。就蛋白质和脂肪而言，等于将原料乳中的蛋白质和脂肪浓缩10倍。所含的钙、磷等无机成分，除能满足人体的营养外，还具有重要的生理功能。干酪中的维生素主要是维生素A，其次是胡萝卜素、B族维生素和烟酸等。干酪中的蛋白质经成熟发酵后，由于发酵剂微生物产生的蛋白分解酶的作用而生成胨、肽、氨基酸等可溶性物质，极易被人体消化吸收。干酪中蛋白质的消化率为96%～98%。几种主要干酪的化学组成见表9-3。

表9-3　干酪的组成（每100g含量）

干酪名称	类　型	水分/%	热量/cal	蛋白质/g	脂肪/g	钙/mg	磷/mg	维生素			
								A/IU	B_1/mg	B_2/mg	烟酸/mg
契达干酪	硬质(细菌发酵)	37.0	398	25.0	32.0	750	478	1310	0.03	0.46	0.1
法国羊奶干酪	半硬(霉菌发酵)	40.0	368	21.5	30.5	315	184	1240	0.03	0.61	0.2
法国浓味干酪	软质(霉菌成熟)	52.2	299	17.5	24.7	105	339	1010	0.04	0.75	0.8
农家干酪	软质(新鲜)	79.0	86	17.0	0.3	90	175	10	0.03	0.28	0.1

注：1cal=4.1868J。

近年来，除传统干酪的生产外，新的功能性干酪产品的研制与开发已经引起了许多国家的重视。如钙强化型、低脂肪型、低盐型等类型的干酪；还有添加膳食纤维、*N*-乙酰基葡萄糖胺、低聚糖、酪蛋白磷酸肽（CPP）等保健成分的干酪；添加植物蛋白的复合蛋白干酪等。这些成分的添加，增加了干酪的种类，给干酪制品增添了新的魅力。

第二节　干酪发酵剂及凝乳酶

一、干酪发酵剂

1. 发酵剂的种类

干酪发酵剂是指用来使干酪发酵与成熟的特定微生物培养物。干酪发酵剂可分为细菌发酵剂与霉菌发酵剂两大类。

细菌发酵剂主要以乳酸菌为主，应用的主要目的在于产酸和产生相应的风味物质。其中主要有乳酸链球菌、乳油链球菌、干酪乳杆菌、丁二酮乳链球菌、嗜酸乳杆菌、保加利亚乳杆菌以及嗜柠檬酸明串珠菌等。有时为了使干酪形成特有的组织状态，还要使用丙酸菌。

霉菌发酵剂主要是用对脂肪分解强的干酪青霉、娄地青霉等。某些酵母，如解脂假丝酵母等也在一些品种的干酪中得到应用。干酪发酵剂微生物及其使用制品如表 9-4 所示。

表 9-4　发酵剂微生物及其使用制品

发酵剂微生物		使用制品
一般名	菌种名	
乳酸球菌	嗜酸乳链球菌 乳酸链球菌 乳油链球菌 粪链球菌	各种干酪,产酸及风味 各种干酪,产酸 各种干酪,产酸 契达干酪
乳酸杆菌	乳酸杆菌 干酪乳杆菌 嗜热乳杆菌 胚芽乳杆菌	瑞士干酪 各种干酪,产酸、风味 干酪,产酸、风味 契达干酪
丙酸菌	薛氏丙酸菌	瑞士干酪
短密青霉菌	短密青霉菌	砖状干酪 林堡干酪
酵母类	解脂假丝酵母	青纹干酪 瑞士干酪
曲霉菌	米曲菌 娄地青霉 卡门塔尔干酪青霉	法国绵羊乳干酪 法国卡门塔尔干酪

2. 发酵剂的作用

发酵剂依据其菌种的组成、特性及干酪的生产工艺条件，主要有以下作用。

① 由于在原料乳中添加一定量的发酵剂，产生乳酸，使乳中可溶性钙的浓度升高，为凝乳酶创造一个良好的酸性环境，而促进凝乳酶的凝乳作用。

② 乳酸可促进凝块的收缩，产生良好的弹性，利于乳清的渗出，赋予制品良好的组织状态。

③ 一定浓度的乳酸以及有的菌种产生的相应的抗生素，可以较好地抑制产品中污染杂

菌的繁殖，保证成品的品质。

④ 发酵剂中的某些微生物可以产生相应的分解酶分解蛋白质、脂肪等物质，从而提高制品的营养价值、消化吸收率，并且还可形成制品特有的芳香风味。

⑤ 由于丙酸菌的丙酸发酵，使乳酸菌所产生的乳酸还原，产生丙酸和二氧化碳气体，在某些硬质干酪中产生特殊的孔眼特征。

综上所述，在干酪的生产中使用发酵剂可以促进凝块的形成，使凝块收缩和容易排除乳清，防止在制造过程和成熟期间杂菌的污染和繁殖，改进产品的组织状态，并在成熟中创造酶作用适宜的 pH 条件。

3. 发酵剂的制备

目前，干酪生产厂多使用冷冻干燥粉末状乳酸菌（单菌种或混合菌种）作发酵剂。

（1）乳酸菌发酵剂的制备方法　通常乳酸菌发酵剂的制备分三个阶段，即乳酸菌纯培养物、母发酵剂和生产发酵剂。

① 乳酸菌纯培养物。将保存的菌株或粉末发酵剂用牛乳活化培养。在灭菌的试管中加入优质脱脂乳，添加适量石蕊溶液，经 120℃、15～20min 高压灭菌及冷却至接种温度，将乳酸菌株或粉末发酵剂接种在该培养基内，于 21～26℃条件下培养 16～19h。当凝固并达到所需酸度后，在 0～5℃条件下保存。每周接种一次，以维持其活力。

② 母发酵剂。在灭菌的锥形瓶中加 1/2 量的脱脂乳（或脱脂乳粉还原乳），经 120℃、15～20min 高压灭菌后，冷却至接种温度，按 0.5%～1.0%的量接种菌种，21～23℃（培养温度根据菌种而异）培养 12～16h，酸度达 0.75%～0.80%时冷却，于 0～5℃条件下保存备用。

③ 生产发酵剂。将脱脂乳经 95℃、30min 或 72℃以上 60min 杀菌、冷却后，添加 0.5%～3%的母发酵剂，适宜温度下培养 12～16h，当酸度达到 0.75%～0.85%时冷却备用。

（2）霉菌发酵剂的调制　将除去表皮后的面包切成小立方体，放入锥形瓶中。加适量水并进行高压灭菌处理，此时如加少量乳酸增加酸度则更好。将霉菌悬浮于无菌水中，再喷洒于灭菌面包上。置于 21～25℃的恒温箱中经 8～12d 培养，使霉菌孢子布满面包表面。从恒温箱中取出，约 30℃条件下干燥 10d，或在室温下进行真空干燥。最后，将所得物破碎成粉末，放入容器中保存备用。

二、凝乳酶

能使牛乳发生凝结的蛋白酶即凝乳酶有多种，但在干酪生产中常用的凝乳酶为皱胃酶（rennet），故皱胃酶常又被称为凝乳酶。皱胃酶来源于犊牛的第四胃（皱胃），商品凝乳酶中含有皱胃酶和胃蛋白酶（pepsin），两者的比例约为 4∶1，常见的形式是粉状或液状制剂。

由于干酪产量的不断上升和小牛犊供应的下降，使得小牛犊皱胃酶供应不足，价格上涨，所以开发、研制皱胃酶的代用酶越来越受到普遍的重视。目前已有很多皱胃酶代用酶被开发出来，并逐渐应用到干酪的生产中。但目前还没有达到完全代替的程度，传统工艺中还是使用小牛犊或小羊羔的皱胃酶来进行干酪的生产。

1. 皱胃酶

（1）皱胃酶的性质　皱胃酶的等电点为 4.45～4.65，作用的最适 pH 为 4.8 左右，凝固的最适温度为 40～41℃。皱胃酶在弱碱（pH 为 9）、强酸、热、超声波的作用下而失活。

（2）皱胃酶的制备

① 原料的制备。皱胃酶是从犊牛或羔羊的第四胃中分泌的，当幼畜接受母乳以外的饲料时，即开始分泌胃蛋白酶，这两种酶的分离非常困难。此外，当接受其它饲料时，会得到

多脂肪的皱胃，使净化过程发生困难。因此，应尽可能选择出生后数周以内的犊牛第四胃，尤其在出生后两周活力最强，喂料以后就不能应用。用于提取皱胃酶的幼畜，需在宰前10h禁食，宰后立即取出第四胃，下部从十二指肠的上端切断，仔细地将脂肪组织及内容物取出，然后扎住胃的一端将胃吹成球状，悬挂于通风背阴的地方，使其干燥。或将胃切开撑大，钉于倾斜的木板上，表面撒布食盐使其干燥。

② 皱胃酶浸出。将干燥的皱胃切细，用含4%～5%食盐与10%～12%酒精（防腐剂）溶液浸出。将多次浸出液合在一起离心分离，除去残渣，加入5%的1mol/L的盐酸，这时黏稠的混合液成为透明，黏性物质发生沉淀，将沉淀物分离后，再加食盐约5%，使浸出液含盐量达10%，然后调整pH为5～6（防止皱胃酶变性），即为液体制剂。在室温下浸出即可，每一个胃所制出的浸出液可凝乳3000L。如浸出液不直接用于生产时，为便于运输和保存，通常制成粉末。

③ 皱胃酶的结晶。将皱胃酶的浸出液经透析和醋酸处理（pH约4.6），离心后，将沉淀的粗酶，反复经透析、酸化、离心2～3次后的精制品，在0～4℃条件下经2～3d即可形成微小针状结晶。将结晶溶于水，再经透析，除去酸、盐等物质，最后冷冻干燥成粉末状，即为可长期保存的粉状制剂。

(3) 影响皱胃酶凝乳的因素　可分为对皱胃酶的影响和对乳凝固的影响。

① pH的影响。在pH低的条件下，皱胃酶活性增高，并使酶蛋白胶束的稳定性降低，导致皱胃酶的作用时间缩短，凝块较硬。

② 钙离子的影响。钙离子不仅对凝乳有影响，而且也影响副酪蛋白的形成。酶蛋白所含的胶质磷酸钙是凝块形成所必需的成分。如果增加乳中的钙离子可缩短皱胃酶的凝乳时间，并使凝块变硬。

③ 温度的影响。皱胃酶的凝乳作用，在40～42℃条件下作用最快，在15℃以下或65℃以上则不发生作用。温度不仅对副酪蛋白的形成有影响，更主要的是对副酪蛋白形成凝块过程的影响。

④ 牛乳加热的影响。牛乳若先加热至42℃以上，再冷却到凝乳所需的正常温度后，添加皱胃酶，则凝乳时间延长，凝块变软，此种现象被称为滞后现象，其主要原因是乳在42℃以上加热处理时，酶蛋白胶粒中磷酸盐和钙被游离出来所致。

另外，如果加过量的皱胃酶或延长凝乳时间，也会使凝块变硬。

(4) 皱胃酶的活力及活力测定　皱胃酶的活力单位（Rennin Unit，RU）指1ml皱胃酶溶液（或1g干粉）在一定温度下（35℃）一定时间内（通常为40min）能凝固原料乳的量（ml）。

活力测定方法很多，现举一简单方法如下。

取100ml原料乳置于烧杯中，加热至35℃，然后加入10ml 1%的皱胃酶食盐水溶液，迅速搅拌均匀，并加入少许碳粒或纸屑为标记，准确记录开始加入酶溶液到乳凝固时所需的时间（s），此时间也称凝乳酶的绝对强度。然后按下式计算活力：

$$活力=\frac{供试乳量(ml)}{皱胃酶量(g)}\times\frac{2400(s)}{凝乳时间(s)}$$

式中2400s为测定皱胃酶活力时所规定的时间（40min），活力确定以后可根据活力计算皱胃酶的用量。

【例】 *有原料乳80kg，用活力100000活力单位的皱胃酶进行凝固，需加皱胃酶多少？*

解： $1:100000=X:80000$

$X=0.8(g)$，即80kg原料乳需加皱胃酶0.8g。

2. 皱胃酶代用酶

代用酶按其来源可分为动物性凝乳酶、植物性凝乳酶、微生物来源的凝乳酶及遗传工程凝乳酶等。

（1）动物性凝乳酶　动物性凝乳酶主要是胃蛋白酶，其性质在很多方面与皱胃酶相似。如：在凝乳张力及非蛋白氮的生成、酪蛋白的电泳变化等方面均与皱胃酶相似。但由于胃蛋白酶的蛋白分解能力强，导致蛋白质水解速度过快及过度水解，致使干酪产率下降。蛋白质过度水解或者非特异性水解会导致干酪的风味（主要是苦味）和质构缺陷。故一般不单独使用。

实验表明猪的胃蛋白酶比牛的胃蛋白酶更接近皱胃酶，用它来制作契达干酪，其成品与皱胃酶制作的相同。原因是契达干酪的水分含量和pH不适于胃蛋白酶的蛋白分解作用。如果将胃蛋白酶与皱胃酶等量混合添加，可以减少胃蛋白酶单独使用的缺陷。另外，某些主要蛋白分解酶，如胰蛋白酶和胰凝乳蛋白酶，其蛋白分解力强，凝乳硬度差，产品略带苦味。

（2）植物性凝乳酶

① 无花果蛋白分解酶（ficin）。存在于无花果的乳汁中，可结晶分离。用无花果蛋白分解酶制作契达干酪时，凝乳与成熟效果较好，只是由于它的蛋白分解力较强，脂肪损失多，收率低，略带轻微的苦味。

② 木瓜蛋白分解酶（papain）。是从木瓜中提取的木瓜蛋白分解酶，可以使牛乳凝固，其对牛乳的凝乳作用比蛋白分解力强，制成的干酪带有一定的苦味。

③ 凤梨酶（bromelern）。是从凤梨的果实或叶中提取，具有凝乳作用。

（3）微生物来源的凝乳酶　微生物凝乳酶可分为霉菌、细菌、担子菌三种来源。主要在生产中得到应用的是霉菌性凝乳酶。其主要代表是从微小毛霉菌中分离出的凝乳酶，其相对分子质量为29800，凝乳的最适温度为56℃，蛋白分解力比皱胃酶强，但比其它的蛋白分解酶蛋白分解力弱，对牛乳凝固作用强。现在日本、美国等国将其制成粉末凝乳酶制剂而应用到干酪的生产中。另外，还有其它一些霉菌性凝乳酶在美国等国家被广泛开发和利用。现已制出了一系列可以代替皱胃酶的凝乳酶制剂，在干酪生产中收到良好的效果。

微生物来源的凝乳酶生产干酪时虽然凝乳作用较强，但是蛋白分解力比皱胃酶高，干酪的收得率较皱胃酶生产的干酪低，成熟后易产生苦味。另外，微生物凝乳酶的耐热性高，使乳清使用不便。

（4）利用遗传工程技术生产皱胃酶　由于皱胃酶的各种代用酶在干酪的实际生产中表现出某些缺陷，迫使人们利用新的技术和途径来寻求犊牛以外的皱胃酶来源。美国和日本等国家利用遗传工程技术，将控制犊牛皱胃酶合成的DNA分离出来，导入微生物细胞内，利用微生物来合成皱胃酶获得成功，并得到美国食品药品监督局（FDA）的认定和批准（1990年3月）。目前，一些公司生产的人工合成皱胃酶制剂在美国瑞士、英国、澳大利亚等国家已经得到较为广泛推广应用，效果良好。

第三节　天然干酪的一般加工工艺

天然干酪生产的基本过程是通过酸化、凝乳、排乳清、加盐、压榨、成熟等一系列的工艺过程将乳中的蛋白质和脂肪进行“浓缩”。最终干酪的得率和组成取决于原料的组成和特性，以及所采用的加工工艺。

一、天然干酪加工工艺流程

天然干酪的加工工艺流程如下。

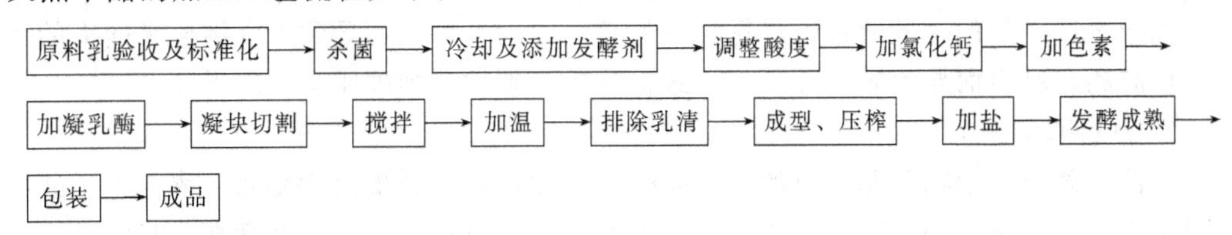

二、天然干酪的工艺要求

1. 原料乳的检验及预处理

（1）检验　制造干酪的原料乳，必须经感官检查、酸度测定或酒精试验（牛乳18°T，羊乳10～14°T），必要时进行青霉素及其它抗生素检验。在原料乳的组成上应考虑如下几点。

① 酪蛋白含量。干酪的得率主要取决于原料乳的酪蛋白和脂肪含量，乳清蛋白和非蛋白氮一般不进入干酪中。

② 脂肪/酪蛋白比。脂肪/酪蛋白比决定于干酪干物质中脂肪的含量，同时也对凝块的脱水收缩有影响，进而影响干酪最终的水分含量。

③ 乳糖含量。除去脂肪和酪蛋白后，乳中的乳糖决定乳酸产量，从而显著影响干酪的pH、水分含量和其它特性。

④ 干酪的pH也取决于干物质的缓冲能力。唯一重要的可变因素是胶体磷酸钙/酪蛋白的比，这一比值一般变化不大，随泌乳的进行略有增高。

⑤ 乳的凝乳特性及脱水收缩能力可能有较大的变化，主要是由于乳中Ca^{2+}活性的变化，但其它成分也会有影响。

⑥ 乳房炎乳中乳糖含量低，酪蛋白氮与总氮比也低，一般凝乳较慢，所形成的凝块脱水收缩能力较差。

⑦ 乳中具有抑制细菌生长的物质会减慢乳酸菌发酵产酸。乳中天然的抑菌物质（主要是乳氧化物酶体系）一般在的乳中变化不大，乳中如存在抗生素会抑制发酵剂中乳酸菌的生长和干酪的成熟。

⑧ 原料乳的微生物组成变化很大，对于由生鲜乳制得的干酪，大肠菌群和丙酸菌是有害的。一些乳酸菌也会造成干酪风味的缺陷，如出现类似酵母的风味或卷心菜味，粪链球菌有可能造成H_2S味。原料乳中嗜冷菌所产生的耐热性脂肪酶在许多干酪中会造成酸败味或肥皂味。

（2）预处理

① 净乳。净乳过程对干酪加工尤为重要，因为某些形成芽孢的细菌在巴氏杀菌时不能杀灭，在干酪成熟过程中可能会造成很大的危害。如丁酸梭状芽孢杆菌在干酪的成熟过程中产生大量气体，破坏干酪的组织状态，且产生不良风味。如用离心除菌机进行净乳处理，不仅可以除去乳中大量杂质，而且可以将乳中90%的细菌除去，尤其对相对密度较大的芽孢菌特别有效。

② 标准化。生产干酪时对原料乳的标准化不同于前面所讲的标准化，这里除了对脂肪标准化外，还要对酪蛋白以及酪蛋白/脂肪的比例（C/F）进行标准化，一般要求C/F＝0.7。所以，标准化时首先要准确测定原料乳的乳脂率和酪蛋白的含量，然后通过计算确定

用于进行标准化的物质的添加量，最后调整原料乳中的脂肪和非脂乳固体之间的比例，使其比值符合产品要求。

用于生产干酪的牛乳通常不进行均质处理。原因是均质可导致牛乳结合水能力的大大上升，使游离水减少而导致乳清减少，以致很难生产硬质和半硬质类型的干酪。

2. 原料乳的杀菌

杀菌除杀灭微生物和酶的目的外，同时由于加热使部分蛋白质凝固，留存于干酪中，可以增加干酪的产量。杀菌温度的高低直接影响干酪的质量。如果温度过高，时间过长，则受热变性的蛋白质增多，破坏乳中盐类离子的平衡，进而影响皱胃酶的凝乳效果，使凝块松软，收缩作用变弱，易形成水分含量过高的干酪。因此，在实际生产中多采用63℃、30min的低温长时杀菌或72～75℃、15s的高温短时杀菌。常采用的杀菌设备为保温杀菌罐或片式热交换杀菌机。

3. 添加发酵剂和预酸化

经杀菌后的原料乳直接打入干酪槽中，干酪槽为水平卧式长椭圆形不锈钢槽，且有保温（加热或冷却）夹层及搅拌器（手工操作时为干酪铲和干酪耙），见图9-1。将干酪槽中的牛乳冷却至30～32℃，添加1%～2%的工作发酵剂，充分搅拌3～5min，然后进行乳酸发酵。经10～15min的预酸化后，取样测定酸度，一般要求达到20～24°T，这一过程又叫预酸化。

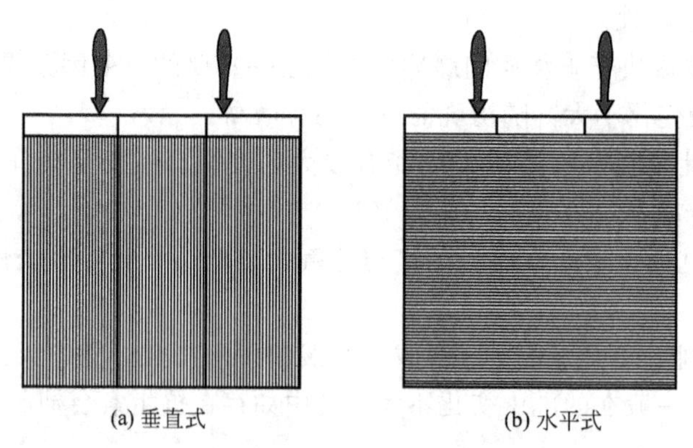

图9-1 干酪手工切割工具

4. 调整酸度及加入添加剂

（1）调整酸度 经预酸化后牛乳的酸度很难控制到绝对统一。为使干酪成品质量一致，可用1mol/L的盐酸调整酸度至20～24°T。具体的酸度值应根据干酪的品种而定。

（2）加入氯化钙（$CaCl_2$） 如果生产干酪的牛乳质量差，则凝块会很软。这会引起细小酪蛋白颗粒及脂肪的严重损失。为了改善凝固性能，提高干酪质量，可在100kg原料乳中添加5～20g的$CaCl_2$（预先配成10%的溶液），以调节盐类平衡，促进凝块的形成。

（3）添加色素 干酪的颜色取决于原料乳中脂肪的色泽，但脂肪的色泽受季节及饲料的影响。故为了使产品的色泽一致，需在原料乳中加胡萝卜素等色素物质，现多使用胭脂树橙的碳酸钠抽出液，通常每1000kg原料乳中加30～60g。

（4）硝酸盐（$NaNO_3$或KNO_3）

如果干酪乳中含有丁酸菌或大肠菌时，会产生异常发酵，可以用硝酸盐来抑制这些细菌。但是其用量需根据牛乳的组成、生产工艺等进行精确确定。因为过量的硝酸盐也会抑制发酵剂中细菌的生长，影响干酪的成熟，甚至使成熟过程终止；硝酸盐还会使干酪脱色，引起红色条纹和不良的滋味。硝酸盐的最大允许用量为每100kg乳中添加30g硝石。

但由于硝酸盐的安全性一直受到质疑，在一些国家禁止使用硝酸盐。如果牛乳在预处理过程中经离心除菌或微滤处理，那么硝酸盐的需求量就可大大减少甚至不用。

5. 添加凝乳酶与凝乳的形成

加酶凝固是干酪生产中的一个重要工序，即牛乳在凝乳酶的作用下形成凝块。

酶的加入方法是：先用1%的食盐水（或灭菌水）将酶配制成2%的溶液，并在28～32℃下保温30min，然后加到原料乳中，均匀搅拌1～2min后，使原料乳静置凝固。在大型（10000～20000L）密封的干酪槽或干酪罐中，为了使凝乳酶均匀分散，可采用自动计量系统通过分散喷嘴将稀释后的乳凝酶液喷洒在牛乳表面。

一般在28～33℃温度范围内，约40min内凝结成半固态，凝块无气孔，摸触时有软的感觉，乳清透明即表明凝固状况良好。

6. 凝块的切割

当凝块达到适当硬度时，用食指斜向插入凝块中约3cm，当手指向上挑起时，如果切面整齐平滑，指上无小片凝块残留，且渗出的乳清透明时，即可开始切割。切割时需专用干酪刀。干酪刀分为水平式和垂直式两种，钢丝刃间距一般为0.79～1.27cm（图9-1）。用干酪刀将凝乳切成0.7～1.0cm的小立方体。应注意动作要轻、稳，防止将凝块切得过碎和不均匀，影响干酪的质量。

图9-2是一个普通开口干酪槽，它装有几个可更换的搅拌和切割工具，可在干酪槽中进行搅拌、切割、乳清排放、槽中压榨的工艺。图9-3为现代化的密封水平干酪罐，搅拌和切割由焊在一个水平轴上的工具来完成，它可通过转动不同的方向来进行搅拌或切割。

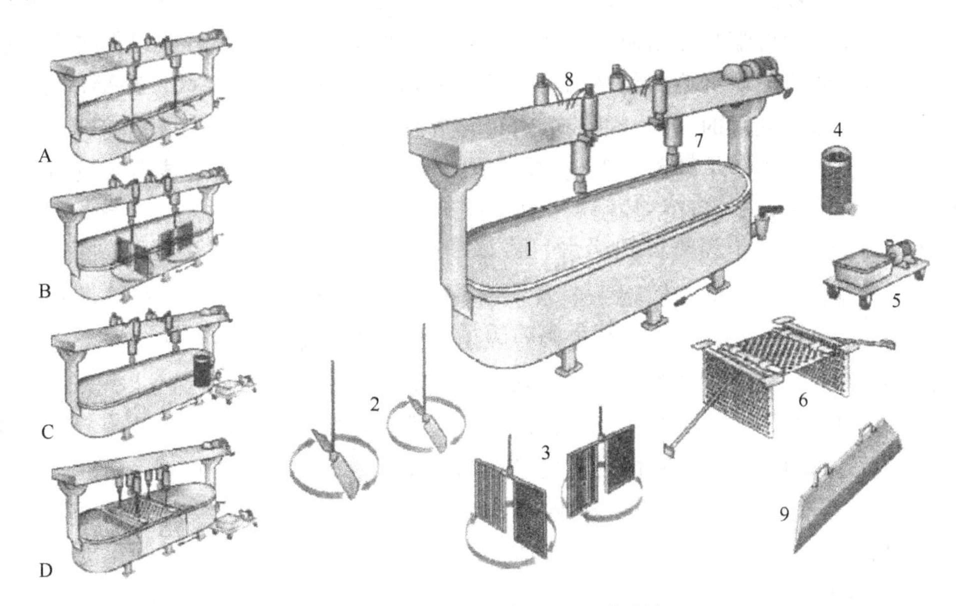

图9-2　带有干酪生产用具的干酪槽

A—槽中搅拌；B—槽中切割；C—乳清排放；D—槽中压榨

1—带有横梁和驱动电机的夹层干酪槽；2—搅拌工具；3—切割工具；4—置于出口处过滤器干酪槽内侧的过滤器；5—带有一个浅容器小车上的乳清泵；6—用于圆孔干酪生产的预压板；7—工具支撑架；8—用于预压设备的液压筒；9—干酪切刀

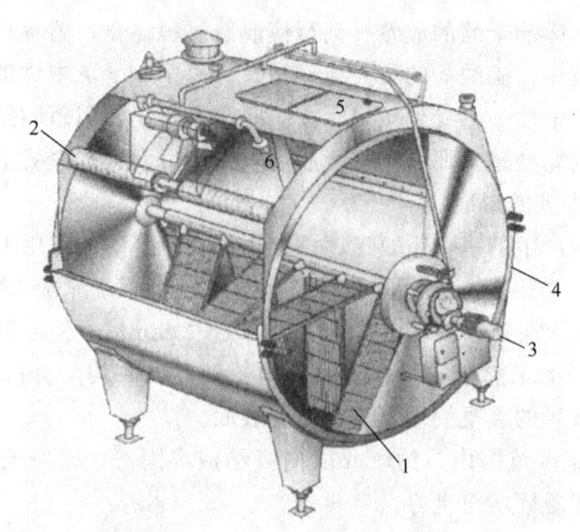

图 9-3 带有搅拌和切割工具以及乳清排放系统的密闭式干酪罐

1—切割与搅拌相结合的工具；2—乳清排放的滤网；3—频控驱动电机；4—加热夹套；5—人孔；6—CIP喷嘴

7. 凝块的搅拌及加温

凝块切割后，用干酪耙或干酪搅拌器轻轻搅拌，以便加速乳清的排除。

刚刚切割后的凝块颗粒对机械处理非常敏感，因此，搅拌必须很缓和，防止凝块碰碎，使凝块能悬浮于乳清中。经过15min后，搅拌速度可稍微加快。与此同时，在干酪槽的夹层中通入热水，使温度逐渐升高。升温的速度应严格控制，初始时每3～5min升高1℃，当温度升至35℃时，则每隔3min升高1℃。当温度达到38～42℃（应根据干酪的品种具体确定终止温度）时，停止加热并维持此时的温度。加温时间按乳清的酸度而定。酸度越低加温时间越长，酸度高则可缩短加温时间。在整个升温过程中应不停地搅拌，以促进凝块的收缩和乳清的渗出，防止凝块沉淀和相互粘连。升温的速度不宜过快，否则干酪凝块收缩过快，表面形成硬膜，影响乳清的渗出，使成品水分含量过高。

总之，升温和搅拌是干酪制作工艺中的重要过程，它关系到生产的成败和成品质量的好坏，因此，必须按工艺要求严格控制和操作。

8. 乳清排除

在搅拌升温后期，当乳清酸度达到0.17%～0.18%左右时，凝块收缩至原来一半大小（豆粒大小），用手捏干酪粒感觉有适度弹性或用手握一把干酪粒，用力压出水分后放开，如果干酪粒富有弹性且能分散开时，即可排除全部乳清。

对于传统的干酪槽，乳清排放形式很简单。将干酪粒堆积在干酪槽的两侧，将乳清由干酪槽底部通过金属网排出。排除的乳清脂肪含量一般约为0.3%，蛋白质0.9%。若脂肪含量在0.4%以上，证明操作不理想，应将乳清回收，作为副产物进行综合加工利用。

图9-3所示的全机械化干酪罐的乳清排放系统，可自动完成乳清的排放。

9. 成型压榨

乳清排出后，将干酪颗粒堆积在干酪槽的一端，用带孔的木板或不锈钢板压5～10min，继续排除乳清并使其成块。

将堆积后的干酪块切成方砖形或小立方体，装入成型器中进行定型压榨。干酪成型器依干酪的品种不同，其形状和大小也不同。成型器周围设有小孔，乳清由此渗出。压榨的压力与时间依干酪的品种各异。先进行预压榨，一般压力为0.2～0.3MPa，时间为20～30min。预压榨后取下进行调整，视其情况，可以再进行一次预压榨或直接正式压榨。将干酪反转后装入成型器内，以0.4～0.5MPa的压力在15～20℃（有的品种要求在30℃左右）条件下再压榨12～24h。压榨结束后，从成型器中取出的干酪称为生干酪。

10. 加盐

干酪加盐的方法，通常有下列四种。

① 将食盐撒布在干酪粒中，并在干酪槽中混合均匀。

② 将食盐涂布在压榨成型后的干酪表面。

③ 将压榨成型后的干酪置于盐水池中腌渍，盐水的浓度为第一天到第二天保持在17%～18%，以后保持在20%～23%。为了防止干酪内部产生气体，盐水的温度应保持在8℃左右，腌渍时间一般为4d。

④ 采用上述几种方法的混合法。

腌渍的目的在于抑制部分微生物的繁殖，使之具有防腐作用，同时使干酪具有良好的风味。

11. 发酵成熟

生干酪在盐化之后须贮存一段时间，在此期间干酪成熟。干酪的成熟是指在一定温度和湿度条件下，干酪中的脂肪、蛋白质及碳水化合物在微生物和酶的作用下分解并发生一系列的物理、化学及生化反应，形成干酪特有的风味、质地和组织状态的过程。不同干酪此过程所持续的时间有很大差异，新鲜干酪如农家干酪一般不需要成熟，而其它的干酪则需进行3周至2年的成熟。

干酪成熟的机理很复杂，期间发生的主要变化有以下几点。

(1) 水分的减少　成熟期间干酪的水分有不同程度的蒸发而使质量减少。

(2) 乳糖的变化　生干酪中含1%～2%的乳糖，其大部分在48h内被分解，在成熟后两周内消失，所形成的乳酸则变成丙酸或乙酸等挥发酸。

不同的干酪品种采用不同的生产技术，但总的方针是控制和调节乳酸菌的生长和活力，以影响乳糖发酵的程度和速度。乳糖的绝大部分降解发生在干酪的压榨过程中和贮存的第一周或前两周。在干酪中生成的乳酸有相当一部分被乳中缓冲物质所中和。绝大部分被包裹在胶体中。这样，乳酸以乳酸盐的形式存在于干酪中。在最后阶段，乳酸盐类为丙酸菌提供了适宜的营养，而丙酸菌又是埃门塔尔等干酪的微生物菌丛重要的组成部分。在这些干酪中，除了生成丙酸、乙酸，还生成了大量的二氧化碳气体，导致干酪形成大的圆孔。

丁酸菌也可以分解乳酸盐类，如果条件适宜，此类的发酵就会生成氢气、挥发性脂肪酸及二氧化碳。这一发酵往往出现于干酪成熟的后期，氢气会导致干酪的胀裂。

用于生产硬质和中软质类型干酪的发酵剂不仅可以使乳糖发酵，而且有能力自发地利用干酪中的柠檬酸，这样就产生二氧化碳，以形成圆孔眼或不规则孔眼。

(3) 蛋白质的分解　蛋白质分解在干酪的成熟中是最重要的变化过程，降解的程度在很大程度上影响着干酪的质量，尤其是组织状态和风味。蛋白质分解过程十分复杂。凝乳时形成的不溶性副酪蛋白在凝乳酶和乳酸菌的蛋白水解酶作用下形成胨、胨、多肽、氨基酸等可溶性的含氮物。成熟期间蛋白质的变化程度常以总蛋白质中所含水溶性蛋白质和氨基酸的量为指标。水溶性氮与总氮的百分比被称为干酪的成熟度。一般硬质干酪的成熟度约为30%，软质干酪则为60%。

（4）脂肪的分解　在成熟过程中，部分乳脂肪被解脂酶分解产生多种水溶性挥发脂肪酸及其它高级挥发性酸等，这与干酪风味的形成有密切关系。

（5）气体的产生　在微生物的作用下，使干酪中产生各种气体。尤为重要的是有的干酪品种在丙酸菌作用下所生成的CO_2，使干酪形成带孔眼的特殊组织结构。

（6）风味物质的形成　成熟中所形成的各种氨基酸及多种水溶性挥发脂肪酸是干酪风味物质的主体。

此间，应有效地防止水分的蒸发以及微生物的污染造成的变质。为了防止霉菌生长，须定期洗刷制品的表面或采取其它防霉措施。发酵成熟的条件一般为保持5～15℃的温度和80％～90％的相对湿度。

12. 包装

成熟后的干酪，为了延缓水分的蒸发、防止霉菌生长和增加美观，需将成熟后的干酪进行包装。对于包装的选择，应考虑的因素有：干酪种类，对机械损伤的抵抗，干酪表面是否具有特定的菌群，是大包装还是零售，对水蒸气、氧气、CO_2、NH_3及光线的通透性，是否容易贴标，是否会有气味从包装材料迁移到产品中，干酪贮存，运输及销售系统等。现将两种包装方法介绍如下。

① 以前半硬质干酪一般用石蜡包装，现在大多涂以橡胶乳液。涂蜡时，干酪表面必须洁净干燥，否则干酪皮与石蜡间的微生物会导致干酪变质，特别是产气菌和产异味菌的生长。对于水分较低的干酪，制成后就可涂蜡，但对于水分较高的干酪，只有形成干酪皮后方可进行。

图 9-4　使用排架的干酪贮存库

② 一些干酪用收缩膜进行包装，如莎纶（saran）包装后进行成熟。

13. 贮藏

成品要求于5℃的低温和88％～90％的相对湿度条件下贮藏，如图 9-4 所示。

三、干酪的缺陷及其控制

1. 物理性缺陷及防止方法

（1）质地干燥　凝乳块切割过小、加温搅拌时温度过高、酸度过高、处理时间较长及原料含脂率低等都能使干酪中水分过度排出而引起制品干燥。对此除改进加工工艺外，也可利用表面挂石蜡、塑料袋真空包装及在高温条件下进行成熟来防止。

（2）组织疏松　即凝乳中存在裂隙。酸度不足，乳清残留于凝乳块中，压榨时间短或成熟前期温度过高等均能引起此种缺陷。防止方法是进行充分压榨并在低温下成熟。

（3）多脂性　指脂肪过量存在于凝乳块表面或其中。其原因大多是由于操作温度过高，凝块处理不当（如堆积过高）而使脂肪压出。可通过调整生产工艺来防止。

（4）斑纹　操作不当引起。特别在切割和热烫工艺中由于操作过于剧烈或过于缓慢引起。

（5）发汗　指成熟过程中干酪渗出液体。其可能的原因是干酪内部的游离液体多及内部压力过大所致，多见于酸度过高的干酪。所以除改进工艺外，控制酸度也十分必要。

2. 化学性缺陷及防止方法

（1）金属性黑变　由铁、铅等金属与干酪成分生成黑色硫化物，根据干酪质地的不同而呈绿色、灰色和褐色等颜色。操作时除考虑设备、模具本身外，还要注意外部污染。

（2）桃红或赤变　当使用色素（如安那妥）时，色素与干酪中的硝酸盐结合而成更深的有色化合物。对此应认真选用色素及其添加量。

3. 微生物性缺陷及防止方法

（1）酸度过高　主要原因是微生物繁殖速度过快。防止方法：降低预发酵温度，并加食盐以抑制乳酸菌繁殖；加大凝乳酶添加量；切割时切成微细凝乳粒；高温处理；迅速排除乳清以缩短制造时间。

（2）干酪液化　由于干酪中存在有液化酪蛋白的微生物而使干酪液化。此种现象多发生于干酪表面。引起液化的微生物一般在中性或微酸性条件下繁殖。

（3）发酵产气　通常在干酪成熟过程中能缓缓生成微量气体，但能自行在干酪中扩散，故不形成大量的气孔，而由微生物引起干酪产生大量气体则是干酪的缺陷之一。在成熟前期产气是由于大肠杆菌污染所致，后期产气则是由梭状芽孢杆菌、丙酸菌及酵母菌繁殖产生的。防止的对策是可将原料乳离心除菌或使用产生乳酸链球菌素的乳酸菌作为发酵剂，也可添加硝酸盐，调整干酪水分和盐分。

（4）苦味生成　干酪的苦味是极为常见的质量缺陷。酵母或非发酵剂菌都可引起干酪苦味。另外，乳高温杀菌、原料乳的酸度高以及成熟温度高均可能产生苦味。添加食盐量可降低苦味的强度。

（5）恶臭　干酪中如存在厌气性芽孢杆菌，会分解蛋白质生成硫化氢、硫醇、亚胺等。此类物质产生恶臭味。生产过程中要防止这类菌的污染。

（6）酸败　由污染微生物分解乳糖或脂肪等生成丁酸及其衍生物所引起。污染菌主要来自于原料乳、牛粪及土壤等。

第四节　常见干酪的加工

一、契达干酪

契达干酪属硬质干酪，是世界上生产的最广泛的干酪品种。

1. 原料乳的预处理

将原料乳进行标准化使含脂率达到2.7%～3.5%，杀菌采用75℃、15s的方法，冷却至30～32℃，注入事先杀菌处理过的干酪槽内。

2. 发酵剂和凝乳酶的添加

发酵剂一般由乳脂链球菌和乳酸链球菌组成。当乳温在30～32℃时添加原料乳量1%～2%的发酵剂（酸度为0.75%～0.80%）。搅拌均匀后加入原料乳量0.01%～0.02%的$CaCl_2$，要徐徐均匀添加。由于成熟中酸度高，可抑制产气菌，故不添加硝酸盐。静置发酵30～40min后，酸度达到0.18%～0.20%时，再添加约0.002%～0.004%的凝乳酶，搅拌4～5min后，静置凝乳。

3. 切割、加温搅拌及排除乳清

凝乳酶添加后20～40min，凝乳充分形成后，进行切割，一般大小为0.5～0.8cm，切后乳清酸度一般应为0.11%～0.13%。在温度31℃下搅拌25～30min，促进乳酸菌发酵产酸和凝块收缩渗出乳清。然后排除1/3量的乳清，开始以每分钟升高1℃的速度加温搅拌。当温度最后升至38～39℃后停止加温，继续搅拌60～80min。当乳清酸度达到0.20%左右时，排除全部乳清。

4. 凝块的翻转堆积

排除乳清后，将干酪粒经10～15min堆积，以排除多余的乳清，凝结成块，厚度为10～15cm，此时乳清酸度为0.20%～0.22%。将呈饼状的凝块切成15cm×25cm大小的块，进行翻转堆积，视酸度和凝块的状态，在干酪槽的夹层加温，一般为38～40℃。每10～15min将切块翻转叠加一次，一般每次按2枚、4枚的次序翻转叠加堆积。在此期间应经常测定排出乳清的酸度。当酸度达到0.5%～0.6%（高酸度法为0.75%～0.85%）时即可。全过程需要2h左右，该过程比较复杂，现已多采用机械化操作。

5. 破碎与加盐

堆积结束后，将饼状干酪块用破碎机处理成1.5～2.0cm的碎块的过程称为破碎。破碎的目的在于加盐均匀，定型操作方便，除去堆积过程中产生的不快气味。然后采取干盐撒布法加盐。按凝块量的2%～3%加入食用精盐粉。一般分2～3次加入，并不断搅拌，以促进乳清排出和凝块的收缩，调整酸的生成。生干酪含水40%，食盐1.5%～1.7%。

6. 成型压榨

将凝块装入专用的定型器中在一定温度下（27～29℃）进行压榨。开始预压榨时压力要小，并逐渐加大。用规定压力0.35～0.40MPa压榨20～30min，整形后再压榨10～12h，最后正式压榨1～2d。

7. 成熟

成型后的生干酪放在温度10～15℃，相对湿度85%条件下发酵成熟。开始时，每天擦拭翻转一次，约经1周后，进行涂布挂蜡或塑袋真空热缩包装。整个成熟期6个月以上。

如图9-5所示为高度机械化的契达干酪生产线。原料乳经标准化和巴氏杀菌后进行凝乳。凝块和乳清混合物从干酪槽送到连续加工的契达机（2），一般不进行乳清的预排放。为保证连续供料，按计算后合适数量的干酪槽依次按一定时间间隔（如每20min）排放一次。经过大约2.5h的堆酿操作，包括磨成干酪条，在约酸度为0.6%时加干盐，酪条被吹送到酪坯成形机（3）。为实现加工连续化保证成形酪坯的数量，每一酪坯从契达机中出来后，被手工推入塑料包装袋，装袋的酪坯随后送到一个真空封口机（4），密封后的干酪经称重（5）后被送入包装机（6）装入纸盒，随后被送到排架（7）上，排架装满后，用叉车将之送入成

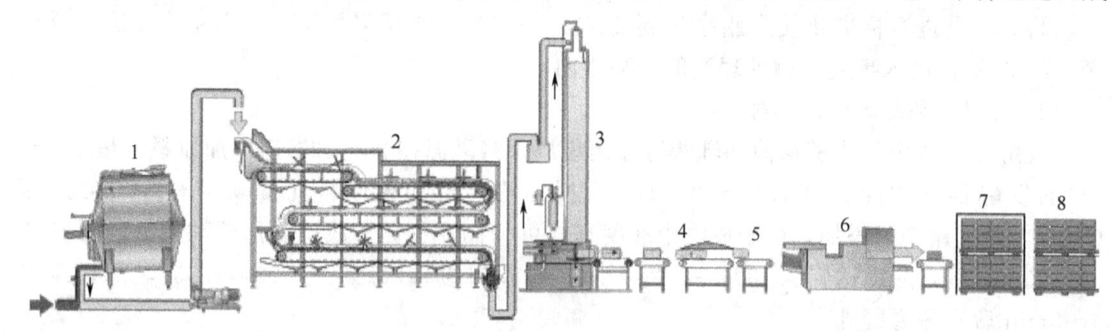

图9-5 契达干酪机械化生产流程图

1—干酪槽；2—契达机；3—坯块成形及装袋机；4—真空密封；5—称重；6—纸箱包装机；7—排架；8—成熟贮存

熟室，在成熟室中，干酪将在4～8℃条件下贮存4～12个月。

二、荷兰圆形干酪

荷兰圆形干酪除水分、脂肪、酸度较低以外，制造工艺与一般干酪基本一致。现仅就其生产工艺的特殊性介绍如下。

1. 原料乳的脂肪率

原料乳的脂肪率为2.0%～2.5%，发酵剂的添加量为0.4%～1.0%，发酵温度为29～30℃，在加凝乳酪前需加入0.003%的安那妥。加酶后30min形成凝乳。切割成0.95cm的正立方体，然后加温搅拌至36～38℃。

2. 成型压榨

应在31℃条件下保温。先预压30min，然后正式压榨6～12h。加盐采用湿盐法：先浸入16%～17%的盐水中，次日用22%～24%食盐水，在12～14℃下浸2～3d。

3. 成熟温度

温度10～15℃，湿度80%～90%下成熟6个月以上。在开始2周应进行擦拭翻转。以后则用亚麻油涂布。最后除去干酪皮后用石蜡涂布或用玻璃纸包装。

三、农家干酪

农家干酪属典型的非成熟软质干酪，是一种拌有稀奶油的新鲜凝块。这类干酪在世界各国较为普及，但加工工艺有一定的差别，现仅就较流行的工艺介绍如下，如图9-6所示。

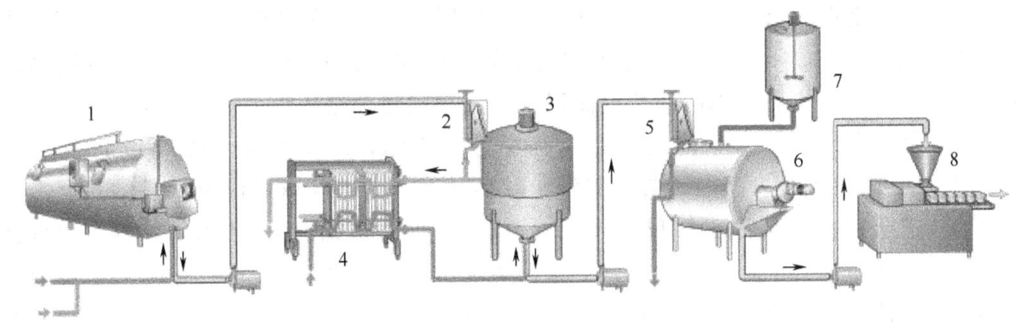

图9-6 农家干酪机械化生产的流程

1—干酪槽；2—乳清过滤器；3—冷却和洗缸；4—板式热交换器；5—水过滤器；6—加奶油器；7—着装缸；8—灌装机

1. 原料乳及预处理

农家干酪是以脱脂乳或浓缩脱脂乳为原料，按要求进行检验。一般用脱脂乳粉进行标准化调整，使无脂固形物达到8.8%以上，并进行63℃、30min或75℃、15s的杀菌处理。冷却温度应根据菌种和工艺方法来确定，一般为25～30℃。

2. 发酵剂和凝乳酶的添加

(1) 添加发酵剂　将杀菌后的原料乳注入干酪槽中，保持在25～30℃，添加制备好的生产发酵剂（多由乳酸链球菌和乳脂链球菌组成）。添加量为：短时法（5～6h)5%，长时法（16～17h)0.5%～1.0%。加入后应充分搅拌。

(2) 氯化钙及凝乳酶的添加　按原料乳量的0.01%加入$CaCl_2$，搅拌均匀后保持5～10min。按凝乳酶的效价添加适量的凝乳酶，一般为每100kg原料乳加0.05g，加后搅拌5～10min。

3. 凝乳的形成

凝乳是在25～30℃条件下进行。一般短时法需静置5～6h以上，长时法则需14～16h。

当乳清酸度达到 0.52%(pH 4.6) 时凝乳完成。

4. 切割、加温搅拌

(1) 切割　用水平和垂直式刀分别切割凝块。凝块的大小为 1.8～2.0cm（长时法为 1.2cm)。

(2) 加温搅拌　切割后静置 15～30min，加入 45℃温水（长时间法加 30℃温水）至凝块表面 10cm 以上位置。边缓慢搅拌，边在夹层加温，在 90min 内达到 52～55℃，搅拌使干酪粒收缩至 0.5～0.8cm 大小。

5. 排除乳清及干酪粒的清洗

将乳清全部排除后，分别用 29℃、16℃、4℃的杀菌纯水在干酪槽内漂洗干酪粒 3 次，以使干酪粒遇冷收缩，粒间松散，并使温度保持在 7℃以下。

6. 堆积、添加风味物质

水洗后将干酪粒堆积于干酪槽的两侧，尽可能排除多余的水分。再根据实际需要加入各种风味物质。最常见的是加入食盐（1%）和稀奶油，使成品含乳脂率达 4%。

7. 包装与贮藏

一般多采用塑杯包装，重量有 250g、300g 等。应在 10℃以下贮藏并尽快食用。

四、夸克干酪

夸克（Quark）干酪是一种不经成熟的发酵凝乳干酪，主要在欧洲生产。夸克干酪通常与稀奶油混合，有时也会拌有果料和调味品，不同国家生产产品的标准不同，其非脂乳固体的变化幅度在 14%～24%之间。这种干酪的主要缺陷通常是水分含量过高，微生物易污染产生不良风味，凝乳中蛋白水解活性过高以及不同批次间干酪品质不一致。

图 9-7 为一个夸克干酪生产线。原料乳经巴氏杀菌，冷却至 25～28℃，进入成熟罐 (1)，在罐中通常也加入发酵剂，典型的为乳酸链球菌和乳脂链球菌以及少量的凝乳酶。加入量约为一般干酪生产所需量的 1/10 或每 100kg 奶加入 2ml 液体凝乳酶，这样可以取得较硬的凝块。约 16h 后，pH 为 4.5～4.7，凝乳形成。凝块搅拌后，进入板式热交换器 (2) 进行预杀菌并冷却至 37℃，下一步进入分离机 (4)。夸克与乳清分离后，夸克由正位移泵送经板式热交换器 (5) 进入缓冲缸 (6)，乳清从分离机出口进行收集。最终冷却温度决定于全乳干物质含量和实际的蛋白质含量。当干物质含量为 16%～19%时，可达到的温度为 8～10℃，当干物质含量为 19%～20%时，物料应被冷却至 11～12℃。有时也使用管式冷却器，但相对于进料，干酪损失的百分比高，对于小型生产不经济。在包装之前，冷却的产品通常收集于一个缓冲缸中。如果要拌奶油，则在产品到达灌装机 (9) 之前，加入足够量的甜奶

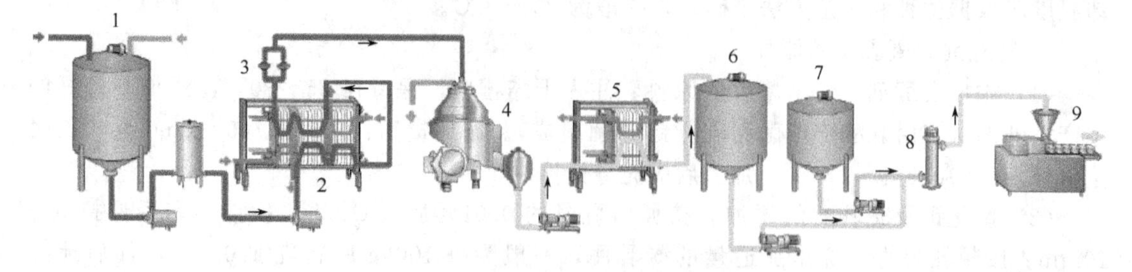

图 9-7　夸克干酪机械化生产的流程

1—成熟罐；2,5—板式热交换器；3—过滤系统；4—分离机；

6—缓冲缸；7—稀奶油缸；8—水力混合器；9—灌装机

油或发酵奶油，并于水力混合器（8）中充分混合。

五、莫扎雷拉干酪

莫扎雷拉（Mozzarella）干酪是黏性拉丝凝块干酪。典型的莫扎雷拉干酪始源于意大利中部水牛饲养地，以水牛乳为主原料进行加工，也有用水牛乳和牛乳的混合物生产，但现在普遍的只使用牛乳。莫扎雷拉干酪在一些国家也称为“比萨”干酪。莫扎雷拉干酪生产的主要步骤有以下几点。

① 常规凝块生产。

② 堆酿包括酪条研磨，但不加盐。

③ 热煮并压延以获得黏性拉丝特性。

④ 成坯，硬化和盐化。

⑤ 包装，如和盐水一起包于塑料袋中。

⑥ 出库短时间存放。

图 9-8 所示为莫扎雷拉干酪机械化生产线。经乳脂标准化后的巴氏杀菌乳于干酪槽（1）中按常规加工为凝块，然后凝块和乳清用泵送至机械化契达机，该机比契达干酪生产用机要略为简单一些。在该机工作下凝块被熔融和研碎轧成酪条。这一过程约需 2～2.5h。

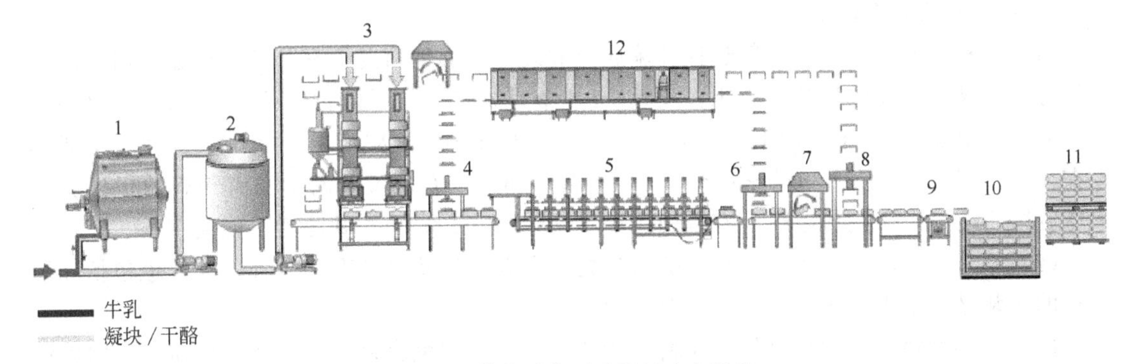

图 9-8　莫扎雷拉干酪机械生产流程

1—干酪槽；2,3—螺旋传送带；4—热煮压延机；5—干盐机；6—装模机；
7—硬化隧道；8—脱模；9—盐化；10—排架；11—贮存；12—洗模机

经契达化的酪条由螺旋传送带（3）传送到热煮压延机（4）的入口，塑性化的凝块随后连续挤出到装模机（6），在进入装膜机途中，干酪可经干盐机（5）加干盐，使盐化时间从约 8h 缩短至约 2h。凝块装入模具后传送通过硬化隧道（7），在隧道中，冰水喷淋模具干酪，使之从 65～70℃冷却到 40～50℃。在隧道末端，模具通过一个脱膜装置（8）脱模后，干酪落下并缓慢流动入冷盐水（8～10℃）槽，空模具（11）则运送回到洗模机（12）清洗后返回到填充机。干酪可被包装并装入纸盒，然后放置排架上，用叉车送入贮存室。

第五节　再制干酪的加工

再制干酪是以天然干酪为主要原料，添加乳化剂、稳定剂、色素等辅料，经粉碎、加热融化、乳化、杀菌、浇灌包装而制成的、可长时间保存的一种干酪制品，又被称为融化干酪。这类产品形状一般为三角形、香肠形、薄片、瓶装等，多以薄膜或铝箔包装。因其在融化过程中破坏了酶系统和微生物，所以其品质较一般干酪好。在 20 世纪初由瑞士首先生产。

目前，这种干酪的消费量占全世界干酪产量的60%～70%。

从质地上再制干酪可分为块状和涂布型两类。前者质地较硬，酸度高，水分含量低；后者则质地较软，酸度低，水分含量高。再制干酪的脂肪含量通常占总固体的30%～40%，蛋白质含量20%～25%，水分含量40%左右。

与天然干酪相比，再制干酪具有以下特点：①再制干酪的气味温和，没有天然干酪的强烈气味，更容易被消费者接受；②由于在加工过程中进行加热杀菌，食用安全、卫生，并且具有良好的保存特性；③通过加热融化、乳化等过程，再制干酪的口感柔和均一；④再制干酪产品自由度大，产品大小、质量、包装能随意选择，口味变化繁多，较好地满足了消费者的需求和嗜好。

一、再制干酪的加工技术

1. 再制干酪的工艺流程

再制干酪的工艺流程如下。

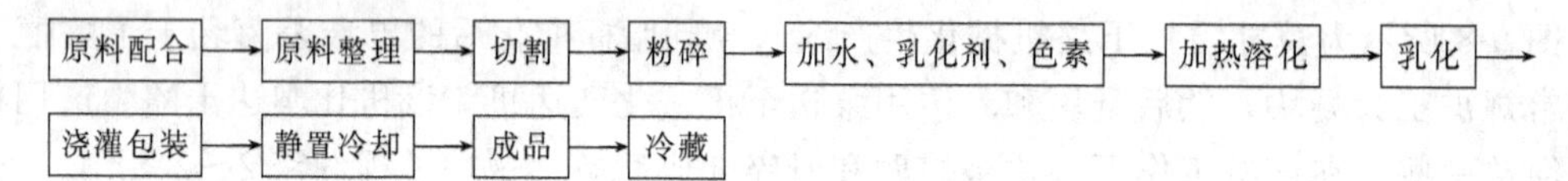

2. 再制干酪的工艺要求

(1) 原料干酪的选择　一般选择细菌成熟的硬质干酪如荷兰干酪、契达干酪和荷兰圆形干酪等。为满足制品的风味及组织，成熟7～8个月风味浓的干酪占20%～30%。为保持组织滑润，则成熟2～3个月的干酪占20%～30%，搭配中间成熟度的干酪50%，使平均成熟度在4～5个月，含水分35%～38%，可溶性氮0.6%左右。过熟的干酪由于有的析出氨基酸或乳酸钙结晶，不宜作原料。有霉菌污染、气体膨胀、异味等缺陷者不能使用。

(2) 原料干酪的预处理　原料干酪的预处理室要与正式生产车间分开。预处理包括除掉干酪的包装材，削去表皮，清拭表面等。

(3) 切碎与粉碎　用切碎机将原料干酪切成块状，用混合机混合。然后用粉碎机粉碎成4～5cm面条状，最后用磨碎机处理。近来，此项操作多在熔融釜中进行。

(4) 加热溶化　在再制干酪蒸煮锅（也叫熔融釜）（图9-9）中加入适量的水，通常为原料干酪量的5%～10%（质量分数）。成品的含水量为40%～55%，但还应防止加水过多造成脂肪含量的下降。按配料要求加入适量的调味料、色素等添加物，然后加入预处理粉碎后的原料干酪，开始向熔融釜的夹层中通入蒸汽进行加热。当温度达到50℃左右，加入1%～3%的乳化剂，如磷酸钠、柠檬酸钠、偏磷酸钠和酒石酸钠等。这些乳化剂可以单用，也可以混用。最后将温度升至60～70℃，保温20～30min，使原料干酪完全溶化。加乳化剂后，如果需要调整酸度时，可以用乳酸、柠檬酸、酪酸等，也可以混合使用。成品的pH为5.6～5.8，不得低于5.3。乳化剂中，磷酸盐能提高干酪的保水性，可以形成光滑的组织状态；柠檬酸钠有保持颜色和风味的作用。在进行乳化操作时，应加快釜内的搅拌器的转数，使乳化更完全。在此过程中应保证杀菌的温度。一般为60～70℃、20～30min或80～120℃、30s等。乳化终了时，应检测水分、pH、风味等，然后抽真空进行脱气。

(5) 包装　经过乳化的干酪应趁热进行充填包装。必须选择与乳化机能力相适应的包装机。包装材料多使用玻璃纸或涂塑性蜡玻璃纸、铝箔、偏氯乙烯薄膜等。包装的量、形状和包装材料的选择，应考虑到食用、携带、运输方便。包装材料既要满足制品本身的保存需要，还要保证卫生安全。

图 9-9　再制干酪蒸煮机的外形及内部结构

(6) 贮藏　包装后的成品融化干酪，应静置 10℃以下的冷藏库中定型和贮藏。

二、再制干酪的缺陷及其控制

1. 过硬或过软

再制干酪过硬的主要原因是所使用的原料干酪成熟度低，酪蛋白的分解量少，补加水分少和 pH 过低，以及脂肪含量不足，熔融乳化不完全，乳化剂的配比不当等。制品硬度不足，是由于原料干酪的成熟度、加水量、pH 及脂肪含量过度而产生的。因此，要获得适宜的硬度，配料时以原料干酪的平均成熟度在 4～5 个月为好，补加水分应按成品含水量 40%～45%的标准进行。正确选择和使用乳化剂，调整 pH 为 5.6～6.0。

2. 脂肪分离

表现为干酪表面有明显的油珠渗出，这与乳化时处理温度和时间不足有关。另外，原料干酪成熟过度，脂肪含量高，或者是水分不足、pH 低时脂肪也容易分离。因此，可在加工过程中提高乳化温度和时间，添加低成熟度的干酪，增加水分和 pH 等。

3. 砂状结晶

砂状结晶中 98%是磷酸三钙为主的混合磷酸盐。这种缺陷产生的原因是添加粉末乳化剂时分布不均匀，乳化时间短等。此外，当原料干酪的成熟度过高或蛋白质分解过度时，容易产生难溶的氨基酸结晶。因此，采取将乳化剂全部溶解后再使用，充分乳化、乳化时搅拌均匀、追加成熟度低的干酪等措施可以克服这种缺陷。

4. 膨胀和产生气孔

刚加工之后产生气孔，是由于乳化不足引起的；保藏中产生的气孔及膨胀，其原因是污染了酪酸菌等产气菌。因此，应尽可能使用高质量干酪作为原料，提高乳化温度，采用可靠的灭菌手段。

5. 异味

再制干酪产生异味的主要原因是原料干酪质量差，加工工艺控制不严，保藏措施不当。因此，在加工过程中，要保证不使用质量差的原料干酪，正确掌握工艺操作，成品在冷藏条件下保藏。

【本章小结】

干酪是指在乳（也可以用脱脂乳或稀奶油等）中加入适量的乳酸菌发酵剂和凝乳酶，使乳蛋白（主要是酪蛋白）凝固后，排除乳清，将凝块压成所需形状而制成的产品。干酪种类繁多，目前尚未有统一且被普遍接受的分类方法，一般可依据干酪的原产地、制造方法、外观、理化性质或微生物学特性来进行划分。国际上通常把干酪划分为三大类：天然干酪、再制干酪和干酪食品。国际乳品联合会还曾提出以含水量为标准，将干酪分为硬质、半硬质、软质三大类，并根据成熟的特征或固形物中的脂肪含量来分类的方案。现习惯以干酪的软硬度及与成熟有关的微生物来进行分类和区别。不同的干酪制作方法大致相同，但在个别工艺上有区别。干酪营养丰富，含有大量的蛋白质、脂肪等有机成分和钙、磷等无机盐类，并有多种维生素和微量元素。

干酪发酵剂是指用来使干酪发酵与成熟的特定微生物培养物。干酪发酵剂可分为细菌发酵剂与霉菌发酵剂两大类。细菌发酵剂主要以乳酸菌为主，应用的主要目的在于产酸和产生相应的风味物质。其中主要有乳酸链球菌、乳油链球菌、干酪乳杆菌、丁二酮链球菌、嗜酸乳杆菌、保加利亚乳杆菌以及嗜柠檬酸明串珠菌等。凝乳酶是能使牛乳发生凝结的酶。干酪生产中常用的凝乳酶为皱胃酶。皱胃酶来源于犊牛的第四胃（皱胃）。由于干酪产量的不断上升和小牛犊供应的下降，使得小牛犊皱胃酶供应不足，价格上涨，所以开发、研制皱胃酶的代用酶越来越受到普遍的重视。目前已有很多皱胃酶代用酶被开发出来，并逐渐应用到干酪的生产中。但目前还没有达到完全代替的程度，传统工艺中还是使用小牛犊或小羊羔的皱胃酶来进行干酪的生产。

天然干酪生产的基本过程是酸化、凝乳、排乳清、加盐、压榨、成熟等。酸化是加入适当发酵剂进行发酵，使得干酪产生特殊的风味及帮助凝乳。凝乳是干酪生产最重要的步骤，即加入凝乳酶使牛乳中酪蛋白凝固。凝块形成后将乳清排除，将凝块压成适当形状，包装后进行成熟。在成熟过程中发生很多物理化学变化及微生物变化，使得干酪形成特殊的风味和质构。

常见干酪如契达干酪、高达干酪、荷兰干酪、农家干酪、夸克干酪、莫扎雷拉干酪等。不同的干酪有其工艺的特殊性。

再制干酪是以天然干酪为主要原料，添加乳化剂、稳定剂、色素等辅料，经粉碎、加热溶化、乳化、杀菌、浇灌包装而制成的、可长时间保存的一种干酪制品。目前，这种干酪的消费量占全世界干酪产量的60％～70％。再制干酪有很多特点，如具有良好的保存特性，气味温和，较好地满足了消费者的需求和嗜好。再制干酪的主要加工工艺是干酪的前处理（包括清洗、切割、粉碎），然后加入乳化剂、稳定剂、色素等进行加热融化，最后再进行成型、包装，即成再制干酪成品。

【复习思考题】

1. 为什么说干酪是一种营养价值非常丰富的食品？
2. 干酪通常可以分为几类？各有什么特点？
3. 什么是凝乳酶？干酪生产用凝乳酶有哪些来源？各有什么特点？
4. 什么是预酸化？预酸化在干酪加工中起什么作用？
5. 加盐在干酪生产中起什么作用？
6. 干酪成熟过程中会发生哪些变化？这对产品会产生什么意义？
7. 试述天然干酪的一般加工工艺。
8. 再制干酪的加工有什么意义？怎样制作再制干酪？
9. 请举出两种代表性干酪产品，并简述它们在工艺上有什么特殊性？

第十章　其它乳制品的加工技术

学习目标

1. 掌握干酪素的加工技术和质量控制标准。
2. 熟悉乳糖加工技术、质量标准及其在食品中的应用情况。
3. 了解乳清粉的加工技术。

第一节　干酪素的加工

一、干酪素概述

干酪素也叫酪蛋白，是利用脱脂乳为原料，在皱胃酶或酸的作用下生产的酪蛋白凝聚物，经洗涤、脱水、粉碎、干燥制得。乳中酪蛋白是干酪素的主要成分，酪蛋白是牛奶中主要的含氮化合物，含量约 2.5%，是以酪蛋白酸钙-磷酸钙复合物形式，呈胶体状态分散于乳中。

干酪素的感官状态是白色或微黄色、无臭的粉状或颗粒状，在水中几乎不溶，25℃的水仅可溶解 0.2%～2.0%，也不溶于酒精、乙醚及其它有机溶剂，易溶于碱性溶液、碳酸盐水溶液和 10%的四硼酸钠溶液，是非吸湿性物质，相对密度为 1.25～1.31。

1. 干酪素的制取方法

按制取的方法不同，干酪素生产分为酸法和酶法两种。工业生产的干酪素大部分以酸法生产。

酸法生产的干酪素又可分为加酸法和乳酸发酵法。加酸法生产干酪素，又可分为盐酸干酪素、乳酸干酪素、硫酸干酪素和醋酸干酪素等。

酶法干酪素是利用凝乳酶凝固的干酪素，虽然与牛奶的酪蛋白复合物有大致相同的相对分子质量及元素组成，但产品的性质有所不同。

不同制造方法可获得不同质量和用途的干酪素，要根据用途选择适当的制造方法。各种干酪素产品的特征，由沉淀的温度、酸度、洗涤水量、干燥温度及时间等因素共同决定。

2. 干酪素的工业用途

尽管食用干酪素的用量逐年增加，但全世界生产的干酪素中仅有约 15%供食用。在工业上，干酪素主要用于纸面涂布、塑胶、黏着剂和生产酪蛋白纤维。干酪素与碱反应生产强力黏接剂，制造干酪素涂料，皮革工业、医药工业也使用干酪素，其用途非常广泛。

(1) 塑性干酪素　将干酪素在施加压力的同时加热，并加甲醛液处理硬化后具有可塑性。可用于刀柄、象牙纺织品、纽扣、梳子以及其它物品的制造。它具有色泽良好，显示高度光泽、无臭、不燃烧的优点，但吸湿性强，质地脆弱为其缺点。

(2) 黏结剂　干酪素溶于碱则能制得黏性很强的胶状液。它常与硼砂、苛性钠、重碳酸钠生成黏结剂，与消石灰混合则耐水性增大。干酪素广泛用于胶合板、乐器、家具等方面的生产。

(3) 纤维工业　用于纤维染色，或与云母粉末配合，赋予产品金属光泽。

（4）造纸工业　干酪素可广泛用于高级纸张或防水性包装纸等的制造。

（5）医药工业　碘、氯、汞、银、铁、磷等的干酪素化合物可缓和刺激性、收敛性，也可以用于制造软膏等乳化剂。

（6）食品工业　干酪素主要在以下食品中应用：肉制品、冰淇淋和冷冻甜食、咖啡伴侣和糖果、发酵乳制品、烘焙食品、起酥油和涂抹油、面食制品、运动饮料、干酪制品等。

3. 原料脱脂乳的获得

（1）牛乳分离　离心分离法是现代工业化生产获得脱脂乳和稀奶油的主要方法。它采用乳脂分离机，借助分离钵旋转时所产生的离心力，使牛乳中较重的脱脂乳被挤压到分离钵的壁上，较轻的稀奶油聚集到分离钵的中心部分，从而使牛乳分离成脱脂乳与稀奶油两部分，各自沿不同出口不断地流出。

（2）乳脂分离机　是干酪素生产的关键设备，欲得到含脂低的脱脂乳（一般脂肪含量不超过0.05%），需采用高速碟片式全封闭离心机。这种分离机的牛乳入口和脱脂乳及稀奶油出口均是密闭的。在操作过程中，没有空气混入，不产生气泡，因此又称无泡沫分离机。工作时牛乳泵运转产生压力，在压力作用下牛乳进入分离机。稀奶油和脱脂乳出口均通过压力盘，密封并产生出口压力。此分离机可一机多用，有牛乳分离、净乳及标准化三种功能，目前国内各乳品厂多使用此种分离机。

（3）影响分离效果的因素

① 转速。分离机在旋转时产生的离心力与转速的平方成正比。转速越快，则分离效果越好。但转数不得过快，必须按规定运行，以免损坏分离机部件。

② 分离量。进入分离机中牛乳的流量不应超过分离机的额定产量。如牛乳流入量过多，会造成分离不完全，易造成脱脂乳的脂肪含量偏高。对不带进料泵的牛乳分离机，若能掌握好进乳量，也可获得高质量的脱脂乳。

③ 牛乳的含脂率。牛乳含脂率越高，分离出稀奶油浓度也越高，残留于脱脂乳中的脂肪含量也会偏高。

④ 牛乳的清洁度。在分离稀奶油的同时，牛乳中含有的上皮细胞、凝固蛋白及其它杂质都随同牛乳一起进入分离机后被分离出来，聚集在转钵内壁。污物、杂质越积越厚，使分离碟片堵塞，从而导致分离机不能正常工作，甚至丧失分离效果。因此，必须严格控制原料乳的质量及清洁度。并在操作上应采取定时清洗分离机以保证分离效果。

⑤ 牛乳的温度。牛乳的温度低，黏性增加，分离效率低下，甚至使分离阻塞。牛乳分离的温度取决于分离的目的，一般分离的目的主要是为脂肪标准化，能做到不阻塞分离机即可，不要求分离十分完全，除寒冬需将牛乳加温分离外，其余时间均不必加温。生产干酪素、奶油则不同，为获得合格的脱脂乳，牛乳分离前要预热以降低牛乳黏度，增加脂肪和乳液的密度差，以利于分离完全。实际操作中，要根据牛乳酸度、季节选择适当的分离温度。一般在冬季，牛乳质量好，预热温度可以高些，牛乳酸度超过25°T可适当降低温度分离。一般预热温度为35～44℃。

（4）对脱脂乳的质量要求　牛乳经分离获得的脱脂乳是制造干酪素的原料，脱脂乳的含脂率直接影响产品的质量，也是制取优质干酪素的关键。在制造干酪素时，有80%脂肪自脱脂乳转入到干酪素成品中，成品干酪素比原料脱脂乳的含脂率高约2倍。

脱脂乳必须纯净，无机械杂质，酸度不超过23°T，脱脂乳如不能及时加工，可冷却到8℃以下保存，根据脱脂乳的洁净程度来确定放置的时间。

二、干酪素的加工技术

1. 酸法生产干酪素

目前我国生产工业用干酪素多采用此种方法。酸法生产的干酪素采用的是所谓的“颗粒制造法”。此种方法的特点是使用无机酸沉淀酪蛋白，从而形成小而均匀的颗粒，被颗粒包围的脂肪少，颗粒松散易于洗涤、压榨和干燥，而且生产操作时间短。常用的酸有盐酸和硫酸，但盐酸更为常见。生产盐酸干酪素所用的盐酸应符合国家标准的各项指标要求，酸液配制时需经过滤除去杂质后使用。

（1）酸化点制原理　酪蛋白属于两性电解质，等电点为4.6。正常鲜奶pH大约为6.6，即接近于等电点的碱性，此时酪蛋白在牛奶中充分表现出酸的性质，与牛奶中的盐基结合，以酪蛋白酸钙形式存在于乳中。此时如加酸，酪蛋白酸钙中的钙被酸所夺取，渐渐地生成游离的酪蛋白，当达到酪蛋白的等电点时钙完全被分离，不带电荷的游离酪蛋白凝固沉淀。

（2）酸液的制备　盐酸是干酪素优良的沉淀剂，盐酸的良好作用是它能把沉淀于干酪素上的盐类除掉，并形成可溶性盐，从而减少了干酪素中的灰分含量。用硫酸使酪蛋白凝固时，容易得到不溶性硫酸钙沉淀，而混入酪蛋白颗粒中，难以除去，所以硫酸制得的干酪素灰分含量高，对产品的品质有一定的影响。酸液配制时需经过滤除去杂质后使用。

（3）酸法制备干酪素的工艺流程　生产工艺流程如下所示。

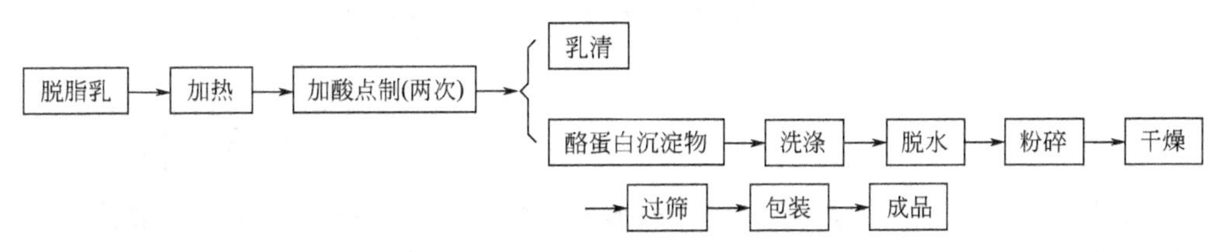

（4）工艺要点

① 在稀释缸内加入一定量的30～38℃温水。浓盐酸通过过滤后导入稀释缸，稀释后盐酸要搅拌均匀。按要求浓度配比，点制正常牛乳时浓硫酸（盐酸）与水的体积比为1∶6，点制中和变质牛奶时浓硫酸与水的体积比为1∶2。

② 脱脂乳加温至40～44℃，不断搅拌下徐徐加入稀盐酸，使酪蛋白形成柔软的颗粒，加酸至乳清透明，所需时间约3～5min，然后停止加酸，停止搅拌0.5min。开启搅拌器，第二次加酸应在10～15min内完成，不可过急，边加酸边检查颗粒硬化情况，准确地确定加酸终点。

③ 加酸至终点时，乳清应清澈透明，干酪素颗粒均匀一致（其大小在4～6mm之间）、致密结实、富有弹性、呈松散状态。乳清的最终滴定酸度为56～68°T。停止搅拌并静置沉淀5min，再放出乳清。

（5）酸法干酪素生产过程中的关键点——点制

① 点制温度。脱脂乳加热温度高易使酪蛋白形成粗大、不均匀、硬而致密的颗粒或凝块。不均匀的颗粒中，小颗粒已酸化好，大颗粒却并没有酸化完全，颗粒中钙不能充分分离而留在颗粒之中，致使产品灰分增高，影响产品质量。温度低易形成软而细小的颗粒，点制中加酸即使微量过剩也会造成干酪素易溶解，造成乳清分离困难，不易洗涤和脱水。

② 点制酸度。点制中必须准确控制加酸量，加酸不足，成品灰分含量高，影响质量。如加酸过量，干酪素可重新溶解，影响产率，并且溶化了的干酪素颗粒水洗、干燥都非常困难。

③ 搅拌速度。点制中要控制搅拌速度，太快、太慢均不适宜。一般在40r/min最适宜。如搅拌速度快，可适当提高点制温度和加酸的速度，否则易形成细小的干酪素颗粒而影响到点制效果。

④ 点制时间。点制时间短，酪蛋白颗粒酸化不充分，钙分离不完全，致使成品灰分含量高。适当延长点制时间，可以降低干酪素的灰分含量，又可以节约酸的用量。但点制时间过长会延长生产周期，降低设备利用率。

2. 酶法生产干酪素

酶法生产干酪素是指利用凝乳酶使酪蛋白形成凝块沉淀而提纯制成的干酪素酶法生产的干酪素灰分含量高、酸度低，只能溶解于15%的氨水中，并不溶于3%的四硼酸钠溶液，所以用途不广。

(1) 酶的要求　酶法生产干酪素所用酶有凝乳酶和皱胃酶两种。

(2) 酶法干酪素的生产工艺流程　生产工艺流程如下所示。

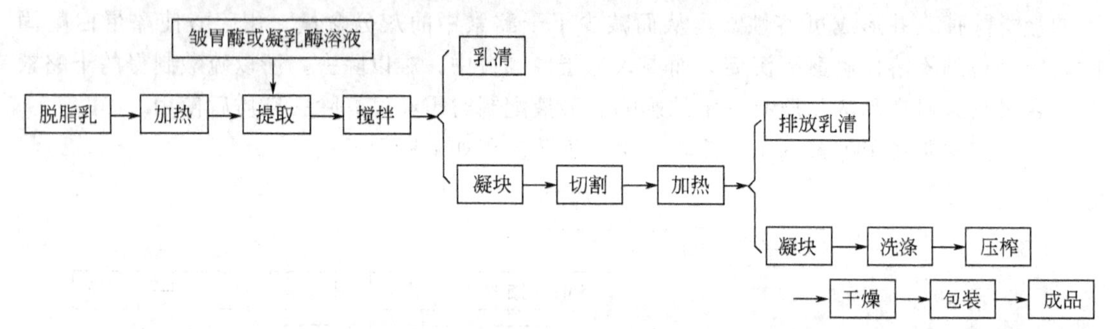

(3) 工艺要点　脱脂乳加热至35℃，添加凝乳酶溶液，使酪蛋白凝结。凝乳酶的添加量以能使全部脱脂乳在15～20min内凝固即可。加入酶溶液，待牛乳凝结后，把形成的凝块慢慢搅拌，然后速度加快，继续添加酶溶液直至乳清完全分离为止。此时酪蛋白黏结成颗粒，而后进行第二次加热到55℃，加热要缓慢，使干酪素颗粒中的乳清分离出来。此时颗粒具有弹性，排出乳清，用25～30℃水洗两次，再经脱水、粉碎，并于43～46℃下干燥，最后包装入库。

酶法干酪素若不用做食品配料，则可以不经过巴氏杀菌。

3. 乳酸发酵干酪素

利用乳酸菌发酵脱脂乳生产的干酪素溶解性好、黏结力强。在脱脂乳中添加2%～4%的乳酸菌发酵剂，在33～34℃下使之发酵，达到pH4.6或滴定酸度0.45%～0.5%时，停止发酵。然后一边搅拌一边加温到50℃左右，排出乳清。加冷水充分洗涤凝块。凝块经压榨，粉碎，干燥而制成干酪素。将最后分离出来的乳清部分，保温32～40℃发酵一夜，供下次发酵使用（添加量5%～10%）。这样逐次使用作为发酵剂。加温时，如果酸度高则凝块软，变为微细凝块，过滤困难。反之，发酵不充分，则乳清不透明凝固得也不好，变为软质凝块，过滤不良，回收率下降。此外，不经发酵直接添加乳酸的方法也被广泛地使用。

4. 共沉淀物干酪素

此种干酪素是通过加酸（pH4.5～5.3）或不加酸而添加0.03%～0.2%的钙，加热至90℃以上使脱脂乳中的酪蛋白及乳清蛋白共同沉淀制得的产品。此法可回收乳中95%～97%的蛋白质，是制造成本低廉并能回收营养价值高的乳蛋白质的方法。

共沉淀物由80%～85%的酪蛋白及15%～20%的乳清蛋白组成。共沉淀物可用4%～

6%的多磷酸盐溶解，或用胶体磨粉碎溶解，根据用途分为高、中、低三种灰分含量的制品。

(1) 高灰分制品 经过脱脂乳在保温罐中加热至88～90℃，用泵定量送乳时添加0.2%的氯化钙。混合物约用20s通过保温管，倾斜排除。凝块在此处被过滤网分离，洗涤1～2次。洗涤水的pH为4.4～4.6。成品灰分含量为8%～8.5%。

(2) 中灰分制品 在约45℃的脱脂乳中添加氯化钙0.06%，在保温罐中加热至90℃，并在罐中停留10min，然后用泵送乳，这时在泵的前后注入经过稀释的酸，调整pH为5.2～5.3。在保温管中保持10～15s，然后进行洗涤。添加的氯化钙约1/4残留于制品中。成品灰分含量为5.0%。

(3) 低灰分制品 制法与上述基本相同，氯化钙量为0.03%，pH为4.5，90℃保持20min。成品灰分含量为3.0%。

5. 食用可溶性干酪素

该法分离后的干酪素，充分洗涤脱水，加碱溶解后干燥，变成可溶性的制品。在生产干酪素过程中，按脱脂乳量的0.1%～0.3%添加磷酸氢二钾，并用0.05%的氢氧化钠添加调节pH，加热50～60℃溶解使干酪素浓度为15%～16%。将此溶液杀菌后，喷雾干燥。添加的碱按钠计算，干酪素100g添加1.2g，溶解后pH在7以下为好。食用干酪素在工业上使用粒状活性炭进行脱臭，便于食用。

三、干酪素的质量标准及控制

1. 干酪素的质量标准

干酪素在国际上一般分为三级，即适合食用或特级、一级、二级品。干酪素在质量上最重要的是溶解性、黏结性及加工性等，脂肪含量尽可能少。

我国工业干酪素的质量标准（QB/T 3780—1999）。

① 产品为白色或淡黄色粒状产品，灼烧时有焦臭味，微溶于水，在碱性溶液中溶解。

② 工业干酪素按感官和理化指标，分为特级、一级、二级品。

③ 工业干酪素的感官指标应符合表10-1。

表10-1 工业干酪素的感官指标

项目	特级	一级	二级
色泽	白色或淡黄色，均匀一致	浅黄色到黄色，允许存在5%以下深黄色颗粒	浅黄色到黄色，允许存在10%以下深黄色颗粒
颗粒	最大颗粒不超2mm	同特级	最大颗粒不超3mm
纯度	不允许有杂质存在	同特级	允许有少量杂质存在

④ 工业干酪素的化学指标见表10-2。

表10-2 工业干酪素的化学指标

项目	特级	一级	二级	精一级
水分含量/% ≤	12	12	12	3.5
脂肪含量/% ≤	1.5	2.5	3.5	1
灰分含量/% ≤	2.5	3	4	1.5
酸/°T ≤	80	100	150	60

2. 干酪素生产过程的质量控制

干酪素质量控制的关键是控制好脂肪和灰分的含量，一般干酪素成品含脂肪越低质量越好；灰分含量与干酪素的物理特性有密切关系，其含量越低溶解度越高，结着力越强。要想获得含脂率低的脱脂乳，必须采用分离效果好的分离机，并控制好影响脱脂乳含脂率的各种因素，必要时进行二次分离来获得含脂率低的脱脂乳。生产过程影响干酪素中灰分高低的因素，对酸法而言最主要的是点制操作。

(1) 脱脂乳含脂率的控制　影响脱脂乳含脂率的各种因素

① 分离机在启动后未达到规定转速前即开始进料运转；

② 分离量超过分离机的额定能力；

③ 预热器太大；

④ 供乳泵压力过大；

⑤ 牛乳酸度过高；

⑥ 乳中混有空气；

⑦ 分离温度过高。

(2) 生产过程中干酪素灰分的控制

① 盐酸的稀释配制浓度应符合工艺规定要求；

② 点制温度为41～44℃；

③ 点制酸度为65～68°T；

④ 搅拌速度为40r/min；

⑤ 酸化时应缓慢加酸；

⑥ 充分洗涤；

⑦ 干燥热风要过滤。

第二节　乳糖的加工

一、乳糖概述

乳糖是乳中特有的成分。食品级乳糖是通过使乳清或超滤透过液（乳清蛋白浓缩物副产品）中乳糖过饱和，然后将乳糖结晶转移出来并干燥后制得的。特别的乳糖结晶工艺、研磨和过筛可产生不同颗粒大小的乳糖。

乳糖属双糖，由1分子α-D-葡萄糖和1分子β-D-半乳糖构成，它可以无水或含1分子结晶水或者是两种形式混合存在。乳糖是膳食能量来源之一，有助于对钙的吸收。与其它食用糖相比，乳糖甜度低、清爽、无后味；如果结晶处理适当，则具有较稳定的吸湿性。乳糖具有增加固体含量，改善产品质构而不至于使产品过甜的特性。这些特性使乳糖在食品中得到了广泛的应用。

1. 对钙吸收的影响

膳食中含有乳糖，钙的吸收将得到极大地改进，这并不是由于乳糖本身，而是因为乳糖的代谢产物——乳酸是肠道内微生物作用的结果。酸性环境增加了钙盐的溶解性，使更多的钙能被有效吸收，还有一部分原因是乳糖和钙能形成可溶性复合物，促进了钙在体内的运输。动物试验表明，与含有葡萄糖的膳食相比，含相同数量乳糖的膳食能增加钙、镁、磷和其它必需微量元素的吸收，因此可减少骨骼中钙的损失，增加血钙的浓度，为乳中高钙的吸收和利用创造了适宜的条件。

2. 对肠道菌群的影响

乳糖的水解速率低于蔗糖和麦芽糖，不能在胃中水解。它的吸收速率大大低于葡萄糖和半乳糖。乳糖可分解成葡萄糖和半乳糖，形成对人体本身肠道菌群生长适宜的基质。其分解最终产物——乳酸能提供理想的酸性环境，抑制适合碱性环境的微生物（如蛋白分解菌和腐败菌）的生长。

二、乳糖的加工技术

1. 乳糖生产原理

商业化生产乳糖通常会采用3种方法，即过饱和溶液中结晶法；借助存在于土壤中的碱土金属沉淀法；借助溶液的沉淀法，如酒精。目前生产乳糖时最常用的方法是结晶法。

在乳糖生产中，浓缩乳清在50～60℃下进入结晶罐，在浓缩过程中乳清会发生色泽变深的现象，这主要与浓缩温度较高有关。温度控制在55～60℃下浓缩，即使在乳清的最初酸度很高的情况下色泽的变化也不显著。当在75～80℃的温度下浓缩时，色泽很快变深，酸度较高的乳清尤其严重。

当温度下降至结晶温度时，α-乳糖水合物由溶液中结晶出来。由于α-乳糖的结晶析出破坏了α-乳糖水合物与β-乳糖水合物之间的平衡状态，β-乳糖向α-乳糖转化，析出的部分α-乳糖又重新溶解。如果浓缩乳清迅速冷却至20℃甚至更冷的温度，溶液中溶解度降低并迅速产生结晶现象，达到过饱和。在过饱和的条件下，结晶作用明显，但是由于温度比较低，所以反应速度很慢，平衡的建立速度也很慢，对乳糖的结晶作用影响很大。受时间和温度条件的影响，乳糖溶液结晶出来的乳糖数量也不同。

由表10-3可以看出，随温度上升，乳糖结晶所需时间减少。当温度低于30℃时，乳糖完全结晶出来需100h，这样长的时间在生产中是不被接受的；而温度为40℃时乳糖完全结晶的时间可缩短至10h。在实际生产中，为节约成本，一般严格控制结晶持续时间和温度，常采用将温度控制在30～40℃，时间在4～5h的快速结晶法。

表10-3　不同时间和温度时乳糖结晶数量

时间/h	乳糖结晶数量/%				
	0℃	10℃	20℃	30℃	40℃
0	40.0	40	40	40.0	40.0
1	42.0	45	54	70.0	89.0
2	43.0	48	64	85.0	98.0
5	48.0	62	83	98.0	99.9
10	55.0	76	95	99.9	100
100	97.0	100	100	100	100
200	99.0	100	100	100	100

2. 乳糖的生产

图10-1所示为乳糖生产的工艺线，先将乳清蒸发浓缩到固形物含量60%～62%，然后输送至结晶罐（2），在此处加入晶种。结晶缓慢进行，速度取决于时间/温度配比，结晶罐有冷却夹层，用于控制冷却温度，并装有特殊的搅拌器。将晶种膏送到笔式离心机（3），就能将已干燥的晶体分离出来，然后粉状晶体经锤状粉碎机磨碎、过筛，最后包装。结晶形成的晶体超过0.2mm时可高效地进行分离，晶体颗粒越大分离效果越好。从原理上说，结晶程度主要是由β-乳糖转变为所需的α-乳糖的数量而定，所以必须仔细控制浓缩物的冷却操作，使其达到最佳程度。

（1）浓缩　通常乳清中固形物含量越高，乳糖得率越高。乳清蛋白会提高黏度并干扰结

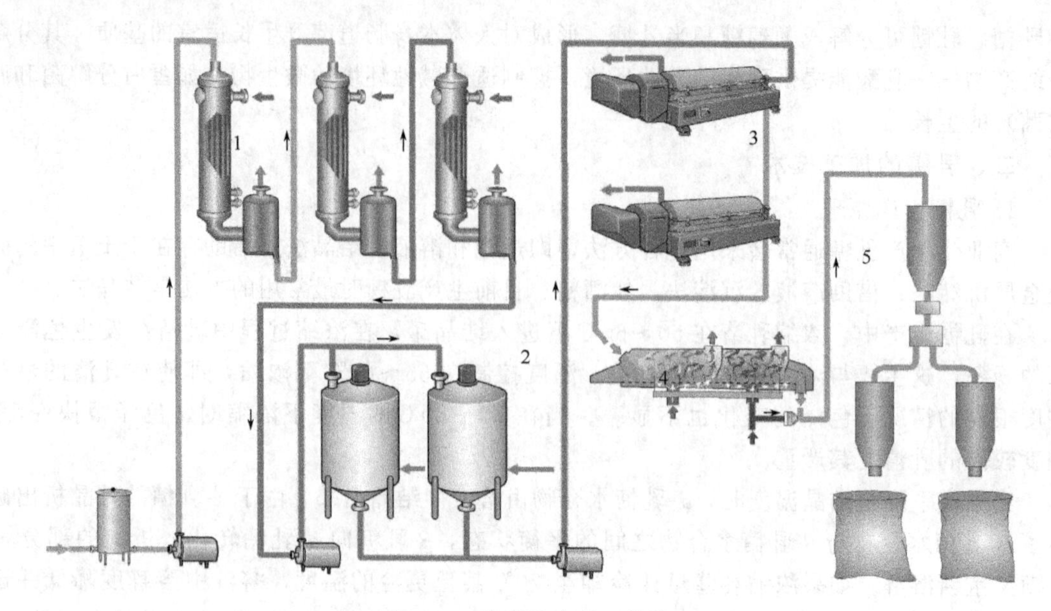

图 10-1 乳糖生产的工艺线

1—浓缩缸；2—结晶罐；3—笔式离心机；4—流化床；5—包装

晶的形成，因此，操作温度必须严格控制在 70℃以下。从含有可溶性乳清蛋白的浓缩乳清中回收乳糖，可以在一次结晶的工艺中提高乳糖得率。通常是将乳清浓缩到固形物含量为 58%～62%。这一过程中最好使用降膜蒸发器。蒸发过程能否顺利进行，在很大程度上取决于不溶性磷酸钙和柠檬酸钙盐在蒸发器中结垢的控制情况。为了尽量减少结垢而最大程度地延长操作时间，需要通过电渗析或离子交换的方法进行脱盐。

（2）滤过物的预处理　如果使用滤过物作为原料，那么通常要进行预处理以避免浓缩过程中过度结垢，并除去自然结晶的抑制物。这一点在使用酸乳清作为原料时尤其重要，主要是由于酸乳清中钙盐含量很高，目前已有工艺可将钙盐含量降低 80%。因为已经去除了蛋白质，可根据需要将产品温度升到 95℃。尽管晶体十分黏稠而且结晶的控制非常困难，浓缩产品仍可达到 65%固形物含量。

（3）结晶化　结晶过程关系到许多如下所示的重要因素：

① 溶液中乳糖的初始浓度；

② 开始结晶时溶液中的乳糖浓度；

③ 冷却的时间和温度；

④ 浓缩时的杂质标准；

⑤ 晶种的材料。

通过尽可能提高原始浓缩液的固体含量并尽量降低结晶后溶液（母液）的固体含量来增加产品的得率。

初始浓缩受到以下因素制约：

① 乳清类型（酸性或甜乳清）或者用渗透法制造的乳糖产品；

② 是否存在蛋白质；

③ 蒸发时可能的最大浓度；

④ 在冷却过程中对结晶进行控制时需要自然结晶和晶体生长之间的平衡。

这些因素的差异能够部分地解释不同的乳糖生产结晶时间不同（12～72h）的原因。

（4）分离 影响分离的重要因素有：①结晶的均一性；②黏性；③要求大量的清洗（混杂物）；④离心分离机的设计。

目前移出式离心分离机已经应用于工业化生产中，包括一系列的结晶化和连续地分离，能够自动完成排渣操作。应用移出式离心分离机结晶大小的分布能更好地得到控制。分离乳糖晶体时，清洗用水导入离心分离机有助于杂质的清除，这一步对于生产出高品质的乳糖产品来说是必要的。杂质包括钙的磷酸盐和柠檬酸盐，还有钾、钠的氯化物。晶体表面存在的杂质可以通过灰分含量来测定。

（5）精炼 在精制过程中，可使用活性炭进行脱色并能除去其它杂质。加入盐酸可以提高活性炭的效果、溶解盐类并有助于除去蛋白质，加入石灰可以将体系调节到蛋白质最容易沉淀的状态。通过过滤除去活性炭和不溶性杂质，可溶性杂质仍在母液和离心出来的晶体洗涤液中。

另外一个除去粗乳糖中的盐类杂质的方法是离子交换。如果粗乳糖是由脱蛋白脱盐的乳清滤过物生产的话，最终产品乳糖的纯度将会降低。

在精制中，经过处理的物料乳糖含量为30%，经过过滤器进行过滤，然后将澄清的滤液在单效蒸发器中浓缩到固形物含量约为70%，浓缩液的浓度可以由操作人员进行控制，乳糖晶体的结晶、离心分离、洗涤等过程与粗乳糖的制造过程相似。

（6）干燥 分离后的乳糖被干燥至含水量0.1%～0.5%，干燥温度不能超过93℃，否则会在高温时形成β-乳糖，干燥通常在流化床干燥器中进行，干燥温度为92℃，时间为15～20min，干燥后的乳糖以30℃的空气输送，以便在输送过程中将乳糖冷却。通常在干燥后，立即将结晶磨成粉末，进行包装。

三、乳糖的质量标准

1. 我国粗制乳糖的质量标准

粗制乳糖的质量标准应符合GB 5422—85的各项技术要求，适用于以乳清为原料，经结晶干燥等工序制成的粗制乳糖。

① 可作制备生物发酵制剂用乳糖和制造精制乳糖的原料。

② 粗制乳糖的质量以感官和化学指标来衡量。依据化学指标，可分为一级品和二级品。

③ 粗制乳糖的感官指标应符合表10-4的要求。

表10-4 乳糖的感官指标

项目	特征
滋味和气味	有乳糖特有的甜味，无酸味、焦糊味和臭味
颗粒状态	能过30目筛，呈结晶或粉状
色泽	呈淡黄色，不得有褐色
杂质	无任何机械杂质

表10-5 乳糖的化学指标 单位：%

项目	粗制乳糖	
	一级	二级
乳糖含量	90	85
氯化物含量	2.0	3.0
灰分含量	3.0	4.0
水分含量	2.0	2.5

④ 粗制乳糖的化学指标应符合表10-5的要求。

⑤ 粗制乳糖的微生物标准规定：产品不得含有致病菌。

2. 精制乳糖的质量标准

精制乳糖的质量标准应符合《中华人民共和国药典》（2005年版）的规定。

① 性状。本品为白色颗粒或粉末状结晶、无臭、味微甜。

② 比旋度。+52.0°～+53.6°。

③ 溶液的澄清度。溶液应澄清。

④ 蛋白质。取待测样 5.0g，加热水 25ml 溶解后，冷却至室温，加硝酸汞溶液 0.5ml，5min 内不得生成絮状沉淀。

⑤ 炽热残渣。不得超过 0.1%。

⑥ 重金属含量。不得大于 5mg/kg。

⑦ 酸度。pH 应在 4.0～7.0。

四、乳糖及其水解制品的应用

1. 乳糖在食品工业中的应用

长期以来，乳糖广泛应用于制药业和婴儿配方产品的生产，调整乳糖含量达到母乳中的乳糖含量（7%）。乳糖其它的主要用途包括：食品工业，尤其是糖果工业；发酵工业，作为一种技术性应用的基础原材料等。

乳糖已被广泛应用于多种食品中，如焙烤食品、啤酒、面包、面粉、糖果产品、水果罐头、可可产品、乳制品、饮料、汤料、调味料、冷冻甜点、冰淇淋、果汁、婴儿配方食品、速溶饮料、果酱、沙拉调味料、肉制品、腊肠、芥末、面条、辛辣味的调味料等。在汤料、沙司、速溶饮料、香辛料和肉制品中选用乳糖的原因是为了降低甜味、柔和口感、增强风味、延长货架期以及获得配料的价格优势。

由于乳糖具有还原性而且不能被面包酵母所发酵，所以乳糖在焙烤工业中具有独特的功用。添加乳糖可以增加面包表皮的焦化，使其色泽更为诱人；而且乳糖不能被发酵，因此在生产过程中加入乳糖，其功能性不会丧失。

在起酥油中加入乳糖可以提高乳化稳定性，从而产生均一的微孔结构和优良的质构。因此可以使得起酥油在小的机械力作用下就可以在体系中进行良好地分布。这一性质可以改善馅饼表层的口感，使其变得更加酥软，并且保证其延展性，防止起皱。在小馅饼和圈饼中添加乳糖可以更容易从模具中脱出，并且在焙烤过程中更好地保持形状。在啤酒生产过程中，因为乳糖不能被啤酒酵母发酵，所以可以适量添加来改善产品的口感。

乳糖也可以在粉类食品中作为填充剂。由于乳糖具有吸湿性，所以可用来吸收食品中的水分，将这些水分固化成为结晶水。其中一个例子是在食品颗粒表面喷涂液体香精和色素，然后将产品与乳糖混合，乳糖粉吸收水分在食品颗粒外形成胶囊。

2. 乳糖水解制品在食品中的应用

乳糖水解制品相比其它产品的优势是：提高乳糖吸收不良人群的耐受性，可改善食品功能性以及降低成本。乳糖水解物最大优势是能够代替蔗糖，水解产品的好处如下。

（1）乳糖水解产品的共有好处

① 乳糖吸收障碍者可以食用；

② 增加甜度，在不增加热量的情况下可减少或部分替代蔗糖。

（2）特殊的功能性优势

① 作为生产原料用于液态产品时，可明显改善冷冻和解冻的稳定性；

② 用于酸奶产品时，可缩短达到最终 pH 值的时间、增强风味、提高润滑感；

③ 用于干酪产品时，可缩短达到最终 pH 值时间、减少加热温度、增加成熟时间、提高凝固物坚固性、增强风味、更有弹性、缩短产霉时间、加快产霉；

④ 用于冰淇淋产品时，可减少沙砾感、软化产品、赋予产品良好的口感；

⑤ 冰品中使用水解乳清时，可改善冷冻和解冻的阻力。

(3) 水解牛奶可应用的范围 含酒精饮料、动物饲料、面包、浓缩牛乳、甜点、风味乳、风味酸乳、冷冻牛乳、冷冻酸牛乳、冰淇淋、酸牛乳、乳粉。

(4) 水解乳清和滤过物的应用方向 酒精、动物饲料、人造蜂蜜、啤酒、饮料、饼干馅、饼干、面包、蛋糕、饴糖、干酪风味替代品、咀嚼口香糖、巧克力坚果、肉糜制品、糖果、甜点、发酵香肠、风味酸乳、果汁饮料、冷冻甜点、酸乳和冷冻酸乳、冰淇淋、人造棕色果酱、肝脏腊肠、面粉糕饼、抗坏血酸产品、赖氨酸产品、苏氨酸产品、布丁、意大利腊肠、乳清干酪、红酒。这些用途主要分为两类：首先是利用其糖浆的甜度，其次是将水解的乳糖作为进一步发酵的底物。

第三节 乳清粉的加工

一、乳清概述

乳清是用酸法或酶法形成凝乳后从其中排出的水质部分，它的成分随干酪或酪蛋白（干酪素）的加工方法不同而变化。

1. 乳清的营养成分

乳清习惯上分为甜乳清，滴定酸度0.10%～0.20%，pH值5.8～6.6；酸乳清，滴定酸度>0.40%，pH<5.0。两者的营养成分见表10-6。

表10-6 乳清的营养组成成分 单位：%

成分	甜乳清		酸乳清
	干酪乳清	干酪素乳清	
固形物	6.4	6.5	6.5
水	93.6	93.5	93.5
脂肪	0.05	0.04	—
蛋白	0.55	0.55	0.04
非蛋白氮	0.18	0.18	—
乳糖	4.8	4.9	4.9
矿物质	0.5	0.8	0.8
钙	0.043	0.12	—
磷	0.04	0.06	—
钠	0.05	0.05	—
钾	0.16	0.16	—
氯	0.11	0.11	—
乳酸	0.05	0.4	0.4

(1) 乳清蛋白质 与血浆蛋白质相近似，属于全价蛋白质。含有组成蛋白质的全部20种氨基酸，除含硫氨基酸含量稍低之外，其它几种必需氨基酸的含量均较高，与FAO规定的氨基酸标准模式相比，能满足人体氨基酸平衡的需要。

(2) 乳糖 可为机体提供能量，还有多种营养与保健功能：乳糖中的半乳糖是形成脑苷脂与黏多糖膜——脑膜重要组成成分的重要来源；乳糖中的葡萄糖经异构化作用转变成异构化半乳糖，可促进肠中双歧杆菌及革兰氏阳性菌群的生长，这些菌群对人体的营养、代谢调节及防病保健等方面具有多种生理功能。

(3) 维生素与矿物质 牛奶中的维生素与无机盐几乎全部转入乳清中，因此乳清中含有人体代谢必需的多种维生素与30多种微量或超微量成分。乳清矿物质具有最完全的营养功能。

2. 乳清的功能性成分

乳清蛋白的功能性成分为：β-乳球蛋白约占48%，α-乳白蛋白约占19%，血清白蛋白约占5%，免疫球蛋白约占8%，其它组分包括乳铁蛋白、乳过氧化酶、生长因子和许多生物活性因子及酶类。研究证实这些物质均具增强免疫力、促进双歧杆菌生长、降低癌症发病率等功能。乳清蛋白中还含有半胱氨酸和蛋氨酸，能维持体内的抗氧化剂水平，并被认为在细胞分裂期间可以稳定DNA。近年来，一些国家在乳清加工利用方面已有较大的发展，主要是将乳清加工成浓缩乳清、乳清粉、乳清膏、乳清蛋白浓缩物、乳清蛋白粉等，供人类食用或供禽畜饲用，这对于提高产品质量、降低成本，增加企业经济效益及防止环境污染均具有重要的意义。

二、乳清粉的种类和质量标准

1. 乳清粉的种类

乳清粉是传统的乳清加工制品，其生产过程基本上和乳粉生产相同。根据其加工方法的不同，乳清粉可体现不同特性。基本分为四类：甜性乳清粉、酸性乳清粉、脱盐乳清粉、低乳糖乳清粉，其化学组成见表10-7。

表10-7 不同乳清粉的组成成分 单位：%

典型组成	蛋白质	灰分	乳糖	水分	脂肪
甜性乳清粉	11.0～14.5	8.2～8.8	63.0～75.0	3.5～5.5	1.0～1.5
酸性乳清粉	11.0～13.5	9.8～12.3	61.0～70.0	3.5～5.0	0.5～1.5
低乳糖乳清粉	18.0～24.0	3.0～4.0	11.0～22.0	1.0～4.0	52.0～58.0
脱盐乳清粉	11.0～15.0	1.0～7.0	70.0～80.0	3.0～4.0	0.5～1.8

(1) 甜性乳清粉　从生产硬质干酪、半硬质干酪、软干酪和凝乳酶干酪素获得的副产品乳清称为甜乳清，甜性乳清粉常应用于乳品、焙烤食品、休闲食品、糖果和其它食品中，作为经济的乳固形物来源：如在高温蒸煮和焙烤中强化色泽的形成；在冰淇淋和冷冻甜点中，有助于形成稳定的泡沫并提高搅打效果。

(2) 酸性乳清粉　盐酸法沉淀制造干酪素而得到酸性乳清粉，其pH值为4.3～4.6。酸性乳清粉最适合用于强化奶油沙拉配料的风味和色泽，其结合水的作用和乳化作用在沙司和调味料中很明显。

(3) 低乳糖乳清粉　是从乳清中选择性去除乳糖而制成的。干燥产品中乳糖含量不超过60%。分离乳糖是通过采用物理分离技术，如沉淀、过滤或者渗析来完成。

低乳糖乳清的酸度可以通过添加安全而温和的中和剂来调节。低乳糖乳清粉能够提供理想的中性风味，并增加乳化稳定性，可在产品中形成均匀的分布。

(4) 脱盐乳清粉　是从巴氏杀菌乳清中去掉一部分矿物质而制得的。通常脱盐率50%、75%、90%。干粉中灰分含量不超过7%。生产脱盐乳清粉可采用物理分离技术，如沉淀、过滤和渗析来完成。脱盐乳清的酸度可以通过安全的中和剂来调节。脱盐乳清粉具有矿物质含量低、溶解度高、含乳清蛋白和丰富的乳糖等特性，常应用于乳制品、焙烤制品、糖果和营养食品等，尤其适用于婴儿食品的生产，可满足该类食品的高乳糖和低盐含量的要求。也可作为经济的乳固形物来源。

(5) 乳清浓缩蛋白　又称乳清蛋白浓缩物。乳清浓缩蛋白制品WPC系列通常包括

WPC34、WPC50、WPC60、WPC75、WPC80，数字代表制品中蛋白质最低的含量。另外还有乳清分离蛋白（WPI）是指从乳清中完全去除非蛋白质成分，最终制得的干燥产品中蛋白质的含量不低于90%的乳清蛋白制品，其组成如表10-8所示。

表10-8　不同乳清蛋白制品的典型组成　　单位：%

产　品	蛋白质	乳　糖	脂　肪	灰　分	水　分
WPC34	34～36	48～52	3.0～4.5	6.5～8.0	3.0～4.5
WPC50	50～52	33～37	5.0～6.0	4.5～5.5	3.5～4.5
WPC60	60～62	25～30	1.0～7.0	4.0～6.0	3.0～5.0
WPC75	75～78	10～15	1.0～9.0	4.0～6.0	3.0～5.0
WPC80	80～82	4.0～8.0	1.0～6.0	3.0～4.0	3.5～4.5
WPI	90～92	0.5～1.0	0.5～1.0	2.0～3.0	4.5

2. 乳清粉的质量标准

参考《乳清粉卫生标准》(GB11674—2005)。

（1）感官要求　乳清粉应具有均匀一致的色泽，具有乳清粉固有的滋味和气味，不得有异味；组织状态为干燥均匀的粉末状产品，无结块，无肉眼可见杂质。

（2）理化指标　脱盐乳清粉的各项理化指标要求见表10-9。

表10-9　脱盐乳清粉的理化指标

项　目	脱盐乳清粉	非脱盐乳清粉	项　目	脱盐乳清粉	非脱盐乳清粉
蛋白质含量(g/100g)	12	10	铁含量(Fe)(mg/kg)		
脂肪含量(g/100g)	1.2	2.0	喷雾干燥	0.12	20
水分含量(g/100g)	3.0	5.0	滚筒干燥	3.0	50
酸度(以乳酸计)/°T	0.12	—	总砷含量(以 As 计)(mg/kg)	0.5	0.5
灰分含量(g/100g)	3.0	15	铅含量(mg/kg)	0.3	1.0

3. 乳清粉的卫生指标

脱盐乳清粉的各项卫生指标见表10-10。

表10-10　脱盐乳清粉的卫生指标

项　目	指　标	项　目	指　标
大肠菌群/(MPN/100g)	≤40	霉菌和酵母数/(cfu/g)	≤50
菌落总数/(cfu/g)	≤20000	致病菌	不得检出

三、普通乳清粉的加工技术

1. 普通乳清粉的生产工艺流程

生产工艺流程如下。

2. 技术要点

（1）浓缩前的预处理　为了使产品具有良好的感官特性和贮存稳定性，对乳清进行预处理是必不可少的。

① 净化。从干酪或干酪素生产中得到乳清时，会混杂少量的凝乳。这不但会引起热交换管道的阻塞或超滤和反渗透膜的破坏性聚合，而且会影响产品的溶解性和最终产品的风味。乳清的净化通常通过沉淀、过滤、离心或者单独使用离心（旋转式过滤器）来完成。

② 分离脂肪。除了用脱脂乳制得的干酪以外，大多数干酪生产中得到的乳清都具有较高的脂肪含量，可通过乳清稀奶油收集器进行分离和收集，如图 10-2 所示。从干酪生产中得到的乳清至少还剩余 0.06%的脂肪。

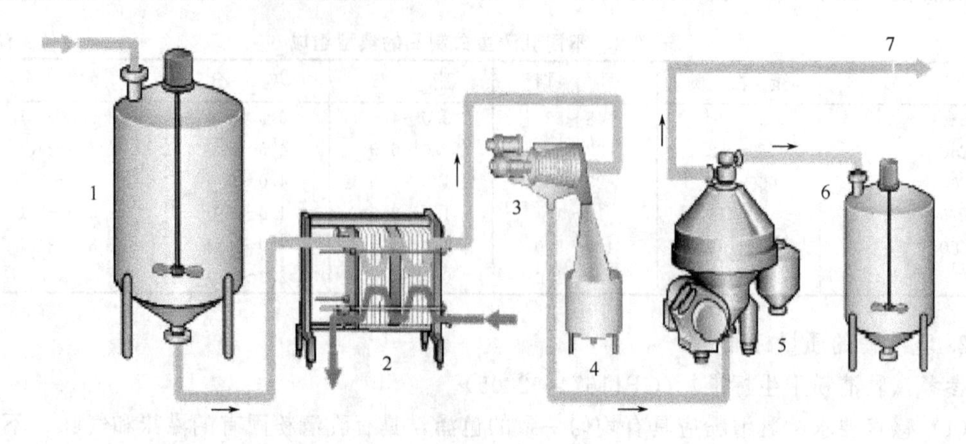

图 10-2 乳清的预处理过程

1—乳清收集缸；2—板式换热器；3—旋转式过滤器；4—颗粒收集器；5—乳清的稀奶油收集器；6—乳清稀奶油缸；7—乳清进一步处理

(2) 冷却和巴氏杀菌　需贮存一段时间才加工的乳清，在脱脂处理之后，必须直接冷却或进行巴氏消毒，杀菌条件应当是 72～75℃、15～20s。如果短时间贮存（如 10～15h），只需冷却即可，以降低细菌的生长活性。

(3) 蒸发　乳清浓缩一般采用双效或多效降膜式蒸发器在真空下进行。将乳清和去蛋白乳清浓缩至固形物含量为 40%～60%后，用板式换热器将浓缩液迅速冷却到 30℃，再打到三层夹套罐，进一步冷却到 15～20℃。与此同时，为了获得尽可能小的乳糖结晶，要不停地搅拌 6～8h，这样乳糖结晶干燥后不易吸湿。

(4) 乳清的干燥

① 乳清的结晶。通过对乳糖微粒进行研究表明，在 30℃左右用闪蒸冷却浓缩可以有效控制结晶。其意义在于产生最大数量的微小晶体以得到最大的晶体表面积，从而快速有效地结晶。冷却到 30℃以后一边搅拌一边尽快加入水合 α-乳糖，每小时降低 3℃直到温度达到 10℃，最终得到的晶体直径大小为 20～30μm，最大的晶体也不会超过 50μm。结晶率完全受浓缩物黏度系数的影响，因此乳清的预处理以及浓缩物的黏度，都有可能成为乳清蛋白变性的原因。

② 乳清的干燥。在设计与工厂操作时，需要考虑的两个重要的问题是：在乳清的整个干燥过程中的经济因素以及最终产品的性质。由于溶解性的限制，乳清在即将干燥之前最多只能被浓缩到 42%～45%的固体含量。干燥器中粉体的分散性有赖于管口的高压或喷雾器的旋转片。为了避免吸湿的乳清粉沉淀堆积，应当保证干燥器有 180℃左右的进口温度和出口温度。

乳清干燥基本与牛乳的干燥方法相同，即用滚筒干燥器和喷雾干燥器（图 10-3）进行干燥。使用滚筒干燥器存在的一个问题，很难从滚筒表面刮落干燥的乳清层，因此可以用小麦麸皮作为填料。在干燥前混入乳清中，使干燥的产品容易滑落下来。乳清喷雾干燥是目前使用最广泛的干燥方法。在干燥前，浓缩乳清通常要经过高温处理，以使乳糖结晶度为细小的颗粒，因为这样可以使产品不吸潮，产品不会吸收水分而结块。

a. 直流速溶系统。最后的干燥是在振动的流化床上，先利用周围空气稳定附聚物，再

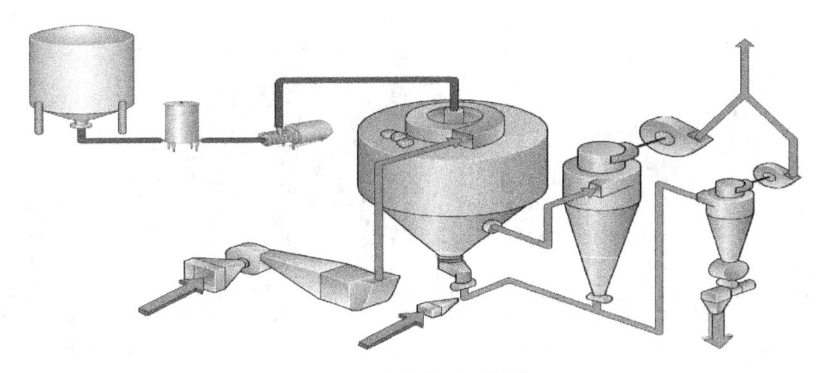

图 10-3　乳清喷雾干燥装置

用 100℃的进口温度干燥，最后用 10～11℃的干燥空气冷却乳清粉。从干燥室和流化床出来的物料被收集至喷雾地带完成附聚过程，不仅可以减少含尘度，还能提高乳清粉的流动性和分散性。无论是酸性乳清粉还是甜性乳清粉都能用上述方法进行干燥，但是酸性乳清粉在干燥前应先用氧化钙中和。

b. 快速结晶。结晶后的乳清浓缩物按照上述方法进入干燥器，但是从干燥器中出来的乳清粉含有 12%～14%的水分。这些潮湿的粉在乳糖结晶之前被收集在传送带上，然后迅速转至振动的流化床上进行最终的干燥。由于 85%～95%的乳糖被结晶，经过这种方式处理干燥的乳清粉具有不结块性。

c. 综合流化床。这是将上述两段式系统的优点综合在同一个干燥器的工艺。将传统的干燥室底部设置了一个固定的流化床（图 10-4），在干燥器的底部的多孔板上收集的乳清粉受附聚过程的影响。该系统的优点是出口温度较低，既能够提高产品的质量又能降低成本。乳清浓缩物在干燥室的顶部被雾化，然后被收集在干燥室底部的传送带上，再被结晶和附聚，最后干燥。

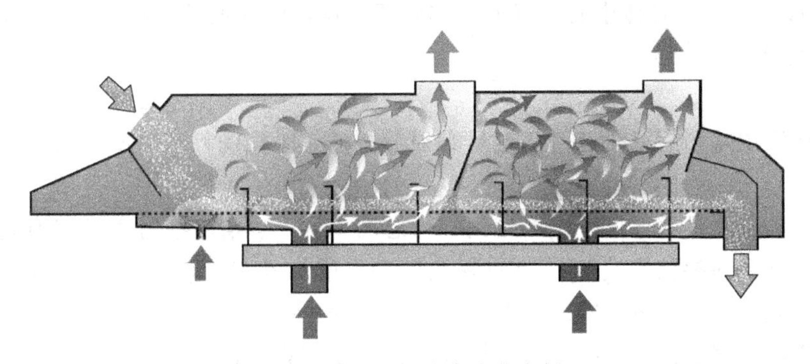

图 10-4　乳清干燥综合流化床剖面

四、脱盐乳清粉的加工技术

牛乳中含有大量的矿物质，平均每升牛乳中含有 7.3g 矿物质，通常的加工方式会使大量的矿物质残留在乳清中，因此必须通过脱盐技术来去除矿物质以扩大乳清的应用范围。经脱盐处理后的乳清生产的乳清粉味道、蛋白质的质量、稳定性、营养价值等都较好，常用于制造婴儿食品或母乳化乳粉。

乳清的脱盐方式主要有离子交换、电渗析、沉积法以及反渗透法等，离子交换是目前脱盐技术中最成熟的加工方式，可以去除乳清中绝大多数的矿物质。以下主要介绍一下离子交换法生产脱盐乳清粉，离子交换设备流程见图 10-5。

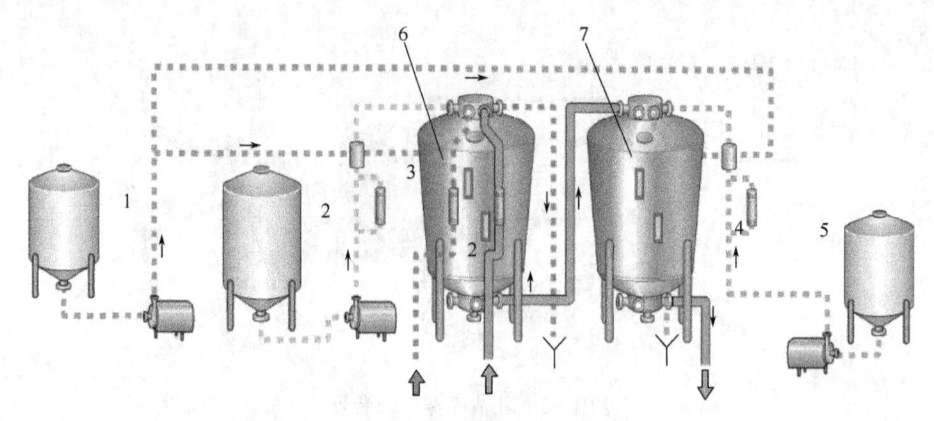

图 10-5 乳清脱盐的离子交换设备

1—消毒缸；2—HCl 缸；3—阳离子缸；4—阴离子缸；
5—NaOH 缸；6—流量表；7—探视孔

1. 反应过程及循环操作

在乳清的脱盐方面应用离子交换树脂的选择并不多，柱系统是应用最多的一种。在这种柱系统中，每种树脂被放在一个柱子中，或者几种树脂被放在一个混合柱中。

最简单的系统是连续搅拌槽反应器。在这种反应器中仅有一种平衡存在，因此树脂对于离子具有极强的亲和力。这种系统最主要的问题是树脂的磨损，它会导致运转困难。然而搅拌槽反应器可以迅速容纳含有悬浮固体的进料，如乳清等。

柱系统可以在不同的设备配置中操作，影响柱系统设计的重要因素有 3 点。

① 柱的规格。应有正确的高度与直径的比例，以防止液体的沟道效应及对树脂的过大压力（即避免树脂磨损）等。

② 柱的液压系统；柱体中有良好的液体配置；操作时较低的下降压力。

③ 细菌控制。

2. 工艺参数

当进行乳清脱盐和超滤时以下几点是必须考虑的：脱盐的程度、原料的种类和情况、乳清的类型等。

95%以上的乳清是通过离子交换达到的。总的来说，乳清脱盐时离子交换装置的流量不变，通过调节支路的参数来达到预期的脱盐程度。增加支路能使最终产品的矿物质均匀分配，并减少在配料和洗脱过程中的蛋白质及乳糖的损失。

原料乳清的物理条件是影响离子交换效率的重要因素。许多操作时产生的问题都是由于离子交换之前没有充分去除附聚物而引起的。这些附聚物可能是酪蛋白或干酪凝聚物，也有可能是原料乳清预处理的产物。通常提高离子交换前原料乳清的浓度有利于乳清的脱盐，但提高浓度可以减少处理量却不能减少脱盐负荷。随着溶液浓度的增加，离子交换系统的选择性越来越倾向于单价离子。然而非矿物质组分的浓度增加会引起这些组分的损失。例如，浓缩后的溶液会增加树脂对蛋白质的吸收。一般来说，乳清的来源并不会影响脱盐乳清中矿物质的分布情况，但是酸乳清的脱盐负荷会比较高。

3. 操作难点

脱盐过程中必须进行离子交换器复原操作，以重复利用，降低成本。离子交换系统操作有下述 3 个难点。

（1）物理方面 树脂颗粒在实际操作中要受到很强的压力而受到破碎磨损，如在装载循环中工艺参数的变化、回流冲洗、再生以及漂洗等。在这些装载循环中，树脂受到溶液渗透压冲击、泵送压力以及温度变化的影响。所有这些因素都有可能导致颗粒性能的损失，甚至在最终产品中出现一些不希望看到的颗粒物质。

（2）化学方面 在离子交换过程遇到的最普遍问题是生产各个阶段可以引入化学污垢。原料乳清在浓度较低的情况下含有许多有机物质，它们将通过牛乳或者操作时的卫生消毒剂带入配料中，这种情况在干酪生产或酪蛋白生产中时常发生。

阴离子树脂的污垢大多数是由有机组分引起的，而阳离子树脂的污垢大多数是由无机组分引起的。有机物引起的结垢现象主要是因为有机物颗粒比较大，在树脂槽中的分散速度比较慢，有可能发生不可逆结合。

由无机离子引起阳离子树脂的结垢现象的原因是铁、锰、铜、硫酸钙等沉淀会导致表面结垢和树脂损耗。无机物二氧化硅沉淀也会引起阴离子树脂的结垢。

（3）非矿物质成分的损失 在操作期间，从树脂结构中缓慢泄漏有机物质的原因涉及苯乙烷（体现为不完全聚合的绝缘体），有机物质在其运行期间缓慢离开这些绝缘体。为此，厂家设计出了一些特殊级别的离子交换树脂。在这些产品中，应当特别注意聚合反应的控制。

为了降低离子交换器复原的消耗，达到一种良好的脱盐设备的排水状况，现已有一种可替代离子交换器的工艺，读者可参阅相关文献。

【本章小结】

本章重点介绍了干酪素、乳糖、乳清粉三种生产量大、产值高、对于乳品行业重要性强的加工技术、质量标准和在食品工业中的应用。干酪素是以利用脱脂乳为原料，在皱胃酶或酸的作用下生产酪蛋白凝聚物，经洗涤、脱水、粉碎、干燥生产出的产品。其中主要成分是酪蛋白。按制取的方法不同，干酪素的生产分为酸法和酶法两种。在工业生产的干酪素，大部分是以酸法生产的。尽管食用干酪素的用量逐年增加，全世界生产的干酪素中仅有约15%供食用。在工业上，干酪素主要用于纸面涂布、塑胶、黏着剂和生产酪蛋白纤维。干酪素与碱反应生产强力黏接剂，制造干酪素涂料，皮革工业、医药工业也使用干酪素，用途很广。干酪素在国际上一般分为三级，即适合食用或特级、一级、二级品。干酪素质量控制的关键是控制好脂肪和灰分的含量，一般干酪素成品含脂肪越低质量越好；灰分含量与干酪素的物理特性有密切关系，灰分含量越低溶解度越高，结着力越强。

乳糖是乳中最主要的一种碳水化合物。乳糖在溶液中全部以溶解状态存在，是乳中含量最稳定的一种成分。不同哺乳动物乳汁中的乳糖含量是有差别的。乳糖的主要化学性质包括水解、氧化还原、非酶褐变、乳糖发酵等。对于乳糖应用有重要作用的是其溶解性。目前生产乳糖时最常用的方法是过饱和溶液结晶法。乳糖和乳糖水解物在食品工业中用途广泛。

乳清是生产干酪或干酪素时，用酶或酸把牛奶中的酪蛋白凝固分离后剩下的副产品，是一种总固体含量在6.0%～6.5%的透明的浅黄色液体，固形物占原料乳总干物质的一半。牛乳乳清中所含蛋白质约为牛乳蛋白质的20%，牛乳中的乳糖、矿物质及多种维生素几乎全部留在乳清中，因此，乳清具有很高的生物学价值与良好的功能特性。按其特性的不同，可基本分为四大类：甜性乳清粉、酸性乳清粉、脱盐乳清粉、低乳糖乳清粉。乳清粉中提取的乳清蛋白是被广泛的应用于食品工业中。乳清的脱盐方式主要有离子交换、电渗析、沉积法以及反渗透法等，离子交换是目前脱盐技术中最成熟的加工方式。

【复习思考题】

1. 试比较酸法生产干酪素和酶法生产干酪素的优缺点。
2. 乳糖生产过程中，乳糖的结晶受哪些因素的影响？
3. 乳清粉的加工技术中，离子交换法生产脱盐乳清粉加工技术要点和难点分析。

第十一章　乳品加工实验与实训项目

实训一　牛乳新鲜度检验

一、感官检验

（一）实训目的

掌握鲜乳感官检验的方法。

（二）实训原理

正常牛乳呈乳白色或稍带微黄色；具有特殊的乳香味，无其它异味，呈均匀的胶态流体。无沉淀、无凝块、无杂质、不黏滑。通过此判定依据来检验牛乳的新鲜程度。

（三）实训方法和步骤

1. 色泽检查　将少许乳倒入白瓷皿中观察其颜色。

2. 气味检查　将乳加热后，闻其气味。

3. 滋味检查　取少量用口尝之。

4. 组织状态检查　将乳倒入小烧杯中静置 1h，然后小心将其倒入另一小烧杯内，细心观察第一个杯底部有无沉淀和絮状物，再取 1 滴于大拇指上，检查是否黏滑。

二、相对密度的测定

（一）实训目的

1. 掌握测定相对密度的原理和方法。

2. 了解测定相对密度对原料乳的实际意义。

（二）实训原理

利用乳稠计在乳中的浮力与重力平衡的原理。

（三）主要器材及试剂

乳稠计（20℃/4℃或 15/15℃）、温度计、250ml 量筒。

（四）实训方法和步骤

1. 将牛乳充分混匀，取样 200ml，沿量筒壁徐徐注入量筒中，避免产生气泡。

2. 用手拿住乳稠计上部，将乳稠计沉入乳样，使其沉入到刻度 30°处，放手使其在乳中自由浮动（勿使重锤接触量筒壁）。

3. 静置 1～3min 后读取牛乳液面的刻度，以牛乳凹液面下缘为准。

4. 用温度计测乳温。

5. 测定值的校正。

用 15℃/15℃乳稠计测量时，若温度不是 15℃，可查牛乳温度换算表（表 11-1），将乳稠计读数换算成 15℃时的相对密度。

用 20℃/4℃乳稠计测量时，若乳温不是 20℃，其测定值的校正可用计算法和查表法进行。

① 计算法。温度每升高或降低 1℃，乳稠计刻度上减小或增加 0.0002（即 0.2℃）。可按下式计算：

$$乳的相对密度=1+\frac{乳稠计刻度读数+(乳样温度-标准温度)\times 0.2}{1000}$$

② 查表法。根据乳温度和乳稠计读数，查牛乳温度换算表（表 11-2），将乳稠计读数换算成 20℃时的相对密度。

表 11-1　乳稠计为 15℃ 时的刻度换算表

乳稠计读数	鲜乳温度/℃														
	8	9	10	11	12	13	14	15	16	17	18	19	20	21	22
	换算为 15℃时牛乳乳稠计读数														
15	14.2	14.3	14.4	14.5	14.6	14.7	14.8	15.0	15.1	15.2	15.4	15.6	15.8	16.0	16.2
16	15.2	15.3	15.4	15.5	15.6	15.7	15.8	16.0	16.1	16.3	16.5	16.7	16.9	17.1	17.3
17	16.2	16.3	16.4	16.5	16.6	16.7	16.8	17.0	17.1	17.3	17.5	17.7	17.9	18.1	18.3
18	17.2	17.3	17.4	17.5	17.6	17.7	17.8	18.0	18.1	18.3	18.5	18.7	18.9	19.1	19.5
19	18.2	18.3	18.4	18.4	18.6	18.7	18.8	19.0	19.1	19.3	19.5	19.7	19.9	20.1	20.3
20	19.1	19.2	19.3	19.4	19.5	19.6	19.8	20.0	20.1	20.3	20.5	20.7	20.9	21.1	21.3
21	20.1	20.2	20.3	20.4	20.5	20.6	20.8	21.0	21.2	21.4	21.6	21.8	22.0	22.2	22.4
22	21.1	21.2	21.3	21.4	21.5	21.6	21.8	22.0	22.2	22.4	22.6	22.8	23.0	23.2	23.4
23	22.1	22.2	22.3	22.4	22.5	22.6	22.8	23.0	23.2	23.4	23.6	23.8	24.0	24.2	24.4
24	23.1	23.2	23.3	23.4	23.5	23.6	23.8	24.0	24.2	24.4	24.6	24.8	25.0	25.2	25.5
25	24.0	24.1	24.2	24.3	24.5	24.6	24.8	25.0	25.2	25.4	25.6	25.8	26.0	26.2	26.4
26	25.0	25.1	25.2	25.3	25.5	25.6	25.8	26.0	26.2	26.4	26.6	26.9	27.1	27.3	27.5
27	26.0	26.1	26.2	26.3	26.4	26.6	26.8	27.0	27.2	27.4	27.6	27.9	28.1	28.4	28.6
28	26.9	27.0	27.1	27.2	27.4	27.6	27.8	28.0	28.2	28.4	28.6	28.9	29.2	29.4	29.6
29	27.8	27.9	28.1	28.2	28.4	28.4	28.8	29.0	29.2	29.4	29.6	29.9	30.2	30.4	30.6
30	28.7	28.9	29.0	29.2	29.4	29.6	29.8	30.0	30.2	30.4	30.6	30.9	31.2	31.4	31.6
31	29.7	29.8	30.0	30.2	30.4	30.6	30.8	31.0	31.2	31.4	31.6	32.0	32.2	32.5	32.7
32	30.6	30.8	31.0	31.2	31.4	31.6	31.8	32.0	32.2	32.4	32.7	33.0	33.3	33.6	33.8
33	31.6	31.8	32.0	32.2	32.4	32.6	32.8	33.0	33.2	33.4	33.7	34.0	34.3	34.7	34.8
34	32.5	32.8	33.0	33.1	33.3	33.7	33.8	34.0	34.2	34.6	34.7	35.0	35.3	35.6	35.9
35	33.6	33.7	33.8	34.0	34.2	34.4	34.8	35.0	35.2	35.4	35.7	36.0	36.3	36.6	36.9

表 11-2　乳稠计为 20℃ 时的刻度换算表

乳稠计读数	鲜乳温度/℃															
	10	11	12	13	14	15	16	17	18	19	20	21	22	23	24	25
	换算为 20℃时牛乳乳稠计读数															
25	23.3	23.5	23.6	23.7	23.9	24.0	24.2	24.4	24.6	24.8	25.0	25.2	25.4	25.5	25.8	26.0
26	24.2	24.4	24.5	24.7	24.9	25.0	25.2	25.4	25.6	25.8	26.0	26.2	26.4	26.6	26.8	27.0
27	25.1	25.3	25.4	25.6	25.7	25.9	26.1	26.3	26.5	26.8	27.0	27.2	27.5	27.7	27.9	28.1
28	26.0	26.1	26.3	26.5	26.6	26.8	27.0	27.3	27.5	27.8	28.0	28.2	28.5	28.7	29.0	29.2
29	26.9	27.1	27.3	27.5	27.6	27.8	28.0	28.3	28.5	28.8	29.0	29.2	29.5	29.7	30.0	30.2
30	27.9	28.1	28.3	28.5	28.6	28.8	29.0	29.3	29.5	29.8	30.0	30.2	30.5	30.7	31.0	31.2
31	28.8	29.0	29.2	29.4	29.6	29.8	30.0	30.3	30.5	30.8	31.0	31.2	31.5	31.7	32.0	32.2
32	29.8	30.0	30.2	30.4	30.6	30.7	31.0	31.2	31.5	31.8	32.0	32.3	32.5	32.8	33.0	33.3
33	30.7	30.8	31.1	31.3	31.5	31.7	32.0	32.2	32.5	32.8	33.0	33.3	33.5	33.8	34.1	34.3
34	31.7	31.9	32.1	32.3	32.5	32.7	33.0	33.2	33.5	33.8	34.0	34.3	34.4	34.8	35.1	35.3
35	32.6	32.8	33.1	33.3	33.5	33.7	34.0	34.2	34.5	34.7	35.0	35.3	35.5	35.8	36.1	36.3
36	33.5	33.8	34.0	34.3	34.5	34.7	34.9	35.2	35.5	35.7	36.0	36.2	36.5	36.7	37.0	37.3

三、酒精试验

（一）实训目的

1. 掌握酒精试验的原理和方法。

2. 了解测定酒精稳定性的实际意义。

（二）实训原理

一定浓度的酒精能使高于一定酸度的牛乳蛋白质产生沉淀。乳中蛋白质遇到同一浓度的酒精，其凝固现象与乳的酸度成正比，即凝固现象越明显，酸度越大。乳蛋白质遇到浓度高的酒精，易于凝固。

乳中酪蛋白胶粒带有负电荷，具有亲水性，在胶粒周围形成结合水层。所以酪蛋白在乳中以稳定的胶体存在。当乳中酸度增高时，酪蛋白胶粒带有的负电荷被 H^+ 中和。同时，酒精具有脱水作用，浓度越大，脱水作用越强。酪蛋白胶粒周围结合水层易被酒精脱水而发生凝固。

（三）主要器材及试剂

1～2ml 吸管，10ml 玻璃试管，68％、70％、72％的酒精。

（四）实训方法和步骤

1. 取试管 3 支，编号（1、2、3 号），分别加入同一乳样 1～2ml。

2. 三个试管分别加注入等量的 68％、70％、72％的酒精，混合摇匀。

3. 观察有无絮片出现。确定乳的酸度（表 11-3）。不出现絮片的牛乳为酒精试验阴性，表示其酸度较低；而出现絮片的牛乳为酒精试验阳性，表示其酸度较高。

表 11-3　酒精浓度与酸度关系

酒精浓度/％	不出现絮片的酸度
68	20°T 以下
70	19°T 以下
72	18°T 以下

注：试验温度以 20℃为标准。

四、滴定酸度的测定

（一）实训目的

1. 掌握测定酸度的原理和方法。

2. 了解测定酸度的实际意义。

（二）实训原理

乳挤出后在存放过程中，由于微生物活动，分解乳糖产生乳酸，而使乳的酸度升高。测定乳的酸度，可判断乳是否新鲜。乳的滴定酸度常用吉尔涅尔度（°T）和乳酸度（乳酸％）表示。

吉尔涅尔度（°T）是以中和 100ml 乳中的酸，消耗 0.1mol/L 的 NaOH 的体积（ml）表示。乳酸度（乳酸％）是指乳中乳酸的百分含量。

（三）主要器材及试剂

1. 仪器：25ml 碱式滴定管、滴定架、150ml 三角瓶、10ml 吸管。

2. 试剂：0.5％酚酞指示剂、0.1mol/LNaOH 标准溶液。

（四）实训方法和步骤

精确吸取 10ml 乳样，注入 150ml 三角瓶中，加入 20ml 新煮沸冷却后的蒸馏水，再加 1～2 滴酚酞指示剂，混匀。用已标定的 0.1mol/L NaOH 标准溶液滴定至粉红色，并在 30s 内不褪色为止。记录所消耗的 NaOH 的体积（ml）。

（五）计算

$$酸度(°T)=\frac{10\times V\times c}{0.1000}$$

式中 V——样品消耗 0.1mol/L NaOH 标准溶液的体积，ml；

c——实际标定的 0.1mol/L NaOH 标准溶液的浓度，mol/L。

$$乳酸度=酸度(°T)\times 0.009(\%)$$

式中 0.009——乳酸换算系数。

即 1ml 0.1mol/L NaOH 相当于 0.009g 乳酸。

五、煮沸试验

（一）实训目的

1. 掌握煮沸试验的原理和方法。

2. 了解煮沸试验的实际意义。

（二）实训原理

乳的酸度越高，乳中蛋白质对热的稳定性越低，越易凝固。根据乳中蛋白质在不同温度凝固的特征，可判断乳的新鲜度。

（三）主要器材及试剂

10ml 吸管、试管、水浴箱。

（四）实训方法和步骤

取 10ml 乳于试管中，置于沸水浴中 5min，取出观察管内有无絮片出现或发生凝固现象。

（五）实训结果与评价

判定标准：如果产生絮片或发生凝固，则表示不新鲜，酸度大于 26°T。

实训二 异常乳的检验

一、实训目的

掌握成分、病理异常乳的检验方法和检测技术。

二、实训内容

异常乳是指向乳中加入某些物质，以改变乳的性状的掺假乳及乳房炎乳（不包括生理异常乳）。如为降低酸度而添加碱性物质，为便于贮存而添加防腐剂或抗生素，以及为增加重量而掺水、淀粉或豆浆等。对此必须进行严格检查和卫生监督。

（一）乳中碳酸钠的检验

1. 实训原理 鲜乳保藏不好时酸度往往升高，加热煮沸时会发生凝固。为了避免被检出高酸度乳，有时向乳中加碱。感官检查时对色泽发黄，有碱味，口尝有苦涩味的乳应进行掺碱检验。常用溴麝香草酚蓝定性法。溴麝香草酚蓝的 pH 范围为 6.0～7.6，遇到加碱而呈碱性的乳，其颜色由黄色（亦即棕黄色）变为蓝色。

2. 主要器材及试剂 5ml 吸管 2 支、试管 2 个、试管架 1 个、0.04%的溴麝香草酚蓝酒精溶液。

3. 实训方法和步骤 取被检乳样 3ml 注入试管中，然后用滴管吸取 0.04%溴麝香草酚蓝溶液，小心地沿试管壁滴加 5 滴，使两液面轻轻地互相接触，切勿使两溶液混合，放置在试管架上，静置 2min，根据接触面出现的色环特征进行判定，同时以正常乳作对照。

4. 实训结果与评价 见表 11-4。

表 11-4　碳酸钠检出判定标准表

乳中碳酸钠的浓度/%	色环的颜色特征	乳中碳酸钠的浓度/%	色环的颜色特征
0	黄色	0.1	青绿色
0.03	黄绿色	0.7	淡青色
0.04	淡绿色	1.0	青色
0.05	绿色	1.5	深青色
0.07	深绿色		

5. 注意事项　溴麝香草酚蓝指示剂范围为 pH6.0～7.6。颜色变化，由黄→黄绿→绿→蓝。

（二）乳中铵盐化合物的检验

1. 主要器材及试剂　小试管 2 支、2ml 吸管 1 支、滴管 1 支、试管架、纳氏试剂（碘化钾 11.5g，碘化汞 8g，加蒸馏水 50ml，溶解后再加入 50ml 30%氢氧化钠，混匀后移入棕色瓶中，用时取其上清液）。

2. 实训方法和步骤　吸取 2ml 乳样于试管中，滴加纳氏试剂 4～5 滴，放在试管架上静置 5min。然后观察颜色变化。

3. 实训结果与评价　管底出现棕色或橙黄色沉淀为阳性，颜色深浅依铵盐浓度而定。

（三）乳中饴糖、白糖的检验

1. 主要器材及试剂　5ml 吸管 1 支、量筒 1 支、50ml 烧杯 1 个、试管 1 支、50ml 三角瓶 1 个、漏斗 1 个、滤纸 2 张、100ml 烧杯 1 个、电炉 1 个、0.1g 间苯二酚。

2. 实训方法和步骤　量取 30ml 乳样于 50ml 烧杯中，然后加入 2ml 浓盐酸，混匀，待乳凝固后进行过滤。吸取 15ml 滤液于试管中，再加入 0.1g 间苯二酚，混匀，溶解后，置沸水中数分钟。

3. 实训结果与评价　出现红色者疑为掺糖。

（四）乳中尿素的检验

1. 主要器材及试剂　5ml、1ml 吸管各 2 支、试管 2 支、1%硝酸钠溶液、浓硫酸（1.80～1.84）、格里斯试剂（89g 酒石酸，10g 对氨基苯磺酸和 1gα-萘胺三种试剂在乳钵中研成细末，贮存在棕色瓶中备用）。

2. 实训方法和步骤　取乳样 3ml 注入试管中，向试管中加入 1%硝酸钠 1ml 及浓硫酸 1ml，摇匀后再加入少量格里斯试剂粉混合后，观察颜色变化。

3. 实训结果与评价　如有尿素存在则颜色不变（因尿素与亚硝酸盐作用在酸性溶液中生成 CO_2、N_2 和 H_2O），无尿素则亚硝酸盐与对氨基苯磺酸重氮化后再与 α-萘胺作用形成偶氮化合物，呈紫红色。

（五）乳中过氧化氢的检验

1. 主要器材及试剂　1ml 吸管 2 支、试管 2 支、稀硫酸溶液（1∶1 稀释）、1%淀粉碘化钾溶液（先向少量温水中加入 3g 淀粉，然后边搅拌边加入沸水 100ml，冷却后加入碘化钾溶液 5ml，事先取碘化钾 3g 溶于 5ml 蒸馏水中）。

2. 实训方法和步骤　用吸管吸取 1ml 被检乳注入试管内，加 1 滴稀硫酸，然后滴加 1%淀粉碘化钾溶液 3～4 滴，摇动混合后，观察其结果。

3. 实训结果与评价　如立即呈现蓝色，则判定为过氧化氢阳性，否则为阴性。

（六）乳中甲醛的检验

1. 主要器材及试剂　5ml、1ml 吸管各 1 支、试管 2 支、溴化钾小晶粒数粒、硫酸溶液

(5ml 浓硫酸加入 1ml 水中)。

2. 实训方法和步骤 取 3ml 稀释的硫酸注入试管中，加溴化钾小晶粒 1 粒，摇匀后，立即从试管壁上徐徐注入 1ml 被检乳，静置于试管架上，观察接触面上的变化。

3. 实训结果与评价 如有甲醛存在则很快出现紫色环，否则为橙黄色。

4. 注意事项：当牛乳中加入的甲醛重层于含有氧化剂的浓硫酸上时，在有色氨酸存在下而呈紫色反应，溴化钾遇硫酸放出溴作为氧化剂。如溴大量逸出成氢溴酸时，则很易使溶液混合，颜色分布于全管，顶部呈红紫色，中间深红，底部为深紫色。

（七）乳中重铬酸钾的检验

1. 主要器材及试剂 2ml 吸管 2 支、试管 2 支、2%的硝酸银溶液。

2. 实训方法和步骤 吸取 2ml 被检乳注入试管中，再加入 2ml 2%的硝酸银溶液，摇匀后，观察颜色变化。

3. 实训结果与评价 如出现黄色或红色，则判定有重铬酸钾存在。

（八）乳中掺水检验

1. 实训原理 对于感官检查发现乳汁稀薄、色泽发灰（即色淡）的乳，有必要作掺水检验。目前常用的是相对密度法。因为牛乳的相对密度一般为 1.028～1.034，其与乳的非脂固体物的含量百分数成正比。当乳中掺水后，乳中非脂固体含量百分数降低，相对密度也随之变小。当被检乳的相对密度小于 1.028 时，便有掺水的嫌疑，并可用相对密度数值计算掺水百分数。

2. 主要器材及试剂 乳稠计有两种，一种是 20℃/4℃的密度计，一种是 15℃/15℃的相对密度计，通常多用密度计。本实训用密度计。200～250ml 量筒 1 只、温度计 1 支、200ml 烧杯 2 只、掺水与未掺水乳样各 1～2 个。

3. 实训方法和步骤

（1）将乳样充分搅拌均匀后小心沿量筒壁倒入筒内 2/3 处，防止产生泡沫而影响读数。将乳稠计小心放入乳中，使其沉入到 1.030 刻度处，然后让其在乳中自由游动（防止与量筒壁接触)。静止 2～3min 后，两眼与乳稠计同乳面接触处成水平位置进行读数，读出凹液面下缘处的数字。

（2）用温度计测定乳的温度。

（3）计算乳样的密度 此处乳的密度是指 20℃时乳与同体积 4℃水的质量之比，所以，如果乳温不是 20℃时，需进行校正。在乳温为 10～25℃范围内，乳密度随温度升高而降低，随温度降低而升高。温度每升高或降低 1℃时，实际密度减小或增加 0.0002（即 0.2℃）。故校正为实际密度时应加或减去 0.0002。例如乳温度为 18℃时测得密度为 1.034，则校正为 20℃乳的密度应为：

$$1.034-[0.0002\times(20-18)]=1.034-0.0004=1.0336$$

（4）计算乳样的相对密度 将求得的乳样密度数值加上 0.002，即换算为被检乳样的相对密度。

4. 实训结果与评价 与正常的相对密度对照，以判定掺水与否。用相对密度换算掺水百分数 测出被检乳的相对密度后，可按以下公式求出掺水百分数：

$$掺水量(\%)=\frac{正常乳相对密度的读数-被检乳的相对密度的读数}{正常乳相对密度的读数}\times100\%$$

【例】 某地区规定正常牛乳的相对密度为 1.029，测知被检乳相对密度为 1.025，则：

$$掺水量=\frac{29-25}{29}\times100\%=14\%$$

（九）乳中淀粉的检验

1. 实训原理　掺水的牛乳乳汁变得稀薄，相对密度降低。向乳中掺淀粉可使乳变稠，相对密度接近正常。对有沉渣物的乳，应进行掺淀粉检验。

2. 主要器材及试剂　20ml 试管 2 支、5ml 吸管 1 支。

（1）试剂　碘溶液：取碘化钾 4g 溶于少量蒸馏水中，然后用此溶液溶解结晶碘 2g，待结晶碘完全溶解后，移入 100ml 容量瓶中，加水至刻度即可。

（2）乳样　掺淀粉乳样和正常乳样各 1～2 个。

3. 实训方法和步骤　取乳样 5ml 注入试管中，加入碘溶液 2～3 滴。

4. 实训结果与评价　乳中有淀粉时，即出现蓝色、紫色或暗红色，并有沉淀物。

（十）乳中豆浆的检验

1. 主要器材及试剂　5ml 吸管 2 支、2ml 吸管 1 支、大试管 2 支、28%的氢氧化钾溶液、乙醇乙醚等量混合液。

2. 实训方法和步骤　取样乳 5ml 注入试管中，吸取乙醇乙醚等量混合液 3ml 加入试管中，再加入 28%氢氧化钾溶液 2ml，摇匀后置于试管架上，5～10min 内观察颜色变化。

3. 实训结果与评价　呈黄色时则表明有豆浆存在，同时做对照试验（因豆浆中含有皂角苷与氢氧化钾作用而呈现黄色）。

（十一）乳中掺氯化物的检验

1. 实训原理

$$Cl^- + AgNO_3 \longrightarrow AgCl(白色沉淀)$$

$$2Ag^+ + K_2Cr_2O_4 \longrightarrow Ag_2CrO_4(红色沉淀)$$

2. 主要器材及试剂　5ml 吸管 2 支、2ml 吸管 1 支、大试管 2 支、硝酸银溶液，10%铬酸钾溶液。

3. 实训方法和步骤　取 5ml 硝酸银溶液注入试管中，加入 2 滴 10%铬酸钾溶液。再注入样乳 1ml，摇匀后观察颜色变化。

4. 实训结果与评价　如出现黄色，说明乳中氯化物超过 0.14%（因全部银已被沉淀成氯化银）。若乳中氯化物少于 0.14%则出现微红至微棕色（随铬酸银的沉淀量而改变）。一般氯化物正常含量为 0.09%～0.14%。

（十二）乳中抗生素的检验

1. TTC 试验

（1）实训原理　先在样乳中加入菌液和 TTC 指示剂（2,3,5-氯化三苯四氮唑），如乳中加有抗生素或有抗生素物质残留时，则会抑制试验菌繁殖，TTC 指示剂不能还原为红色化合物，因而检样无色。

（2）主要器材及试剂　恒温水浴槽、恒温培养箱、1ml 灭菌试管 2 支、灭菌的 10ml 具塞刻度试管或灭菌带棉塞的普通试管 3 支。

试验菌液（嗜热链球菌接种在脱脂乳培养基中保存，使用时经 37℃ 培养 15h 后，以灭菌脱脂乳稀释至 2 倍待用）、TTC 试剂（1gTTC 溶于灭菌蒸馏水中，置于褐色的瓶中在冷暗处保存，最好现用现配）。

（3）实训方法和步骤　吸取 9ml 样乳注入试管（甲）、试管（乙）、试管（丙）中，向试管（甲）和试管（乙）各加入试验菌液 1ml 充分混合，然后将（甲）、（乙）、（丙）3 个试管置于 37℃恒温水浴中 2h（注意水面不要高于试管的液面，并要避光），然后取出向 3 个试管中各加 0.3ml TTC 试剂，混合后置于恒温箱中 37℃培养 30min，观察试管中的颜色变化。

（4）实训结果与评价　如（甲）管与（乙）管中同时出现红色，则表明无抗生素存在，（甲）管与（乙）管相同颜色无变化，则判定有抗生素存在。

2. 滤纸圆片法

（1）主要器材及试剂　灭菌镊子，灭菌蒸馏水，试验用菌［将 *B. calicolactis* C93 菌种用增菌培养基（55±1）℃、16～18h 培养后，接种于琼脂平板培养基］，滤纸圆片（直径为 12～13mm 和 8～10mm）。培养基（包括以下几种）。

菌种保存培养基（酵母浸汁 2g、肉汁 1g、蛋白 5g、琼脂 15g、蒸馏水 1000ml）；

增菌培养基（酵母浸汁 1g、胰蛋白胨 2g、葡萄糖 0.05g、蒸馏水 100ml、pH8.0±0.1、120℃、20min 灭菌）；

试验用琼脂平板培养基（酵母浸汁 2.5g、胰蛋白胨 5g、葡萄糖 1g、琼脂 15g、蒸馏水 1000ml、pH7.0±0.1、120℃、20min 灭菌）。

（2）实训方法和步骤　用灭菌镊子夹住滤纸片浸入乳样中（事先要混合均匀）去掉多余的乳，放在平板上，用镊子轻轻按实，然后将平皿倒置于 55℃温箱中，培养 2.5～5h，取出观察滤纸片周围有无抑菌环出现。

（3）实训结果与评价　有抑菌环证明有抗生素存在，如需定量可用配制不同浓度的抗生素标准液的抑菌环大小作比较，本法对青霉素检出浓度为 0.05～0.025IU/ml。

（4）注意事项　抑菌环测量时，包括滤纸片直径在内。

（十三）乳房炎乳的检查

1. 主要器材及试剂　1ml、2ml、20ml 吸管各 1 支，10ml 吸管 2 支，200ml 容量瓶 1 个，250 三角瓶 1 个，50ml 滴定管 1 支，滴定台架 1 个，量筒 1 个，石蕊试纸，20%硫酸铝溶液，2mol/L 氢氧化钠溶液，10%酪酸钾溶液，0.02817mol/L 硝酸银溶液（每升水溶入 4.788g 硝酸银，标定后备用），硝酸银溶液（1.3415g 硝酸银溶于 1000ml 蒸馏水），大试管 2 支，5ml 吸管 2 支。

2. 实训方法和步骤

氯糖数测定　先测定乳糖量（本试验可按经验数值 4.6%～5%计算），然后测“氯化物”。测定时吸取 20ml 牛乳，注入 200ml 容量瓶中，加入 10ml 20%硫酸铝溶液和 8ml 2mol/L 的氢氧化钠溶液，混合后，加蒸馏水至刻度，摇匀、过滤。取 100ml 滤液注入 250ml 三角瓶中，加入 1ml 10%的酪酸钾溶液，以石蕊试纸试其 pH，调到中性，用 0.02817mol/L 硝酸银滴定之，呈砖红色为终点，最后读数计算。

3. 实训结果与评价　健康牛乳的氯糖数不超过 4，患乳房炎时乳中氯化物增加，乳糖减少，氯糖数大于 4。

实训三　牛乳的杀菌技术

一、实训目的

1. 了解牛乳杀菌的方法、意义。

2. 熟练掌握牛乳的巴氏杀菌和超高温（UHT）灭菌技术。

二、实训原理

食品的杀菌技术是食品加工与保藏中用于改善食品品质、延长食品贮藏期的最重要的处理方法之一。牛乳的杀菌技术主要是杀死微生物、钝化酶，改善食品的品质和特性，提高食品中营养成分的可消化性和可利用率。而杀菌会对食品的营养和风味成分，特别是热敏性成分有一定的损失，对食品的品质和特性有一定的影响，所以杀菌方法的选择非常重要。

三、主要器材及试剂

新鲜牛乳、热交换器等。

四、实训方法和步骤

1. 热交换器的识别与使用

通过实物或图片资料，认识贮槽式（喷淋式、压力式）热交换器、列管式热交换器、套管式热交换器、板式热交换器，了解其构造，掌握其特点和使用方法。

2. 牛乳巴氏杀菌

(1) 低温长时（LTLT）杀菌　62～65℃、30min。

(2) 高温短时（HTST）杀菌　72～75℃、15～20s。

3. 牛乳超高温（UHT）灭菌

牛乳连续式超高温杀菌　138～142℃、2～7s。

五、实训结果分析

杀菌后取奶样，立即按照国家标准（GB 4789.2—2003）进行菌落数统计，分析杀菌效果。

国家标准规定巴氏杀菌乳杀菌前不得超过 50×10^4 cfu/ml；杀菌后不得超过 3×10^4 cfu/ml。

实训四　液态奶的加工技术

一、实训目的

1. 了解液态奶的生产工艺流程。

2. 掌握原料乳的验收标准和方法。

3. 熟悉原料乳的净化、标准化、均质操作，准确把握杀菌温度和时间，并能按照国家标准进行产品质量检验和判定。

二、实训原理

由于牛奶在挤奶过程中微生物很多，因此牛奶在饮用前需要进行加热处理，也就是进行杀菌。加热杀死细菌的原理是细菌细胞里的活性蛋白质因受热变性而致死，但与此同时，牛奶里的活性营养成分也不可避免地受到损害。加热程度不同，牛奶中蛋白质、氨基酸和钙质等营养成分和风味也会受到不同程度的影响。

三、主要器材及试剂

液态乳加工设备。

四、实训方法和步骤

1. 巴氏杀菌乳的加工

(1) 原料乳的验收　原料乳的验收主要包括感官检验、理化检验和微生物检验三个方面。

① 感官指标。正常牛乳应为乳白色或微黄色，不得含有肉眼可见的异物，不得有红色、绿色或其它异色。不能有苦、咸、涩和饲料、青贮、霉等其它异常气味。

② 理化指标。GB 6914—86 中规定原料乳的验收理化指标为：脂肪≥3.10%，蛋白质≥2.95%，相对密度（20℃/4℃）≥1.0280，酸度（以乳酸表示）≤0.162%，杂质度≤4mg/kg，汞≤0.01mg/kg，六六六、滴滴涕≤1%。

③ 细菌指标。通常收购鲜乳细菌指标有两个：分别为平皿总数计数法和美蓝褪色时间分级指标。二者只能采用一个，不能重复。我国的原料乳分级指标，见表 11-5。

表 11-5 原料乳验收细菌指标

分　级	Ⅰ	Ⅱ	Ⅲ	Ⅳ
细菌总数(万个/ml)	≤50	≤100	≤200	≤400
美蓝褪色时间分级	>4h	>2.5h	>15h	>40min

（2）原料乳的净化　通常过滤材料选用滤孔较粗的人造纤维、纱布等。在乳品厂中，过滤是在乳槽上装不锈钢金属网加多层纱布进行粗滤，进一步的过滤可以通过管道过滤器或者双联过滤器进行。

（3）乳的标准化　我国规定消毒乳的含脂率为 3.1%。

（4）均质　均质的温度为 65℃，均质压力为 10～20MPa。

（5）巴氏杀菌

① 低温长时间杀菌。62～65℃，保持 30min。

② 高温短时间杀菌。72～75℃，保持 15～20s。

（6）冷却　通常将奶冷却至 4℃左右。

（7）灌装　灌装所用的容器主要为玻璃瓶、聚乙烯塑料瓶、塑料袋和涂塑复合纸袋包装。

（8）质量检验　对于生乳和杀菌鲜乳，一般按照 GB 6914—86、GB 5408.1—1999 和 GB 5408.2—1999 三个国家标准进行检验。产品经批次检查合格后出厂。巴氏杀菌乳和灭菌乳的卫生要求如下。

① 感官要求。呈均匀一致的乳白色或稍带微黄色，均匀流体，无沉淀，无凝块，无杂质，无黏稠现象，具有鲜乳固有的滋味和气味，无异味。

② 各项指标的技术要求。见表 11-6。

表 11-6 各项指标的技术要求（以全脂乳为例）

项　目	指　标		项　目	指　标	
	巴氏灭菌乳	灭菌乳		巴氏灭菌乳	灭菌乳
脂肪含量/%	≥3.1	≥3.1	亚硝酸盐含量(以 $NaNO_2$ 计)/(mg/kg)	≤0.2	≤11.0
蛋白质含量/%	≥2.9	≥2.9	黄曲霉毒素 M_1/(μg/kg)	≤0.5	≤0.2
非脂乳固体含量/%	≥8.1	≥8.1	菌落总数/(cfu/ml)	≤30000	≤0.5
酸度/°T	≤18.0	≤18.0	大肠菌群/(MPN/100ml)	≤90	商业无菌
杂质度/(mg/kg)	≤2.0		致病菌(指肠道致病菌和致病菌球菌)	不得检出	
硝酸盐含量(以 $NaNO_3$ 计)/(mg/kg)	≤11.0	≤2.0			

2. 灭菌乳的加工

（1）原料及其预处理　用于加工灭菌乳的牛乳，其中的蛋白质必须能经得起剧烈的热处理而不变性。为了适应超高温处理，牛乳至少应在75%的酒精浓度中保持稳定。生产灭菌乳的原料乳细菌总数应少于10万个/ml，嗜冷菌细菌总数应少于1000个/ml。

原料乳预处理方法及要求同巴氏杀菌乳。

（2）超高温灭菌

① 蒸汽喷射直接超高温加热。

a. 预热。经过预处理的原料乳，在预热段预加热到80～90℃。

b. 升压及灭菌。经过预热的乳通过一台排液泵升压到0.4MPa。加热是通过蒸汽喷射头将过热蒸汽吹进牛乳中，使牛乳瞬间升高到140℃灭菌，并在保温管中保持3～4s。压力是通过紧靠膨胀管前部的节流盘来维持的，温度传感器安装在保温管中以监测和记录杀菌温度。

c. 回流。如果牛乳在进入保温管之前未达到规定的杀菌温度，在生产线上的传感器便把这个信号传给控制盘。然后回流阀开动，把产品回流到冷却器，在这里牛乳冷却到75℃再返回平衡槽或流入一单独的收集罐。一旦转流阀移动到转流位置，杀菌设备便停下来。

d. 均质。均质机通常在16～25MPa压力下进行均质。

e. 无菌冷却。经过均质后，用泵将牛乳送向无菌板式热交换器，将其冷却到包装温度。

② 间接超高温加热。

a. 预热和均质。牛乳从料罐泵送到超高温灭菌设备的平衡槽，由此进入到板式热交换器的预热段与高温乳热交换，使其加热到约66℃，同时无菌乳冷却，经过预热的奶在均质压力为15～25MPa下均质。

b. 杀菌。经过预热和均质的牛乳进入板式热交换器的加热段，在此被加热到137℃。此时的热水温度由蒸汽喷射予以调节，加热后的牛乳在保温管中流动4s。

c. 回流。如果牛乳在进入保温管之前未达到正确的杀菌温度，在生产线上的传感器便把这个信号传给控制盘。然后回流阀开动，把产品回流到冷却器，在这里牛乳冷却到75℃再返回平衡槽或流入一单独的收集罐。一旦回流阀移动到回流位置，杀菌操作便停下来。

d. 无菌冷却。牛乳离开保温管后，进入无菌预冷却段，用水从137℃冷却到76℃。进一步冷却是在冷却段通过与乳热交换完成，最后冷却温度要达到约20℃。

（3）无菌包装　杀菌后的牛乳，在无菌条件下装入无菌的容器内，利用牛乳制品无菌包装设备进行包装。

（4）质量检验　检验标准见表11-6。

3. 再制乳加工

（1）再制乳的原料　包括脱脂乳粉和无水黄油、水、添加剂（乳化剂、着色剂、风味料、水溶性胶类、盐类等）。

（2）再制乳的加工工艺

① 水、粉的混合。混合时水的温度通常为40℃，混合时间一般要求30min以上。每批所需要的水和脱脂乳粉的量要计算准确，要考虑到乳粉的损耗率，一般为3%。

② 添加无水黄油。无水黄油溶化后与脱脂乳混合有两种方法。即罐式混合法和管道式混合法。

a. 罐式混合法。将已溶化好的无水黄油加入贮罐中，再用泵送到混合罐中，重新开动搅拌器，使乳脂在脱脂乳中分散开来。再用泵把混合后的乳从罐中吸出，经过双联过滤器，滤出杂质及外来物。

b. 管道式混合法。基本操作过程与上述相同，只是脂肪不与脱脂乳在混合罐中混合，而是在管道中混合。经溶化后的无水黄油，通过一台精确的计量泵，连续地按比例与另一管中流过的脱脂乳相混合，再经管道混合器进行充分混合。

③ 预热均质。混合后的原料在热交换器中加热到 60～65℃，打入均质机中，在均质压力为 15～23MPa 下进行均质。

④ 杀菌、冷却、灌装。均质后的乳在热交换器中进行杀菌，而后在另一段进行冷却、打入缓冲罐或直接灌装，或与鲜乳混合以提高乳香味再灌装。

(3) 再制乳的配比举例

① 无水奶油，34kg；脱脂乳粉，87kg；酪乳粉，9kg；饮用水，870kg。

② 无水奶油，30kg；脱脂乳粉，90kg；饮用水，880kg。

4. 花色乳的加工

(1) 原材料的选择　制作花色乳，可选用咖啡、可可和巧克力、甜味料、酸味剂、稳定剂、果汁、香精等原料。

(2) 花色牛乳配比

a. 咖啡牛乳。全脂牛乳，50%～60%；蔗糖，4%～8%；咖啡，0.5%～2%；香精，0.2%～0.4%；稳定剂适量。

b. 可可牛乳。全脂牛乳，95%；蔗糖，4%～8%；可可粉，1%～2.5%；香精适量；稳定剂适量。

c. 果汁牛乳。全脂牛乳，50%～60%；蔗糖，4%～8%；果料，3%～6%；香精适量；稳定剂，0.2%～0.4%；酸味剂，0.3%～1%。

d. 果味牛乳。全脂牛乳，50%～60%；蔗糖，4%～8%；香精，0.1%～0.7%；稳定剂，0.1%～0.4%；酸味剂，0.3%～1%。

(3) 加工方法

① 可可牛乳及咖啡牛乳的配制。咖啡牛乳配制时，先制备咖啡汁，每千克咖啡加水 10kg，煮沸，保持 1～3min（最好在配有回流的装置中煮沸），趁热过滤。糖浆应另配制，并进行单独杀菌。然后根据配方要求进行配制。混合后的乳经 75～81℃、3～5min 或 85℃、16s 进行杀菌处理，冷却至 5℃后，进行分装。

可可牛乳配制时，可先将可可粉及砂糖配制成可可糖浆，然后进行杀菌（85℃、5～10min），冷却，并按配方要求加入糖浆、牛乳、稳定剂。混合料应再进行一次加热杀菌，经冷却、调香，然后分装。

由于可可粉中含有一定量的粗纤维，采用研磨（如将可可糖浆在胶体磨中进行微细化加工）、均质等方法，使可可粉的颗粒变小，再加入一定量的稳定剂，添加量视各个稳定剂的质量、性能而不同，以减缓可可粉沉淀。

② 果汁牛乳的配制。果汁如橘汁、草莓汁、梨汁、猕猴桃汁、黑加仑汁等均呈现酸性，并在一定的 pH 值下呈现其特有之风味。加工果汁牛乳时既需体现所加入果汁的风味，又需保持蛋白质的稳定性，因此除采取适当的配制方法外，一般均需要加入一定的稳定剂，如专门适用于调制果汁牛乳的果胶。

③ 调味牛乳（果味牛乳）。用各种香料、酸味剂、稳定剂和牛乳调配而成。所加入的香

精，一般在杀菌冷却后，分装前加入为宜。由于产品呈酸性，因此生产技术的关键是保持乳蛋白质在酸性条件下的稳定性，所以需要选择适当的配制方法、加入适当的稳定剂，并进行均质处理。

实训五　酸乳的加工技术

一、实训目的

1. 进一步理解酸乳的加工原理；
2. 熟悉并掌握酸乳的制作过程和方法；
3. 培养分析、解决实际问题的能力。

二、实训原理

乳酸菌发酵糖类产生乳酸，使原料的 pH 值下降，当降至酪蛋白等电点时，乳发生凝固并形成特有酸乳风味。

三、主要器材及试剂

1. 试剂与材料

新鲜乳或复原乳、保加利亚乳杆菌、嗜热链球菌、脱脂乳培养基、白砂糖、CMC-Na 等。

2. 仪器设备

高压均质机、高压灭菌锅、酸度计、酸性 pH 试纸、超净工作台、恒温培养箱等。

四、实训方法和步骤

1. 发酵剂的制备

（1）脱脂乳培养基制备　脱脂乳用三角瓶和试管分装，置于高压灭菌器中，121℃、15min。

（2）菌种活化与培养　用灭菌后的脱脂乳将粉状菌种溶解，用接种环接种于装有灭菌乳的三角瓶和试管中，42℃恒温培养直到凝固。取出后置于5℃下 24h（有助于风味物质的提高），再进行第二次、第三次接代培养，使保加利亚杆菌和嗜热链球菌的滴定酸度分别达110°T 和 90°T 以上。

（3）母发酵剂混合扩大培养　将已培养好的液体菌种以球菌：杆菌为 1：1 的比例混合，接种于灭菌脱脂乳中恒温培养。接种量为 4%，培养温度 42℃，时间 3.5～4.0h，制备成母发酵剂备用。

2. 凝固型酸乳的加工制作

（1）工艺流程

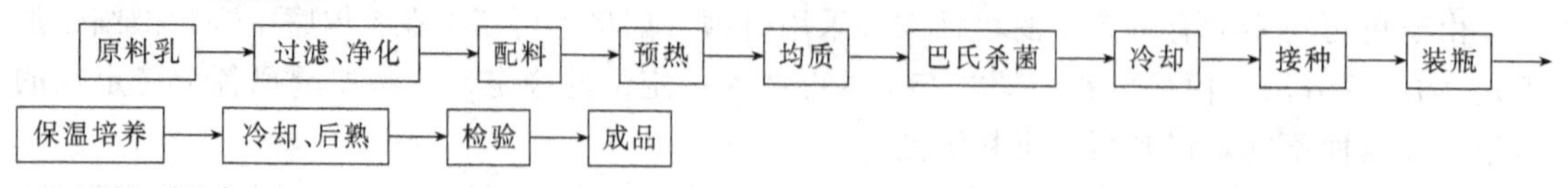

（2）配方

原料乳 100

糖 3%～5%

发酵剂 2%～5%

稳定剂（CMC-Na）0.3%～0.5%。

(3) 操作要点

① 配料。将稳定剂和砂糖充分溶解，然后加入到原料乳中，砂糖加入量为5%～7%，搅拌均匀。根据国家标准，酸乳中全乳固体含量应为11.5%左右，在配料的时候要注意把握。

② 均质。均质前将原料预热至53℃，20～25 MPa下均质处理。

③ 杀菌。混合料液杀菌温度为90℃，时间15 min。

④ 冷却。杀菌后迅速冷却至42℃左右。

⑤ 接种。接种量为4%。比例为杆菌：球菌=1：1。

⑥ 培养。接种后装瓶，置于42℃恒温箱中培养至凝固，约2.5～4h。

⑦ 冷却后熟。为防止发酵过度，立即在4～5℃的条件下进行冷却，一般24h左右。

3. 搅拌型酸乳的加工制作

(1) 工艺流程

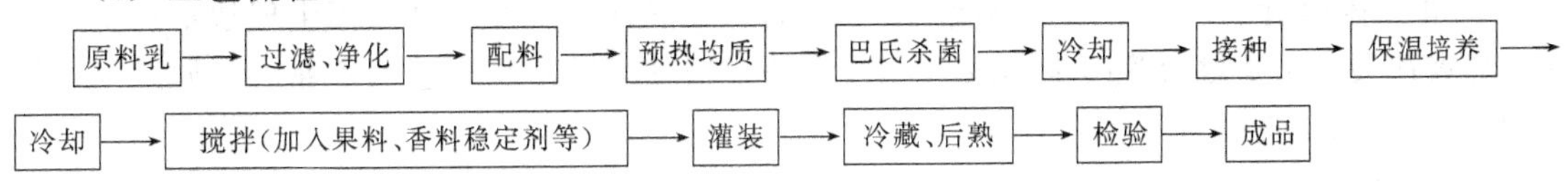

(2) 配方 同凝固型酸乳。

(3) 操作要点

① 原料乳的过滤与净化、配料、净化、预热与均质、杀菌、冷却、接种、培养、冷藏与后熟同凝固型酸乳。

② 培养 料液在发酵罐中形成凝乳。培养条件是41～43℃、2～3h。

③ 冷却、搅拌 发酵完成后，快速降温的同时进行适度搅拌，以破碎凝乳，获得均一的组织状态。

④ 混合和灌装 将杀菌果料、稳定剂加入，混匀后灌装。

(4) 质量评定 参照GB 2746—1999进行。

实训六 酸乳中乳酸菌的微生物检验

一、实训目的

1. 了解酸乳中乳酸菌分离原理。

2. 学习并掌握乳酸菌饮料中乳酸菌菌数的检测方法。

二、实训原理

活性酸乳需要控制各种乳酸菌的比例，有些国家将乳酸菌的活菌数含量作为区分产品品种和质量的依据。

由于乳酸菌对营养有复杂的要求，生长需要碳水化合物、氨基酸、肽类、脂肪酸、酯类、核酸衍生物、维生素和矿物质等，一般的肉汤培养基难以满足其要求。测定乳酸菌时必须尽量将试样中所有活的乳酸菌检测出来。要提高检出率，关键是选用特定良好的培养基。采用稀释平板菌落计数法，检测酸乳中的各种乳酸菌可获得满意的结果。

三、主要器材及试剂

1. 培养基

改良 MC 培养基（Modified Chalmers 培养基）或改良 TJA 培养基（改良番茄汁琼脂培养基）。

2. 仪器和器具

无菌移液管（25ml、1ml），无菌水，225ml 带玻璃珠三角瓶，9ml 试管，无菌培养皿，旋涡均匀器，恒温培养箱。

四、实训方法和步骤

工艺流程如下。

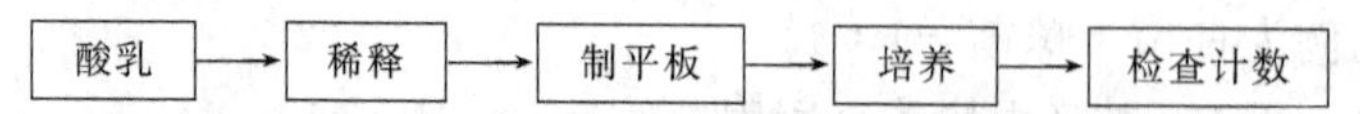

1. 样品稀释

先将酸乳样品搅拌均匀，用无菌移液管吸取样品 25ml 加入盛有 225ml 无菌水的三角瓶中，在旋涡均匀器上充分振摇，务必使样品均匀分散，即为 1∶10 的均匀稀释液。

1ml 灭菌吸管吸取 1∶10 稀释液 1ml，沿管壁徐徐注入含有 9ml 灭菌生理盐水的试管内（注意吸管尖端不要触及管内稀释液）。按上述操作顺序，做 10 倍递增稀释液，如此每递增一次，即换用 1 支 1ml 灭菌吸管。

2. 制平板

选用 2～3 个适合的稀释度，培养皿贴上相应的标签，分别吸取不同稀释度的稀释液 1ml 置于平皿内，每个稀释度做 2 个重复。然后用溶化后冷却至 46℃左右的 改良 MC 培养基或改良 TJA 培养基倒平皿，迅速转动平皿使之混合均匀，冷却成平板。同时将 1ml 稀释液检样加入到乳酸菌计数培养基中，用灭菌平皿内作空白对照，以上整个操作自培养物加入培养皿开始至接种结束须在 20min 内完成。

3. 培养和计数

琼脂凝固后，翻转平板，置（36±1)℃温箱内培养（72±3)h 取出，观察乳酸菌菌落特征，按常规方法选取菌落数在 30～300 的平板进行计数。

五、实训结果与评价

1. 指示剂显色反应

计数后，随机挑取 5 个菌落数进行革兰氏染色。乳酸菌的菌落很小，1～3mm，圆形隆起，表面光滑或稍粗糙，呈乳白色、灰白色或暗黄色。由于产酸菌落周围能使 $CaCO_3$ 产生溶解圈，酸碱指示剂呈酸性显色反应，即革兰氏染色呈阳性。

2. 镜检形态

必要时，可挑取不同形态菌落制片镜检确定是乳杆菌或乳链球菌。保加利亚乳杆菌呈杆状（单杆或双杆）或长丝状。嗜热链球菌呈球状（成对）或短链、长链状。

3. 计数结果

公式：平均菌落数×稀释倍数

稀释度						
重复	1	2	1	2	1	2
菌落数						
平均数						
计数结果						

六、几种专用培养基的制作方法

1. 改良 TJA 培养基（改良番茄汁琼脂培养基）

（1）成分

番茄汁	50ml	K_2HPO_4	2g
酵母抽提液	5g	吐温 80	1g
牛肉膏	10g	乙酸钠	5g
乳糖	20g	琼脂	15g
葡萄糖	2g	水加至 1000ml	pH6.8±0.2

（2）制法

① 番茄汁的制作。将新鲜番茄洗净，切碎（切勿捣碎），放入三角烧瓶，置 4℃冰箱 8～12h，取出后用纱布过滤即成。如一次使用不完，可将其置入 0℃冰箱，可保存 4 个月。使用时让其在常温下自然溶解。

② 制法。将所有成分加入蒸馏水中，加热溶解，校正 pH6.8±0.2。分装烧瓶，高压灭菌 121℃、15～20min。临用时加热熔化琼脂，冷至 50℃时使用。

2. 改良 MC 培养基

（1）成分

大豆蛋白胨	5g	碳酸钙	10g
牛肉浸膏	5g	琼脂	15g
酵母浸膏	5g	蒸馏水	1000ml
葡萄糖	20g	1%中性红溶液	5ml
乳糖	20g	硫酸多黏菌素 B（酌情而加）	1×10^5 IU

（2）制法　将上述成分加入蒸馏水中，加热溶解，校正 pH6，加入中性红溶液。分装烧瓶，高压灭菌 121℃、15～20min。临用时加热熔化琼脂，冷至 50℃，酌情加或不加硫酸多黏菌素 B（检样有“胖听”或开罐后有异味等情况，怀疑有杂菌污染时，可加多黏菌素 B，混匀后使用）。

实训七　冰淇淋的制作

一、实训目的

1. 进一步了解冰淇淋的制作原理和基本配方。

2. 了解和掌握凝冻机的工作原理和操作技术。

3. 加强理论和实践的结合，培养学生的实际操作能力。

4. 充分理解和体会冰淇淋老化和凝冻的作用。

二、实训原理

将混合原料在凝冻机中进行强制搅拌而冰冻，使空气以极微小的气泡状态均匀分布于其中，一部分水以微细结晶分布于其中，形成口感细腻、润滑、冰凉爽口，体积膨胀的冷冻饮品。

三、主要设备及原料

1. 实验设备

小型整体式冰淇淋机、不锈钢配料桶、冰柜、0～5℃的冷藏箱、保温销售箱、电炉、小型均质机或胶体磨、铝锅、台秤、80目筛、包装纸或杯、包装箱、搅拌棒、温度计等。

2. 实验原料

鲜牛乳、奶油、全脂奶粉、白砂糖、鸡蛋、淀粉、明胶、蛋白糖、甜蜜素、糊精、冰淇淋稳定剂、棕榈油、蛋黄粉、啤酒等。

四、实训方法和步骤

1. 实验配方

(1) 啤酒冰淇淋

牛奶 15kg	奶油 0.35kg	白砂糖 2.25kg	明胶 0.1kg
全脂奶粉 0.75kg	鲜鸡蛋 1.2kg	淀粉 0.1kg	啤酒 800ml

(2) 果味涂层冰淇淋

① 主料。

白砂糖 15%	蛋黄粉 1%	复合乳化剂 0.4%	甜蜜素 0.05%
奶粉 8%	糊精 1%	香兰素 0.01%	香精 0.1%
棕榈油 6%			

② 涂层。

糖 16%	保水剂 8%	涂膜剂 1%	复合酸味剂 0.2%
葡萄糖浆 10%	明胶 8%	氯化钙 0.2%	色素适量

2. 操作步骤

(1) 配料

① 先将各种原料称量好；②将水、牛乳、脱脂乳、稀奶油等液体倒入混合容器，加入蔗糖搅拌均匀、溶解；③将明胶以5～10倍的水或牛乳浸泡半小时再加热溶解，然后倒入混料中；④淀粉先用少量水或牛奶调匀，再加适量水或牛奶加热煮成糊状，然后加入混料中；⑤鸡蛋要充分搅拌均匀，再加入混料中；⑥奶粉须用少量水或牛奶溶化后经120目筛子过滤，再加入混料中；⑦棕榈油须溶化后使用；⑧香精及果汁、果仁、果肉、啤酒等物料，均在陈化过程结束后，进行搅拌时加入；⑨稳定剂等量小的料须与砂糖混合后加入。

(2) 杀菌　76～78℃，20～30min；或80～83℃，10～15min。

(3) 过筛　杀菌后应用筛子过滤，避免有颗粒混入。

(4) 均质　1.47×10^7～1.76×10^7Pa，60～70℃。

(5) 冷却　用冷热交换器迅速冷却到4～5℃。

(6) 老化　把冷却好的混合料液放入冷藏室中，在2～4℃下，老化4～12h。

(7) 凝冻　−5～−3℃，10～12min；刮刀转速150～240r/min；刮刀与桶壁的间距为0.2～0.3mm。

(8) 灌装　灌装在纸杯中可作为软质冰淇淋直接食用；实验室可灌装在雪糕模具中。

(9) 硬化　在−35～−25℃、1～6h的条件下，将灌装冰淇淋的纸杯进行速冻硬化。实验室可将灌装冰淇淋的雪糕模具放入提前预冷到−23℃左右的盐水池中速冻。

（10）贮藏　将成品放入－20℃以下的冷库或冰柜中贮藏。

（11）成品　根据灌装的模具，可得到相应式样的冰淇淋。

五、实训结果分析

1. 感官性状分析

	质量缺陷	分析原因	改进措施	评价等级
风味缺陷	香味不正			
	香味不纯，有异味			
	甜味不足或过甜			
	氧化味（哈喇味）			
	酸败味			
	焦化味			
	陈旧味			
	煮熟味			
组织缺陷	组织粗糙			
	组织过于坚实			
	组织松软			
	面团状组织			
形体缺陷	有较大奶油粒出现			
	有较大的冰屑（冰结晶）出现			
	质地过黏			
	溶化较快			
	溶化后成细小凝块			
	溶化后成泡沫状			

2. 膨胀率大小分析

膨胀率	造成的原因	改进措施	评定等级
膨胀率太大			
膨胀率太小			

六、注意事项

① 混合料每次加入量一般为凝冻机容量的52%～55%左右。

② 在制造巧克力冰淇淋或各种果味冰淇淋时，则每次加入量为50%～52%左右，当机内混合料开始凝冻时，即可加入香料和色素或巧克力糖浆、果汁等。

③ 在混合料凝冻至35%～50%程度后，可关闭冷冻阀门，待混合料膨胀率达90%～100%（视配方及品质要求而定）后即可开启放料阀门，放出冰淇淋半成品。

④ 加入啤酒时，啤酒必须预先冷却到2～4℃。

实训八　奶油的感官评定

一、实训目的

1. 了解奶油的感官评定标准。

2. 掌握奶油的评定方法。

二、实训原理

奶油具有丰富的营养和独特的风味，其感官评定方法是对照奶油的感官评价指标对奶油感官相关因子进行检验。

三、主要器材及试剂

平皿、剪刀、奶油。

四、实训方法和步骤

1. 熟悉标准

奶油的感官评价指标见表 11-7。

表 11-7　奶油的感官评价指标

指标名称	感官要求
滋味、气味	具有奶油的纯香味，无其它异味
组织状态	正常。即致密，均匀一致，切开时表面微有光泽，水分分布均匀，切开后无水滴或有极微小水滴
色泽	正常，均匀一致
加盐	正常，均匀一致
铸型与包装	良好。即紧密，切开后无空隙

2. 评分

按滋味与气味、组织状态、色泽、加盐、铸型与包装的顺序进行评分，见表 11-8、表 11-9、表 11-10。

表 11-8　奶油感官指标百分制评定及各项分数标准

项　目	分　数		
	加盐奶油	无盐奶油	重制奶油
滋味、气味	65	65	65
组织状态	20	25	25
色泽	5	5	5
加盐	5	—	—
铸型与包装	5	5	5

表 11-9　各级产品应得的感官分数

级　别	总 评 分	滋味、气味最低得分
特级	≥88	60
一级	≥80	50
二级	≥73	45

表 11-10　感官评分表

项目	特征	无盐奶油		加盐奶油		重制奶油	
		扣分	得分	扣分	得分	扣分	得分
滋味、气味(65)	具有奶油的纯香味，无其它异味	0	65	0	65	0	65
	味纯，但香味较弱	2～4	63～61	2～4	63～61	2～4	63～61
	平淡而无滋味，加盐奶油咸味不正常	10～15	55～50	10～15	55～50	10～15	55～50
组织状态(20)(25)	组织状态正常	0	25	0	20	0	25
	较柔软发腻或脆弱、疏松	6～10	19～15	5～8	15～12	6～10	19～15
	有大小孔隙或水珠	6～10	19～15	5～8	15～12	6～10	19～15
	外表面浸水	6～10	19～15	5～8	15～12	6～10	19～15
色泽(5)	正常，均匀一致	0	5	0	5	0	5
	过白或着色过度	2～3	3～2	2～3	3～2	2～3	3～2
	色泽不一致	3～4	2～1	3～4	2～1	3～4	2～1
加盐(5)	正常，均匀一致	—	—	0	5	—	—
	分布不均匀	—	—	3～2	3～2	—	—
	发现食盐结晶	—	—	3～4	2～1	—	—
铸型与包装(5)	良好	0	5	0	5	0	5
	包装不紧密，切开断面有空隙，边缘不整齐或使用不合理的包装纸	2～3	3～2	2～3	3～2	2～3	3～2

五、实训结果分析

通过以上的感官评定，对奶油的感官状态进行评价。

实训九　天然干酪的制作

一、实训目的

1. 了解干酪的制作原理。
2. 掌握干酪的制作方法和操作要点。

二、实训原理

鲜牛乳经处理，加入某种特定菌种预发酵后，加入凝乳酶。凝乳酶使乳凝固成固体胶冻状即为凝块，凝块用特殊切割工具切割成要求尺寸的小凝块。在凝块加工过程中，细菌生长并产生乳酸，凝块颗粒在搅拌器具下进行机械处理，同时凝块按预定的程序被加热，这三种作用的混合效果——细菌生长、机械处理和热处理——导致凝块收缩，使乳清自凝块中析出，最终凝块被装入金属的、或木制的、或塑料的模具中，模具确定了最终干酪产品的外型。

三、主要器材及试剂

调配罐、杀菌设备、干酪槽、干酪成型模具、鲜牛乳、皱胃酶、发酵剂、食盐。

四、实训方法和步骤

1. 制作方法

制作的工艺流程如下。

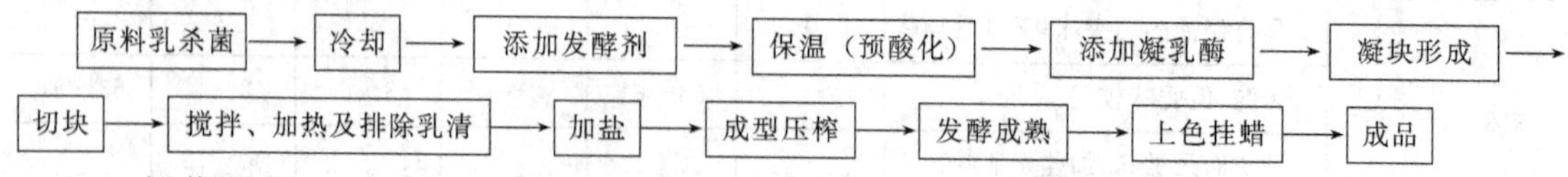

2. 操作要点

（1）原料乳的前处理　原料乳经净化后，以63℃、30min进行保温杀菌，然后冷却至32℃。

（2）预酸化　于冷却后的牛乳中加入1%～2%的工作发酵剂（如用干粉发酵剂则加万分之一），进行乳酸发酵，这一过程又叫预酸化。发酵剂可用乳油链球菌和乳酸链球菌的混合菌种。温度32℃，约1h，酸度至20～24°T。

（3）添加皱胃酶　皱胃酶的添加量随不同的活力而异，所以应先测定其活力，再根据活力来计算皱胃酶的用量。活力测定的具体方法见本书第九章。

添加凝乳酶时，一般保持在28～33℃温度范围，要求在约40min内凝结成半固态。凝块无气孔，摸触时有软的感觉，乳清透明，表明凝固状况良好。

（4）切块　将凝块用干酪刀纵横切成约$1cm^3$大小的方块。

（5）搅拌、加热及排除乳清　将切割过的凝乳缓慢搅拌并加热至32～36℃，以便加速乳清排除，使凝块体积缩小至原来的一半大小，然后将乳清排除。

（6）加盐及成型压榨　先将干酪颗粒堆积在干酪槽的一端，用带孔的压板压紧，继续排除乳清，并使其成块。将食盐撒布在干酪粒中，混合均匀。然后装入模具中压榨成型，压榨的压力和时间依干酪的品种而异。压榨结束后，从成型器中取出的干酪称为生干酪。

（7）发酵成熟　为了改善干酪的组织状态，赋予干酪特有的滋味，加盐后的干酪必须进行2个月以上的成熟。发酵成熟的条件，一般要求保持5～15℃和80%～90%的相对湿度，需经1～3个月的时间。

（8）上色挂蜡　为了延缓水分的蒸发、防止霉菌生长和增加美观，将成熟后的干酪清洗干燥后，用食用色素染成红色。等色素完全干燥后再在160℃的石蜡中挂蜡，或用收缩塑料薄膜进行密封。成品要求于5℃的低温和88%～90%的相对湿度条件下贮藏。

五、注意事项

① 测定凝乳酶活力的时候，加酶时注意不要碰到试管壁，否则会引起局部凝乳，影响判断的准确性。并且一定要确保凝乳酶完全溶解，否则结果不准。

② 压模时要保证一定的压力，否则成型不好，不易切片。

实训十　参观乳品厂

一、实训目的

1. 了解乳品厂的生产设备。

2. 掌握乳品加工的生产工艺流程。

二、实训条件

大型的乳品加工企业一处，客车一辆。

三、实训方法和步骤

1. 由企业技术员介绍乳品厂的现状、企业文化、企业生产与销售情况。

2. 学生参观乳品加工的生产线，由企业技术员讲解乳品加工的生产工艺流程、生产设备及技术参数。

3. 由企业技术员讲解乳品加工的注意事项。

4. 由企业的品控员讲解乳品加工的质量控制措施及方法。

5. 教师组织讨论，并进行教学点评。

参考文献

[1] 张和平，张列兵．现代乳品工业手册．北京：中国轻工业出版社，2005.
[2] 张和平，张佳程．乳品工艺学．北京：中国轻工业出版社，2007.
[3] 李凤林，崔福顺．乳及发酵乳制品工艺学．北京：中国轻工业出版社，2007.
[4] 孔保华．乳品科学与技术．北京：科学出版社，2004.
[5] 孔保华．畜产品加工储藏新技术．北京：科学出版社，2007.
[6] 郭本恒．液态奶．北京：化学工业出版社，2004.
[7] 郭本恒．乳品化学．北京：中国轻工业出版社，2001.
[8] 赵新淮，于国萍．乳品化学．北京：科学出版社，2007.
[9] 曾寿瀛．现代乳与乳制品加工技术．北京：中国农业出版社，2003.
[10] 郭成宇．现代乳品工程技术．北京：化学工业出版社，2004.
[11] 阮征．乳制品安全生产与品质控制．北京：化学工业出版社，2005.
[12] 武建新．乳品生产技术．北京：科学出版社，2004.
[13] 蔡长霞．绿色乳制品加工技术．北京：中国环境科学出版社，2006.
[14] 陈志．乳品加工技术．北京：化学工业出版社，2006.
[15] 骆承痒．乳与乳制品工艺学．北京：中国农业出版社，1999.
[16] 谢继志．液态乳制品科学与技术．北京：中国轻工业出版社，1999.
[17] 郭本恒．益生菌．北京：化学工业出版社，2003.
[18] 郭兴华．益生菌基础与应用．北京：科学技术出版社，2002.
[19] 郭本恒．现代乳品加工学．北京：中国轻工业出版社，2004.
[20] 薛效贤，薛芹．乳品加工技术及工艺配方．北京：科学技术文献出版社，2004.
[21] 郭本恒．乳粉．北京：化学工业出版社，2003.
[22] 蔡云升．新版冰淇淋配方．北京：中国轻工业出版社，2002.
[23] 李基洪．冰淇淋生产工艺与配方．北京：中国轻工业出版社，2000.
[24] 武杰．新型保健冰淇淋加工工艺与配方．2000.
[25] 张兰威．乳与乳制品工艺学．北京：中国农业出版社，2006.
[26] 周光宏．畜产品加工学．北京：中国农业大学出版社，2002.
[27] 蒋爱民．畜产食品工艺学．北京：中国农业出版社，2000.
[28] 刘震东．乳品加工学．北京：中国农业出版社，1990.
[29] 柴金贞．乳品生产技术Ⅱ．北京：中国农业出版社，1997.
[30] 顾瑞霞．乳与乳制品的生理功能特性．北京：中国轻工业出版社，2000.
[31] 金世琳．乳品生物化学．北京：中国轻工业出版社，1988.
[32] 李凤林．乳与发酵乳制品工艺学．北京：中国轻工业出版社，2007.
[33] 郭本恒．干酪．北京：化学工业出版社，2004.
[34] 杨宝进，张一鸣．现代食品加工学．北京：中国农业出版社，2006.
[35] 《乳品工业手册》编写组．乳品工业手册．北京：轻工业出版社，1987.
[36] 郭本恒．乳制品生产工艺与配方．北京：化学工业出版社，2007.
[37] 蔺毅峰．冰淇淋加工工艺与配方．北京：化学工业出版社，2007.